征途

白宫学者看国际化成长

[美] 黄征宇 著

中国大百科全书出版社

北京市版权登记号：图字 01-2022-1191

图书在版编目（CIP）数据

征途/（美）黄征宇著. 一北京：中国大百科全书出版社，2022.5

ISBN 978-7-5202-1117-8

Ⅰ. ①征… Ⅱ. ①黄… Ⅲ. ①成功心理—通俗读物 Ⅳ. ①B848.4-49

中国版本图书馆CIP数据核字（2022）第071183号

作　　者　［美］黄征宇

出 版 人　刘祚臣
策　　划　刘　嘉
特约编辑　姜海涛
特约审读　王　勉
责任编辑　陈　光
责任印制　邹景峰
封面设计　今亮后声 HOPESOUND pankouyugu@163.com · 张今亮　赵晓冉
出版发行　中国大百科全书出版社
地　　址　北京阜成门北大街 17 号
邮　　编　100037
网　　址　http://www.ecph.com.cn
印　　刷　北京君升印刷有限公司
开　　本　710 毫米 ×1000 毫米　1/16
字　　数　262 千字
印　　张　22.25
版　　次　2022 年 5 月第 1 版
印　　次　2022 年 5 月第 1 次印刷
定　　价　78.00 元

目 录

序　言 _ 001

我在海地地震救援现场 _ 009

第一章 _ 001

多元社会：谁是主流谁主沉浮

在白宫看到中美之间的认知偏差 _ 003

不同种族在美国的熔融共生 _ 006

在哈佛和上海遇到美国百年家族 _ 018

从个人主动性看美国精英群体 _ 024

第二章 _ 035

白宫学者：深入美国政治森林

入选白宫 _ 037

美国政治的“生态系统” _ 045

一个黑人总统的美国梦 _ 051

为什么做正确的事情也举步维艰 _ 062

政界领袖与商界领袖的思维差异 _ 068

对外援助如何治标也治本 _ 073

后特朗普时代的美国 _ 081

第三章 _ *091*

跨入名校：精英教育独特之处

踏入美国社会的第一关 _ *093*
中美基础教育面面观 _ *098*
美国独特的天才教育 _ *105*
进入常春藤名校的重要关卡 _ *109*
找到最适合自己的名校 _ *124*
美国顶尖大学的招生秘密 _ *132*

第四章 _ *143*

顶级资源：名校内外应抓重点

哈佛商学院的第一堂课 _ *145*
中国留学生最易忽视的名校资源 _ *153*
名校教授的独特魅力 _ *163*
大学是最佳的创新平台 _ *174*
成功企业家们的聚会 _ *180*
哈佛商学院里的“中国风” _ *185*
顶级商学院对成功的定义 _ *190*

第五章 _ *195*

跻身名企：成就卓越突破自我

机会总是留给有准备的人 _ *197*

顶级企业面试的通关要点 _ *204*

如何在职场中脱颖而出 _ *209*

美国顶级企业的核心竞争力 _ *217*

我的职场贵人：肖恩·马洛尼 _ *227*

英特尔与中国合作的起起伏伏 _ *234*

英特尔折戟中国背后的故事 _ *242*

成功者应有的职场价值观 _ *250*

第六章 _ *255*

华人崛起：政坛发声路遥奋行

华人的自我认知 _ *257*

华人的身份冲突 _ *261*

顶级企业里的华人众生相 _ *266*

华人在美国的政治地位 _ *272*

华人崛起必备的五大要素 _ *277*

第七章 _ *293*

海外投资：跨国发展配置有方

中国创业大有可为 _ *295*

向最优秀的华尔街投资人取经 _ *304*

中国资本在美国的挑战和机遇 _ *310*

成为中美之间的桥梁 _ *325*

感　谢 _ *331*

序　言

美国和中国分别是世界上第一大和第二大经济体。美国前总统巴拉克·奥巴马（Barack Obama）称中美关系为“21世纪最重要的双边关系”，但这一关系充斥着不信任和误判，双方也不无发生严重冲突的可能。

在双边关系的这些共同点和分歧点上，许多学者曾经以某些单一的角度阐述过其复杂的成因，但大都遗漏了四个基础思维角度的存在：美国人如何看待自己，美国人如何看待中国人，中国人如何看待自己，中国人如何看待美国人。如果不能充分把握这四个既相对又相关的思维角度，以及了解历史过往和当前的相互影响，恐怕我们不能真正地看清那些现存的和潜在的机遇与危机。

一

我出生在中国，10岁时随父母移民到了美国，之后在斯坦福大学和哈佛商学院接受了高等教育。我曾经为英特尔这样的美国大公司工作。在英特尔的七年里，我负责过“迅驰”项目（英特尔划时代的首款整体移动计算解决方案）的跨国团队工作，之后一路晋升为英特尔当时最年轻的董事总经理，并代表英特尔主导和中国信息产业部的通信及知识产权合作项目。2009 年，我在时任美国总统奥巴马的授权下进入白宫，出任国际开发署署长的特别助理。2010 年，我参与海地大地震救援，全面负责美国对海地的通信重建工作。

离开白宫后，我回到中国创立了自己的事业。我早期建立的跨国金融服务公司旨在帮助国际投资机构在新兴市场上发掘并把握投资机会，后来建立的宇沃资本则致力于帮助中国资本国际化，尤其为那些有志国际化发展的中国家庭和孩子提供最好的财富管理和教育及成长规划。我周游过 80 多个国家，在 5 个国家居住和工作过。

近年来，我每年约有一半的时间在美国生活和工作，而另一半时间则在中国。在美国，我的言行举止像一个美国人；在中国，我看上去是一个黄皮肤、说普通话的中国人。经历以上种种，我其实一直在寻找一个定义——我是美国人，还是中国人？这让我觉察到之前所述的四个思维角度贯穿每一个与中美有关的话题。例如，美国到底是维持国际秩序的世界警察，还是一个在抑制中国和平崛起的霸权国家？到底热爱和平的中华民族只是想恢复自己在世界上的历史地位，还是会打破现有国际秩序而让很多美国人加以提防？

通过这四个思维角度，我观察到了现象背后的很多本质问题，也发现了很多有价值的观点，找到了更多行之有效的解决方法。然而，两个国家里很多的政策制定者、商业领袖、学者和普通老百姓却集体忽视了多方位考虑角度能为彼此带来的共赢关系。

我在美国读高中的时候，阅读了约翰·霍华德·格里芬（John Howard Griffin）关于如何把皮肤涂黑扮成一个美国黑人，然后用了6个星期到处旅行和工作的故事。他的书《像我这样的黑人》帮助美国主流社会认识了黑人的处境。这本书的核心就是格里芬发自内心的感受："如果我们站在别人的立场去看看我们自己的行为，我们就可能发现种族歧视的可怕和可憎。"今天，这些种族歧视行为已大大减少，但对异类的恐惧还在分裂着我们。让-雅克·卢梭（Jean-Jacques Rousseau）也曾经写道："我可能忽略、颠倒事实，或者记错日子，但我不会搞错自己的感觉和让自己这样做事的感觉，这些就是我的故事的主题。"经过不断总结和反复思考，我现在对自己的定义是：我不需要成为完全的中国人或美国人，而可以成为在国际化背景下连接两者的桥梁。

二

当代中国的高速发展始于1978年拉开帷幕的改革开放，最初的十年可以称为第一个阶段。那时候，国人"走出去"的愿望十分强烈，出国发展往往意味着获得更为优越的生活条件。我父亲就属于当时第一批留学生，其中很多人后来留在国外发展，成为改革开放后的第一代移民。这群人的孩子现也已经人到中年了。

之后，中国进入高速发展的第二个阶段，这时候国内经济发展速度更快，机遇与挑战并存。很多留学生学成之后相继选择回国发展，国内很多发展良好的企业创始人都曾有过一定的海外留学经历或工作经验，同时在国内也有一批土生土长的企业家，他们的异军突起为中国创造了很多财富，积累了宝贵经验。

经过几十年的高速发展，中国逐渐步入经济发展的平稳时期，这就是第三阶段。放眼世界，中国的企业和资本必然积极进军全球，走向国际化。伴随着这轮国际化趋势，很多家长，尤其是近二十年来国内事业比较成功的家长，纷纷想把孩子送往国外进修深造，希望他们学成归来后能帮助家族更长远地发展。

可以预见下一个阶段的趋势是，越来越多的中国企业在国内取得成功的同时，在国外也会大有斩获。这些企业不仅能主导国内市场，在国外市场上也会获得一定的市场地位。典型的成功案例如联想、华为这两家曾靠低成本在海外市场竞争的企业，如今已经成为享有盛誉的国际高价值品牌了。

然而，无论是企业还是机构，如果想在海外竞争中生存下来，一定要有一批具有真正国际视野的领导者。这些领导者不仅对国内市场了如指掌，更要熟悉海外市场。因此对于有远见的家长来说，对孩子的最大期望是让他们成为国际化领袖。孩子能在国外接受最好的教育，有不错的工作经历，又具备相应的能力将这些知识与经验带回国内，使自己获得更好的发展。同时，这些孩子也因有了这样的领导能力而成为下一代领导中国走向国际化的领袖，成为连接中国与世界的桥梁。这是我认为中国经济在今后必须要走的一条路，也是中国家长最希望自己的孩子能成功走上的一条路。

中国在经历了一系列快速发展后，放眼全球，真正值得中国深入学习的国家可能也就是美国了。其他国家和地区中有的虽然在创新层面较中国有一定领先，但已经大大放慢了脚步，很大程度上也只是基于传统领域进行的创新。而在全球范围内，下一轮经济浪潮强调的是建立在高科技上的真正创新，是技术的创新与思维的创新。在这一方面，美国毫无疑问依然具有领先地位，这也是美国往往成为中国家长送孩子出国读书首选之地的原因所在。

当年，我的父亲移民去美国，我也有幸成为改革开放后第一批跟随父母去美国读书的孩子。通过自身的努力，我在美国上最好的大学，进最好的企业，接触到美国最前沿的高科技理念和创新思维，还曾在美国白宫工作，回国后又能成功创立跨国公司，有机会成为连接中国和美国之间经济与文化的桥梁。这是我所走过的路，其中有挫折与失败，也有很多的成功经验。

每年中国有 400 万人去美国，其中去美国留学的就有 40 万人，我个人的一些经历和总结可能对很多人会有帮助。在这本书中我会结合个人的经历，分享每个家长和孩子都会感兴趣和关心的事情。其中最重要的一点是如何改变自己的思维方式，抓住宝贵的资源和机会，让自己有机会成为一个具有全球化视野的国际化领袖精英。我希望对有这个目标及正在为此努力的朋友们分享我所知晓的一切，更希望帮助他们接触和进入美国主流社会的圈子。

三

以下是我在此书中想与大家分享的内容概要。

第一点，我想谈谈什么才是美国的主流社会。多年来，我看到太多的中国留学生或移民因无法融合主流社会而逐渐被边缘化。他们常常抱怨说，美国人排外、种族歧视现象严重或中西方文化差异太大。但这真是事实的全部吗？显然不是。中国有句俗话：知己知彼，百战不殆。只有充分了解美国的历史，知晓其文化根源以及核心价值观的由来，才能更好地认识美国的主流社会。

美国两百多年的历史其实也是一部多种族相互融合的历史。美国的主流文化正是在吸收了多种族文化精华的基础上发展而成的。从这个角度来看，新移民到美国不仅仅只是融入，更多时候美国主流文化还一直在兼容并蓄新移民的文化。很多中国家长认为孩子到美国一定要学习美国文化，一定要融入它，这是片面的。在这方面，我会和大家进行深入探讨。

第二点，我想分享一下我在美国白宫的工作经验。提到美国白宫，很多人都知道，这里是世界上最发达国家的权力核心，甚至是世界权力的核心所在。作为第一位出生于中国大陆的白宫学者，我获得了一个前所未有的机会，在这里接触到了美国乃至世界上最顶尖的精英人物，了解了他们积累了几十年的人生经验和成功之道。

第三点，作为哈佛大学的校友面试官，我最想谈谈如何让自己成为美国顶尖大学想要的人才。也许很多人都写过“如何考进名校”这类攻略，而我想要研究的是这些大学到底想要培养怎样的人才，又是如何全方面地去实现的。在美国，很多顶尖大学都以培养国际化的领袖为自己的使命。以此为前提，这些顶尖大学希望学生具备怎样的个性和能力呢？这一点很重要。很少有书从这个层面深入探讨，仅仅只是围绕进入这些学校所需的考试成绩、文书写作、课外活动与社会经历等硬性要求来展开，对其育人成才的根本核心问题却谈得并不够透彻。在这方面我可以与大家很好地分享经验。

第四点，我想谈谈在大学期间如何充分利用学校提供的优质资源，尤其是创新资源。我还会谈到我在哈佛商学院期间从世界顶尖教授那里学到的多元化思维和价值观点。很多去美国留学的中国学生还只是局限在中国留学生的圈子中，几年学习下来，英语说得不够地道，对美国社会文化也不是很了解，完全没有融合美国的主流社会。更为遗憾的一点是，他们几乎没有利用到顶级学府里众多的优秀资源。从这一层面出发，我想谈谈如何更好地利用资源来提升自己，让自己在几年后成为一个有视野、有想法、有突破、有创新能力的优秀人才。

第五点，我想谈谈在美国的就业和个人发展。如果你问任何一个人，他从大学毕业多年后对自己在学校学过的知识还记得多少，答案可能是：基本上忘光了。因为在学校学习的理论知识与工作上的实践经验相比，差异还是很大的。不论你在学校的学习成绩有多优秀，进入社会后工作便又是一个全新的开始。就业问题真的只需要在大学的最后一年才开始考虑吗？未来的职业发展又有多少能掌握在自己的手里呢？

踏入社会以后，我们不仅仅要进入最好的企业或机构，更深层次的是要了解企业需要怎样的人才，以及自己的特点是否适合对方，进入企业之后又该如何充分利用丰富的企业资源不断提升自己的领导能力，这也是非常重要的。

第六点，我想谈谈华裔。在美国有句名言：硅谷是在中国人和印度人的肩膀上建立起来的。近年来，印度裔人才辈出，无论在世界500强企业高层还是在美国政界，常常能看到印度裔的身影。而同为亚裔，华裔在美国却是一盘散沙，无法凝聚自己的力量，很多优秀的华裔靠自身的实力走在了前端，却又如昙花一现，瞬间归于平淡，这其中的原因到底是什么？我曾接触很多不同的华裔，对此感触颇深。

第七点，我想谈谈美国那些最成功的投资人，还有中国资本如何更好地国际化。我在哈佛商学院学习和在华尔街工作的时候，有机会接触到华尔街的顶级投资人，我惊讶于他们独立思考的能力和严谨质疑的精神，更敬佩他们对自己的绝对信心。同时，如何引导中国资本去做正确的国际投资，尤其是在美国的投资，已经成为当前及未来都十分重要的一个课题。

真正成功的人，往往不会仅局限在单一的视角，而是要进行多方视角的思考与结合后的创新，他们不会生搬硬套中国或美国单独一方的成功模式，而是汲取两方的精华来进一步创新。这就需要我们充分把握一开始提到的四个既对立又相关的思维角度，更好地结合不同制度与思维方式的优点，避开单一化带来的偏颇和缺点。很多创新领域的想法与商业模式最先是在美国开创的，但经过中国本土化的发展，却做得比美国更好。比如微信，微信最早的雏形是美国一个叫 WhatsApp 的软件，但现在的微信不论从功能上还是模式上已经远远超过了 WhatsApp。所以，知己知彼、融合创新是至关重要的。

我希望能通过这本书，帮助中国家庭以及他们的孩子放眼全球，根据自身特点和优势，结合当今世界多元化的价值体系，通过融合与创新不断提升自己，成为真正的下一代国际化精英。

我在海地地震救援现场

2010 年 1 月 13 日的深夜，美国华盛顿哥伦比亚特区，白宫。

作为承担美国对外非军事援助任务的联邦政府机构，美国国际开发署（United States Agency for International Development，简称 USAID）此刻灯火通明，办公室里坐满了人，人人表情严肃，办公室里弥漫着凝重的氛围。

当地时间 2010 年 1 月 12 日 16 点 53 分，美国的近邻、加勒比海岛国家海地爆发了里氏 7.0 级的强烈大地震（中国地震台测定为里氏 7.3 级）。这次地震震中位置距海地首都太子港只有 15 公里，是该国自 1770 年以来最严重的一次地震。因地震而导致的海啸给这个国家带来了更为严重的破坏性灾难。这个西半球最贫穷的国家遭受了前所未有的打击，死亡人数不断攀升。

在美国国际开发署新辟出来的“海地地震救援临时指挥所”里，我作为通信救援方面的总负责人，和各部门代表就震后通信的恢复和重建工作召开了第一次会议。这也是整个救援工作中最具决定性意义的一次会议。

在这次会议召开几个小时之前，经过海地政府的同意，美国联邦紧急事务管理署（Federal Emergency Management Agency，简称 FEMA）派出的第一批救援部队已经抵达海地，并发回了非常具有价值的最新受灾情况报告。美国海军卡尔·文森号核动力航空母舰也在第一时间驶往海地，投入救灾援助工作中。时任国务卿希拉里·克林顿（Hillary Clinton）临时决定取消原定 14—19 日访问大洋洲三国的行程，立刻回来协调救援工作。时任总统奥巴马也于 13 日发表讲话，承诺将迅速对海地实施援助，尽一切努力帮助受灾百姓。

毫不夸张地说，整个美国都在关注海地！美国对海地投入的救援力量是史上罕见的，也是其他国家无法达到的。这是因为美国和海地之间有着一段特殊的历史渊源。从地理上看，海地与美国隔海相望，海地在中美洲占据着极为重要的战略位置。从历史上看，1915 年前的海地政变频繁，美国曾在 1915—1935 年对海地有过军事介入，此后美国逐步将政权交还海地。时至今日，海地在政治、经济和文化等方面仍然深受美国影响。在这次大地震中，海地整个国家行政系统已濒临瘫痪，海地政府决定向美国敞开国门，接受全开放式的国际援助，这在世界救援史上也是极其罕见的。

我当时从联邦紧急事务管理署发来的报告中看到，太子港的大部分房屋和设施都被摧毁，由地震引起的地表断裂令人触目惊心。据海地当局保守估计，地震发生后海地伤亡人数至少超过 10 万，仅太子港就有好几万人被埋于废墟之下。海地全国陷入瘫痪状态，通信全线中断。先遣救援队在随后的实时报告中讲述，他们不断地捕获到废墟中发出的生命迹象。灾难发生后的 72 小时是黄金救援时间，一分一秒都耽误不起，救援队必须尽快组织力量进行通信的恢复工作。

在会议室内环座的同事都是来自各个联邦行政部门的代表，为了此次救援被临时召集到这里，大家都把目光投向我。而在几个小时前，我的身份还只是国际开发署署长的特别助理。现在，我被临时委派负责整个海地通信救援的工作。

老实说，在第一次召集各联邦部门代表就通信问题举行会议的那一刻，我心里是没有底的。虽然在成为白宫学者之前，我在英特尔总部工作了7年，对通信行业有着一定的专业认知，但说到救援和重建，我几乎一无所知。这次救援工作对我来说，绝对是一项全新的挑战，也是一项艰巨的任务。

但我曾经做过产品经理，深知一个产品在从0到1的过程中，产品经理未必需要熟悉每个环节，重要的是知道如何沟通和协调，如何将各部门的优势顺利融合到整个项目中来，我相信这次应该也一样。同时，哈佛商学院也教会我如何快速学习知识，所以我相信，这次一定能很好地完成任务。

于是我对同事们说："那开始吧！时间紧迫，我们先做一个信息汇总，请大家各抒己见，商讨接下来应该如何推进。"

大家开始纷纷提出各自的建议。美国联邦通信委员会（Federal Communications Commission，简称FCC）的代表说，可以先派一队人过去，查看当地通信基础建设的损毁情况。商务部的代表说，可以马上联系美国本土的通信运营商，让他们尽快提供恢复通信所必需的仪器和设备。国防部的代表表示可以派出军队，保障救援设备和救援人员的运输工作。大家本着同一个救援目标，看法和建议又是基于各自部门的职能，各有侧重，没过多久，一份分工清晰、责任到位的通信救援计划迅速成型。

两个小时后，一架军用飞机腾空而起，飞向海地，飞机上搭载了第一批奔赴救援前线的美国通信技术人员。紧接着，通过商务部的协调，美国前几大通信运营商也很快组织调配了一批通信物资运到了机场。

很快，到达海地的通信技术人员发来了实地勘测报告。勘测报告让我们感到非常棘手。虽然我们事先准备了恢复电力和通信网络的技术和设备，但是却没有预料到两件事情：第一件事情是缺燃油，当地无法提供修复通信基站所必需的能源动力；第二件事情是缺人手，与很多能协助恢复通信的当地人员失去了联系，受伤或受困于灾区而无法行动的人很多，少数可以投入工作的人员又忙于自家的救援。当然，除了缺油缺人之外，没水没粮也是很突出的问题。美国支援的临时通信设备已经运送到位，却陷入了无法安装的窘境。

此时，太子港震后的治安状况变得非常差，大规模哄抢时有发生。为了把燃油安全地运到当地，我获得了可以调用一支美国军队的权力，让美国军队保驾护航，确保救援能源安全送达目的地。同样，我们还协调各方，保障了水和粮食的供应。在这些条件都到位的情况下，美国专家和海地本土技术人员开始陆续投入通信网络及各个基站的抢修中。至此，紧急救援及通信恢复工作终于紧张而有序地步入了轨道。

2010 年 1 月 20 日，地震后的第 7 天。

几天来的高强度工作令我每时每刻都神经紧绷，因此满脸倦容，但我从来没有松懈过，哪怕是一分一秒。我深知通信恢复得越早，就能为救援工作抢得更多的宝贵时间，让更多的失散家庭更快团圆。这种使命感和自豪感犹如两针“兴奋剂”，让我每天都不知疲惫地坚持下去。在那既短暂又漫长的一周里，我没有一天是凌晨 3 点以前离开办公室的，我深感肩头责任的重大，很清楚这份责任背后承载着的是一条条生命。

我清楚地记得，在通信紧急救援工作最后一天的晚上，当我走出办公大楼时，一股凛冽的寒风吹来，我抬头望着天空，静谧的夜空中布满了闪烁的星星，我深深地吸了一口气，内心感慨了很久……

第一章

多元社会

谁是主流谁主沉浮

在白宫看到中美之间的认知偏差

亲身参与 2010 年史无前例的海地地震救援，使我作为首位出生于中国大陆的白宫学者的经历变得更为特别。海地救援结束后，因为表现出色，我获得了美国联邦通信委员会发来的官方表扬信，也有了更多的机会参与白宫的事务，因而对白宫里更深层次的情况也就了解得更多，这让我有机会更完整地看到中美之间的关系。

我受邀参加了白宫为了制定未来全球发展长期目标的研讨会。这是一个系列研讨会，为期一年，每两周举行一次。当时的会议主持人是萨曼莎·鲍尔（Samantha Power），她曾经是战地记者，获得过普利策纪实文学奖，后担任美国常驻联合国代表，2021 年又担任美国国际开发署署长。其他与会者也大多是白宫行政系统里的高级别官员，他们都是美国政府的精英。会上，大家讨论了国际发展的未来趋势、美国对外援助政策以及援助对当地经济发展和社会关系的影响等议题。

话题一旦扩大到国际社会及全世界的发展问题，就不可避免地会谈到中国。从世界援助的历史发展角度来看，在短短十几年里，不论在拉丁美洲还是在非洲，中国政府及企业的身影出现得越来越频繁，而且随着“一带一路”的推进发展，肯定还会扮演越来越重要的角色。然而，美国官员在涉及中国的话题时所表现出的偏见与主观性却让我非常惊讶。记得一位女性官员在谈论自己对中国以及中国人的印象时，说道：“我有一次坐飞机时，身旁坐了一位中国工人，他身上散发出一股浓重的体味，以至每次谈到中国，我就想起了这股臭味。”她说得非常认真，一点儿也不像在开玩笑。

还有一些官员提到：“从国际援助的角度来看，中国在拉丁美洲以及非洲的援助是带有侵略性和掠夺性的……他们在当地修路造桥，其实是在变相掠夺当地资源，并没有为当地人提供就业机会，相反还将很多中国人输送到那里，霸占着就业机会和自然资源……”当我看到台下很多官员认真聆听并且貌似认可这种观点时，我觉得这简直有些不可思议。

因为我很清楚，在美国国际开发署，尽管人们对中国的认知各有差异，但很多人提到中国时都肯定了中国在国际社会的正面形象，尤其在国际援助层面。很多拉丁美洲与非洲国家的政府并没有十足的能力来建设和发展国内基础设施，中国则通过国际援助和“一带一路”，不断帮助当地政府完善基础设施，包括修建公路、铁路、码头、大桥以及机场等，充分带动了当地经济的快速发展。相反，很少有西方国家会在基础建设方面对不发达国家实施那么大的援助。

以美国来说，主要的对外援助方式就是提供教育资源或疾病控制手段，比如投入资金帮助当地的政府或公益组织培养人才，美国的目标是让当地人未来能够具备一定技能，自己去解决问题。但不知道是实现这一目标所需的时间太久，还是实施方式不得当，一直以来并未取得理想的效果。

想帮助一个国家及其人民走出困境和持续发展，到底用什么方式和做法是最好的？是基础设施建设重要，还是培养本地人才重要？如何衡量政府或公益组织的援助是否成功？政府跟企业之间的最佳合作模式到底是怎样的？这些议题一直争论至今，从来就没有定论。

除了那次研讨会让我记忆深刻之外，与美国前国务卿科林·鲍威尔（Colin Powell，1937—2021）的一次聊天更让我陷入深思。

我是2009—2010届的白宫学者，1964年至今的50多年里，白宫学者项目已经培养了几百位白宫学者，他们大多数在项目结束后成为美国各个领域的翘楚，其中最知名的政界精英非鲍威尔莫属。他是美国历史上第一位黑人国务卿，曾以白宫学者为起点走上了从政之路，所以他对我们这群"同门"的态度非常亲切和蔼。

鲍威尔跟我谈到过有关亚洲和中国方面的话题。他个人觉得美国在中东浪费了太多的时间，对美国来说，亚洲更具有战略意义。亚洲最重要的国家是中国，中美关系才是未来最重要的双边关系。

我就马上接着这个话题问他："那你对中国的观点是什么？你觉得应该和中国发展一个什么样的关系？"他回答，这其实也是他最关心的一个话题，中国会不断成长，中国的发展是美国不可忽视的，但到现在美国还没有拿出一个很好的方案，到底要以什么样的战略性方式跟中国进行互动。当鲍威尔说这番话时，我注意到他没有用cooperate（合作），而是用了engage（互动）这个词，要知道这两个词的内涵有着非常大的差异。

鲍威尔的观点很具代表性，这透露出了能够决定美国对外政策的高级官员们在中美关系上还没有一个成熟的定位。换句话说，美国在处理与中国有关的问题上也是"摸着石头过河"。

奥巴马在他的第二届任期里提出了"亚太再平衡"战略，有相当多的人对这个战略给予了比较负面的评价。但我个人觉得，长远来说，中美之间是合作远大于对抗，机遇远多于摩擦。未来两个国家的关系到底会如何发展，最终还是取决于相互了解的意愿和程度。

总而言之，在白宫看到和听到的这些事让我意识到，绝大多数美国人，包括美国的政策制定者，对中国的了解还停留在几十年前。一方面，美国社会并没有太多真正了解中国的渠道；另一方面，中美两国之间也因为缺乏一些长期稳定的渠道，导致沟通交流并不完全顺畅。因此，美国自上而下对中国都有着不同的理解和看法，很多看法实际上完全脱离了中国的现实。

认知上的差异产生了沟通与合作的阻碍，甚至导致了误解和矛盾。但在我看来，这不应该是放弃或退缩的理由。基于长时间的观察和判断，我觉得“美国人和中国人之间如何相互认知”这个问题上存在多个思维角度。我们首先必须把最基础的两个思维角度理清楚，那就是“美国人如何看待自己”“中国人如何看待自己”，然后才能去分析另外的两个思维角度“美国人如何看待中国人”“中国人如何看待美国人”。很多美国人所认识的中国并不是真实的中国，而中国人眼中的美国也有很多偏差。如果不从上述四个思维角度全面而客观地看待这个问题，就很难阐述清楚中国人和美国人之间那些最核心的问题，进而获得真正的共赢。

不同种族在美国的熔融共生

既然要探讨中美之间的四个思维角度，那了解“美国人到底如何看待自己”就应该是第一步要做的。而探讨“真正的美国人”，关注点毫无疑问首先会落在种族上。

美国是一个移民国家，每天在我周围生活着各种各样的人，从肤色上看是白种人、黑种人、黄种人，从出身上看则是亚裔、非洲裔、拉美裔……不同种族、不同肤色的人在语言、饮食、宗教等各方面都大相径庭。

作为一个在中国出生的、黄皮肤的汉族人，来到美国后我却成了彻彻底底的少数民族，也就是所谓的“弱势群体”。我不可避免地开始关心美国的种族问题、美国的主流社会和美国人的思维方式，以及为什么他们和我不一样，他们是怎么看我的……

美国的历史几乎是一部种族之间的斗争史：最早是从欧洲移民来的白种人与当地印第安人的斗争，后来有了白种人与黑种人的斗争，甚至还有白种人之间的斗争。

美国建国之初的《独立宣言》里的确声明“人人平等”，但在宪法里，黑奴却被定义为“3/4 的人”。当时南方州实行奴隶制，黑人备受歧视，但由于众议员选举是根据每个州的人口比例来计算席位的，所以在计算人口的时候，还是得把黑人加进去，而宪法的制定者又不愿意把黑人和白人真正地平等对待，所以只能把每个黑人算作“3/4 的人”。这是一个很特别甚至很滑稽的妥协。它清楚地表明，美国这么一个为民主自由而创立的国家从一开始就有了种族之间的歧视和矛盾。

任何对美国历史稍有了解的人都知道，美国历史上只打过一场内战，就是发生在 1860 年的南北战争，战争爆发的根本原因在于奴隶制应该废除还是予以保留。虽然，以资产阶级为代表的北方联军最终战胜了南方奴隶主，黑奴得到了解放，但整个社会对黑人的种族歧视仍然存在，对黑人的社会成见和潜规则不难寻觅。那些被称为“separate but equal”（隔离但平等）的法律条款或规则，诸如黑人不可以与白人共用洗手间，黑人的孩子不能与白人的孩子上同一所学校，黑人座位与白人座位要有分隔等，直到南北战争胜利后的百余年，也就是1965年以后才逐渐被取消。

我也曾亲身经历过因对黑人的种族歧视而引发社会动荡的事件。1992年洛杉矶黑人暴动时，我正在读初中，我至今还清晰地记得不少超市和商店被洗劫一空，街上的呼喊声与枪声此起彼伏。这场暴动后来成为美国历史上损失最为惨重的一次城市暴乱。

暴动的起因是1991年3月3日洛杉矶的一名黑人假释犯罗德尼·金（Rodney King）酗酒后超速驾驶，在警察执法时他不但拒捕，而且还对一位女警官做出侮辱性动作。当时4名白人警察使用警棍一共打了罗德尼·金56下。

这一执法场景被附近公寓内的一名摄影爱好者录了下来，全程共81秒。这盘录像带随后被交给了洛杉矶当地一家名叫KTLA的电视台。KTLA当晚就把它剪辑成68秒的视频在新闻里播出。4名白人警察随即因过度暴力执法而被起诉，罗德尼·金则趁势以刑事罪起诉洛杉矶市警察局，并在随后的民事赔偿诉讼中要求总金额为5600万美元的人身伤害赔偿。

最后，由10名白人、1名西班牙裔和1名菲律宾裔组成的大陪审团于1992年4月29日判定4名警察无罪。就在结果公布后的2个小时，洛杉矶发生暴动。成百上千的黑人聚集在洛杉矶街头，几千家店铺被打砸烧抢，53人被打死，数千人受伤。

暴动整整持续了三天，造成超过10亿美元的损失。当时我家离事发地只有几公里，学校在那几天全部停课，我们不得不在家中躲避，警笛声和救护车的声音在不时呼啸，让每个人都绷紧了神经。这场暴动给我留下的余悸多年后仍然历历在目。2020年5月25日，一个名叫乔治·弗洛伊德（George Floyd）的黑人被怀疑在一家食品店买东西时使用了假钞。店主报警后，四名警察赶到现场，其中的一个白人警察德雷克·肖万（Derek

Chauvin）暴力执法，用膝盖把弗洛伊德“跪压”在地上。双手已被反铐的弗洛伊德不断呼喊着：我不能呼吸了！但肖万并没有丝毫放松，最终弗洛伊德没有了呼吸。

旁观的群众拍下了长达九分钟的视频并放到网上流传，最终引发了席卷全美的“黑命贵”（Black Lives Matter）运动。当时美国的疫情形势非常严峻，很多人的情绪一直被压抑着，弗洛伊德之死就像一颗掉落在干草垛上的火星，点燃了很多普通美国人心中的怒火，超过 100 多座城市出现了大规模反种族歧视、反暴力执法的抗议和游行，部分城市甚至引发了暴乱，导致当地政府宣布宵禁。

当时我住在旧金山，常常听到警车警笛的呼啸声、游行队伍的口号声和店铺被打砸的声响，仿佛时空穿越回到了 30 年前的洛杉矶。时间过去了那么久，美国还没真正解决种族问题。

种族歧视当然不只发生在黑人身上，亚裔、犹太裔、拉美裔等少数种族对此都会有一定的感受。作为华人，我也必须说说美国人的排华问题。

1863 年，美国第一条连接东西两岸的横贯大陆铁路开始修建。从那时起，华人劳工大量参与通往大西洋海岸的铁路建设，为美国建立南部与西部交通枢纽做出了巨大贡献。由于华人吃苦耐劳，不计较工种，工作效率还比白人高，这样难得的廉价优质劳动力受到了美国大资本家的欢迎。然而，美国底层社会中的白人却认为中国人抢走了他们的饭碗，于是全美很多工会组织开始发起和参与排华运动。在这种背景下，美国政府于 1882 年制定了在美国历史上非常不光彩的《排华法案》。

《排华法案》是美国迄今为止唯一一个针对某一特定民族的移民的排斥法案。该法案连同其他相关的歧视性法案一起，禁止华人在美国拥有房产，禁止华人与白人通婚，禁止华人的配偶和子女移民美国，禁止华人在政府就职，禁止华人同白人在法院对簿公堂，等等。这一法案直到 1943 年才被废除。值得一提的是，2011 年在华裔参议员赵美心的大力推动下，众议院全票表决通过，美国政府于次年正式就 1882 年通过的《排华法案》一事向公众道歉。

另一个典型的华裔遭歧视的案件是“陈果仁案”。1982 年 6 月，华裔男青年陈果仁（Vincent Chan）在酒吧遭两名白人男子搭话，因言语不和，这两名白人手持棒球棍将陈果仁殴打致死。当时日本企业在美国发展迅猛，导致很多当地人失业。两名凶手误将陈果仁当作日本人发泄失业后的怒气，虽然他们对罪行供认不讳，但最终只被轻判。这一明显带有种族歧视色彩的不公判决在美国也造成了很大的社会影响。

新冠疫情期间，特朗普为了“甩锅”，称新型冠状病毒肺炎（COVID-19）为“中国病毒”（Chinese virus），这激发了很多美国人的反华裔、反亚裔情绪，造成了疫情期间针对亚裔的暴力行为快速上升。

在此背景下，美国出现了一个名叫“停止仇恨亚裔”的组织（Stop AAPI Hate），最初发起人是几个学校的老师，他们简单地做了一个网站，如果美国亚裔人士受到歧视，都可以使用这个平台来进行披露和举报。

一般来说，要确定种族歧视的事实是比较困难的。对警察而言，要构成一个种族歧视的案子，它得符合一定的条件，特别是持有实质性的证据。如果有亚裔去报警，说被别人辱骂，或者被推搡，被殴打，通常来说很难立为种族歧视的案子。另一方面，在疑似种族歧视案件发生后，很多当事人不去报警或者对社会披露，尤其亚裔群体里很多人的英语水平欠佳，进一步阻碍了这样的想法和行动。

所幸的是情况逐渐在改变，这个网站做起来之后，至今已经累计收到一万多个案子。2021 年 3 月 16 日在佐治亚州亚特兰大市发生了 3 起枪击案，造成包括 6 名亚裔女性在内的 8 人死亡，凶手是一个名叫罗伯特·亚伦·朗恩（Robert Aaron Long）的白人男子，这起案件使得针对亚裔的暴力行为得到了美国很多媒体的关注，迫使国会两党在这方面进行了罕见的合作，最终通过了两个法案，一个是反新冠仇恨犯罪法（COVID-19 Hate Crimes Act），另一个是贾巴拉·海尔反仇视法（Jabara-Heyer NO HATE Act）。另外，政府也拨款用于针对反亚裔的种族歧视案的调查。

人是群居动物，每个种族维护自身存在的意义是非常现实的。可惜一直以来，很多在美国的华人只知道勤劳诚实地靠自己去打拼。但在一个多元化的移民社会里，一个种族想要获得更高的社会地位，仅靠个人努力是远远不够的。我们可以看到，2016 年美国总统大选的候选人里有黑人本·卡尔森（Ben Carson）、犹太裔伯尼·桑德斯（Bernie Sanders）、拉美裔马尔科·卢比奥（Marco Rubio），却鲜有华裔的身影。尽管在 2020 年美国总统大选里，我们有幸看到第一位华裔候选人杨安泽（Andrew Yang），但长期以来，华人在美国一直缺少具有号召力的领袖级人物。

在美国，犹太裔同样是少数种族，他们刚到美国的时候也很受歧视。同样拥有千年历史文化的犹太人和中国人的价值观是类似的，非常重视家庭和教育。可是书读得再好，分数考得再高，在那个年代能跻身常春藤名校的犹太孩子却寥寥无几。20 世纪 20 年代，哈佛当时的校长劳伦斯·洛威尔（A. Lawrence Lowell）还制订了针对犹太裔学生的限招计划，规定只能招收一定比例的犹太裔学生，这个限制直到 30 年后才被取消。要知道，美国很多著名的大学包括常春藤名校都是基督教传教士创立的，上千年来，基督教和犹太教的水火不容造成了很多的矛盾。美国上层统治阶层当然不希望看到勤奋好学的犹太孩子通过学习改变命运，进而撼动整个社会体系。

然而，犹太人只用了大半个世纪就在美国崛起了。犹太人的数量不足美国总人口的 2%，但是现在在一流名校中，犹太裔学生的比例常年保持在 20% 以上。2021 年，在第 117 届美国国会里，100 位参议员里有 10 位是犹太裔，435 位众议员里有 27 位是犹太裔。这样的结果与犹太人对美国教育制度、政治制度的深刻理解和自身逐渐增强的影响力是分不开的。犹太人准确把握住了美国社会的本质以及美国人的本性，使自己的思想、表达和行为更符合美国的社会理念，并且在争取本民族权益的同时，最大限度地避免狭隘的诉求。这一点非常值得我们华人反思、参考和学习。

少数种族备受歧视，但白人之间也并非一团和气，因为白人群体内部也有民族问题，甚至问题更复杂，里面还牵涉了宗教信仰问题。

最先移民到美国的白人是以盎格鲁－撒克逊（Anglo-Saxon）这个民族为主的英国人，他们也就是大家比较熟知的、长期以来主导美国的白人。但是这群人在很多领域被其他新移民所影响，权力逐渐被分化。比如在这一两百年来，白人里的其他种族与盎格鲁－撒克逊人的争夺还是很激烈的，只是很多人并不知道。

英国人对爱尔兰人的歧视由来已久。历史上著名的爱尔兰大饥荒就发生在这样的背景下。1845 年，爱尔兰发生了“马铃薯饥荒”，虽然英国作为爱尔兰的实际控制国完全有能力予以救助，但英国人的袖手旁观却使得短短 5 年之内约 100 万爱尔兰人活活饿死。因此，移民到美国后，爱尔兰人和英国人之间长期延续的仇恨也就不难理解了。

另外，宗教也是一个重要的影响因素。从宗教历史来看，英国人很早就脱离了天主教，有了自己的宗教——安立甘宗（Anglicanism）。美国第一代移民便是信奉新教的基督徒，所以美国是一个以新教为宗教基础的国家。于是白人中的天主教徒就备受歧视，而这些天主教徒主要来自爱尔兰、意大利等国家。

在近代，爱尔兰人在美国社会的地位和影响已经很不一样了，比如约翰·肯尼迪（John Kennedy）是第一个爱尔兰裔的美国总统，奥巴马政府的副总统、后来的第46任总统乔·拜登（Joe Biden）也是爱尔兰裔。1960年，当身为天主教徒的肯尼迪竞选美国总统的时候，在竞选初期就引发了很大的争议，很多人都质疑他是否能公正地履行总统职责，而不被个人宗教信仰所影响。在得克萨斯州休斯敦市的公开演讲上，有人专门向肯尼迪提问："如果你当选，你是忠于美国还是忠于教皇？"当时肯尼迪的回答非常精彩，他说："我不是天主教的总统候选人，我是民主党的候选人，只是恰好我还是一个天主教徒。在公共事务上，我不代表我的教派，而教派也不代表我。"聪明的肯尼迪还趁势强调，相比宗教信仰的矛盾，美国当下还有更多、更重要的问题需要解决，战争、饥饿、疾病和对生活的绝望是没有宗教界线的。

值得一提的是，在那一届总统竞选中，肯尼迪是以极其微弱的优势战胜尼克松的，比尼克松多出的11万张选票在6800多万张选票中只占千分之一，其中少数种族和天主教徒的选票起到了很关键的作用。肯尼迪也因此成为美国历史上第一位信奉天主教的总统。

除了爱尔兰人，意大利人和德国人也是美国白人的一个组成部分。直到19世纪70年代才统一的意大利在欧洲是比较落后的国家，意大利人来到美国也只能挤进纽约的贫民窟。然而长期以来意大利裔一直在争取自己的权益，也取得了不少成绩，比如纽约市前市长鲁迪·朱利安尼（Rudy Giuliani）就是意大利裔美国人。

在两次世界大战中，德国和美国之间都发生过战争，德国人在美国自然受到敌视，很多德裔美国人没有办法保留自己的德国文化，因此他们在文化保留方面是做得最差的。可是我们也看到第45任美国总统唐纳德·特朗普（Donald Trump）就是德国移民的后裔，说明德裔美国人也在美国主流社会中拥有他们的一席之地。

从上述的故事中不难看出，美国的种族歧视与差别对待几乎贯穿了整个美国历史，它们有着复杂的政治和宗教背景，对美国社会发展的影响巨大。而且种族问题还延伸出了帮派文化及其独特的问题，我小时候就见识了帮派文化，而且突如其来，令人猝不及防。

我刚到美国不久的一天晚上，母亲像往常一样准备了热汤和点心，给上夜班的父亲送去。当时父亲工作地点在洛杉矶市政厅附近，写字楼林立，白天人来人往非常热闹，到了晚上则十分冷清。

母亲带着我走过希尔顿切克斯酒店。这家酒店历史悠久，在洛杉矶很有名。我看到酒店的玻璃转门里走出一对穿着讲究、打扮入时的情侣，看上去好像刚刚参加完一场舞会。他们就在我们前面一边谈笑，一边走着。就在此刻，一辆汽车突然呼啸着从我们身边疾驰而过，一阵噼里啪啦像鞭炮一样的声音在我耳边响起。顿时，我和母亲都惊呆了，站在原地一动不动。车子开走之后，我才发现刚才走在前面的那个女子已经倒在地上，浑身是血，旁边的男子拼命地喊“救命”。

这时我这才意识到，刚才听到的根本不是什么鞭炮声，而是枪声！是有人被枪打中了！此时母亲也意识到了这一点，她拉起我的手，拔脚就往汽车开走的反方向跑，一直跑到气都喘不过来时才停下来。在国内我可能永远都不会见到这种场景。那种混杂在枪声、呼叫声里的惊慌和恐惧，甚至弥漫在空气中淡淡的血腥味，至今我都记忆犹新！

当我慢慢熟悉了洛杉矶这座城市，了解了美国的社会文化之后，我才知道那一晚的枪击并不是小概率事件，而极有可能是美国某个帮派“入伙仪式”的一部分。

枪支、暴力、毒品、色情……美国社会每一个阴暗面的背后都离不开帮派的影子。帮派对渴望加入的新成员往往会设定一个“入门凭证”，也就是中国古代所说的“但凡好汉们入伙，须要纳投名状”。“投名状”所表示的是断绝后路，以示忠诚和依附。《水浒传》中林冲想要投奔梁山入伙，却被王伦和朱贵要求他“下山去杀一个人，将头献纳”。

帮派社会和普通人所处的文明社会犹如黑夜与白天，为了表明自己与之前的社会割裂的决心，就要交纳帮派认定的“投名状”。美国黑帮“投名状”的一种，便是这样夜里开着飞车，突然对某个素不相识的行人进行射击。这种暴力血腥的“入伙仪式”让无辜的路人丧命，但对帮派而言，只是一种表明决心和忠诚的仪式而已。

帮派之所以这么要求，是想让你在犯罪之后就不能那么轻易脱离帮派，尤其是杀人，那是一种心灵上的束缚，就像断了后路一样，让你觉得无法再回到文明社会中，一辈子都脱离不了帮派圈子。所以很多帮派中都有“blood in，blood out”这么一句话，意思是如果加入帮派，你要放别人的血，这是入门的资格；如果想离开帮派，你就要放自己的血，这是离开的代价。

在美国，帮派最明显的特点是其成员以种族为主，比如成员来自黑人和拉美裔。不同的种族衍生出不同的帮派，也代表着不同的立场和利益，很多人看到过媒体报道的关于帮派的负面新闻，例如集体群斗、流血冲突等，但就像上文所说的，人是群居动物，聚集在一起维护自身存在的意义是非常现实的，帮派也给了很多孩子自身保护和结群存在的价值。

随着时间的推移，特别是当我能够站在不同种族的角度去观察美国的时候，我发现我反复追寻和探讨着的问题“谁才是真正的主流美国人”其实是一个伪命题！

因为问题本身就错了。主流就像一条生生不息的河流，而不是一成不变的死水，主流可以不断演变，主流的构成和特点也在变化。我们应该认识到，主流是不同民族、不同群体、不同家族或个人在融入美国社会，在维护自身利益，在不断创新和尝试影响他人的产物。

在很多中国人眼里，美国的主流社会人群就是白人，但在美国社会中，白人也有很大的分化，而且美国的人口构成也在慢慢改变。据官方数据预估，到 2050 年白人还是美国最大的种族，但占比将低于 50%，大多数的美国人会是拉美裔、黑人和亚裔。不同种族人口数量的此消彼长，势必也会影响主流群体的构成。

美国是一个移民国家，这决定了它多元化的特性。不同的种族有着不同的宗教、思想、文化和习惯，他们都希望在美国占有一席之地，于是我们看到了美国文化中蕴含了各个种族的特点。比如披萨其实是意大利人带来的；每年 3 月 17 日的圣帕特里克节是来自爱尔兰的一个纪念圣人的节日，虽说这个节日的宗教意义已经被削弱，但是也说明爱尔兰人对美国文化产生了重要的影响。黑人在娱乐界中，尤其在音乐领域，不管是爵士、嬉皮或饶舌，都对美国文化有重大的影响。

每一个新移民来的种族都对美国文化产生了一定影响。所以有些人说美国的主流社会是不变的，这其实是不对的。美国人自己也一直在找寻“谁是真正的美国人”这个问题的答案。美国的主流文化一直有传承，也一直在吐故纳新，它应该被看作一个不断演变的、与时俱进的产物。我们不仅要看到新移民在美国主流社会中的融入程度，更要看到他们在美国主流社会里到底能扮演多重要的角色。华人作为少数种族，其实也有权利来为此赋予新的定义，也就是说，华人不仅仅可以融入美国主流社会，还有机会去定义美国的主流社会。

所以，很多中国家长认为孩子去美国就一定要学习美国文化，一定要融入进去，这个观点其实并不完整。中国人还应该在美国主流社会里争取扮演更重要的角色，对美国主流社会施加自己的影响力，把自己的文化融合进去，使之成为美国主流文化的一部分。

我非常庆幸刚到美国的时候就能近距离看到和感受到各种事件，这让我很快地认识到美国人的价值观、种族问题和宗教信仰等深层次的东西，我也非常庆幸之后能融合到美国的主流社交圈里，更有机会竭尽所能把中华文化渗透到美国主流社会中。

身在美国却总是在自己的种族圈子里兜兜转转的人无疑是画地为牢，永远没有机会真正认识美国。每当看到中国留学生或新移民只在华人中交朋结友时，我都感到十分惋惜。

此外，正如我之前所说，白人群体里也存在差异、歧视、竞争和融合，所以盲目跟着白人走也是行不通的。再进一步说，有个别中国人挤进了美国主流阶层，他可能觉得自己已经做得非常不错了，但个体的成功对整个种族来说并不具有代表性意义，只有一个人上去了，却没有后继者以及可持续性发展，最终只会如昙花一现。正所谓“独木不成林”，在这方面我们更应该向犹太裔、印度裔美国人学习，只有一个种族的崛起才是真正的崛起。

在哈佛和上海遇到美国百年家族

从“种族”这个角度去观察美国主流社会是比较宏观的，而在美国立国后的两百多年历史里，已经涌现了很多杰出的家族，从“家族”这个相对微观的群体角度去探讨美国主流社会会是一个很有趣的话题。

在斯坦福大学读书时，我认识了很多来自世界各地的优秀同学。后来到哈佛商学院攻读 MBA（工商管理硕士）后，我对“优秀”这两个字又有了新的认识。很多美国人会开玩笑地说，“斯坦福是美国西部的哈佛”。在斯坦福大学我们也流传着一个笑话，说斯坦福的学生们都像鸭子，浮在水面上时看似平静无波，但在水下都拼命地摆动着脚蹼往前游，人人都憋着劲儿争第一。而在哈佛大学就不同了，大家都像一只只天鹅，彼此公开地、优雅地竞争，每个人都希望自己最后能成为那只最好的天鹅。

在哈佛商学院的学习与生活也让我有机会认识了一些之前接触不多的群体。众所周知，在美国西部，尤其是斯坦福大学所在的旧金山湾区，这里背靠硅谷，是著名的创业之地，它吸引了很多美国人以及外国人来这里创业；而美国东部却是截然不同的风格，这里有着深厚的历史和文化底蕴，存在着很多历史悠久的大家族，一代代的累积和传承使他们每个人身上都深深镌刻着家族的烙印。

刚到哈佛商学院的第一周，我就认识了一个同学，他姓福格（Fogg）。福格本科毕业于耶鲁大学，曾在海军服役过一段时间，之后考入哈佛商学院继续深造。有一次我们闲聊中谈到“为什么选择来哈佛商学院”时，他告诉我："因为福格家族好几代人都是哈佛的毕业生，所以我也选择来这儿。"我觉得挺新奇的，就问他："那你一定对这个学校有着很深的感情吧？"他说："是啊，下次有机会的话你可以去福格博物馆（Fogg Museum）看看，它是我曾祖父捐给学校的。"

后来，我才知道福格博物馆就是哈佛艺术博物馆的三大组成部分之一，全名叫"威廉·海斯·福格艺术博物馆"。这是一座收藏了西方中世纪绘画、雕刻等诸多艺术珍品的博物馆，始建于1895年，里面的各种艺术品都是由福格家族捐赠给哈佛的。100多年前，他们家族就已经有那么雄厚的实力向学校做这样的捐赠，更重要的是他们家族还传承并繁盛至今，实在让我敬佩。那是我第一次有机会认识到一个拥有百年传承历史的家族传人，他正循着自己祖先的足迹来到哈佛商学院继续深造。

从哈佛商学院开始，我对美国所谓0.01%的精英家族产生了非常大的好奇。中国有句俗话叫"富不过三代"。在中国人的传统观念里，一个家族财富的传承往往延续不了百年。而美国这些有着上百年历史的家族又是怎么能很好地累积财富，并不断培养出一代代优秀的继承人的呢？

和福格聊天的时候，我能感觉到他非常谦和。当他邀请我去他祖先捐赠的博物馆参观时，也并没有丝毫的骄傲自大或给人高高在上的感觉。他只是很客气地邀请我，就像邀请一个朋友回家做客那样自然平和。

到底是什么样的家族才能教出他这样的孩子，而且世代相传，保持了家族中最优秀的特质？他们又是如何发展家族产业的呢？这是令我非常感兴趣的一个话题，也成为后来我创业的一个很大的动机。

我慢慢发现，这些0.01%精英家族的传承人身上都有着一个共同点，那就是一个深刻的思维故事——他们对于家族的传承有着很强的责任感和使命感。

我到哈佛商学院第一天就认识的一个朋友桑切斯（Sanchez）也是一个非常谦和的人，他的家族在得克萨斯州经营石油生意，家族企业就是有名的桑切斯石油天然气公司（Sanchez Oil & Gas）。在和桑切斯的交谈中，我发现他有几个特点和福格完全一样，而且背后的原因也相同。

第一，他们很谦和，完全看不出一丝炫耀或高人一等的心态。当和我谈到有关家族和企业的话题时，他们只是告诉我，这是他们生命中的一部分。或许他们家族生意已经做到了很大的规模，家族财富已经积累到了很高的程度，但他们从小就接受很严格的教育，要求他们不要骄傲狂妄，不要看不起别人。家族的确会为他们提供很好的教育机会，他们也的确比别人有更多机会接触到优质资源，但这些机会是否能把握还是要靠他们自己去努力，家族也从来不会告诉后代“这是你应得的资源”。

第二，他们很有家族使命感。桑切斯说：“我很庆幸我是这个家族中的一分子，我的责任和使命是确保家族荣誉和家族事业的延续，同时使家族财富不断壮大。”培养家族使命感的最重要方式就是靠父母的引导，好的文化教养也包括家族理念的传承，而从来不是靠父母的一面之词或僵硬说教。家族长辈认为，做到比说到更重要，就好比福格家族希望回馈哈佛大学，他们在 100 多年前就付诸行动，捐献了一座博物馆，这使他们的后代都能真真切切地感受到家族的言行合一。

第三，他们很有独立与创新精神。与很多中国人的认知不同，他们认为延续家族荣誉和个人独立发展并不矛盾。在一定程度上跳出家族的框架，自己做一些事情，反而能产生更好的创新结果，甚至还能促进和延续家族业务。

独立与创新精神是我最感兴趣的，也是我在桑切斯这位校友的身上看得最清楚的。他从哈佛商学院毕业后并没有回家族公司任职，而是向父亲借了一笔钱，自己创立了一家用水力压裂技术开发页岩气的公司。2006 年页岩气在全美的产量还微不足道，但没过几年，技术的突破使页岩气的产量剧增，尤其在 2008 年金融海啸后，时任总统奥巴马全力发展页岩气这一非传统性能源，开启了点石成金的传奇，使美国对能源进口的依赖大大减少，极大促进了美国经济发展。正是因为当初独到的眼光和对创业的不懈努力，桑切斯的公司后来也成为当地非常有影响力的能源公司，与家族传统企业比起来也毫不逊色。

但凡和美国人谈论美国的百年家族，就一定要谈到赫赫有名的罗斯福家族。罗斯福家族在美国有着超过 300 年的历史。17 世纪中期，罗斯福家族从荷兰来到美国，并最终在纽约扎根。这是一个卓越的政治世家，曾出过两位美国总统。一位是西奥多 · 罗斯福（Theodore Roosevelt），另一位是富兰克林 · 罗斯福（Franklin Roosevelt），一般人称前者为老罗斯福，后者为小罗斯福，两者是叔侄关系。

老罗斯福最为人熟知的是其坚强的意志和果敢的作风，他曾经在美西战争中带领美国军队在古巴战胜西班牙人，也曾在反垄断方面获得“托拉斯爆破手”的美誉。在第二届总统任期结束以后，他于 1909 年去非洲探险。他还于 1913 年到亚马孙热带雨林探险，在巴西发现了一条河，并以他的名字命名。此外，他还是著名的环保人士，他所提议设立的国家公园和自然保护区的面积比其所有前任所设的总和还多，举世闻名的大峡谷国家公园就是其中之一。

更值得一提的是，老罗斯福曾经在 1907 年要求国会授权减免和取消“庚子赔款”中超出实际损失部分，将多余部分用于资助中国的教育和中国学生留美费用。于是在 1908 年，美国就向中国退回半数的庚子赔款，其中的一部分用于开办留美预备学校，即清华大学的前身。

老罗斯福的一生充满传奇色彩，这对其家族后人产生了深远的影响。我是上海罗斯福公馆私人俱乐部的会员，曾在上海多次见到目前罗斯福家族基金的掌门人德尔·罗斯福（Tweed Roosevelt），并和他有过深谈。

在第一次见面的时候，德尔给我的感觉就是一位个子小小的、可爱的美国老头，后来我才知道他是罗斯福家族基金的主席，管理着家庭旗下几十亿美元的资产。德尔说他很早就来过中国，对中国也很感兴趣。而罗斯福家族跟中国的渊源可以追溯到 20 世纪 30 年代，跟中国政府的良好关系也一直延续到现在。罗斯福家族非常低调，即使在美国也很少看到他们的品牌，但在上海的外滩，他们用家族品牌建立了一个基金和一个俱乐部，这代表了他们对中国的热爱和看重。

德尔为人随和，一点架子都没有。如果不是亲自交流，我很难想象一个有着悠久历史、到现在依然拥有巨大名望的家族的掌门人会这么亲切。在中国，我经常看到一些稍微有点地位的人喜欢摆出领导者或高人一等的姿态，并习惯用一些高消费向别人证明自己的身价不菲。但在德尔身上，我没有发现这样的情况。

或许有人会说，罗斯福家族的后人当然不需要再向别人证明什么，因为连美国的航空母舰都会以罗斯福的名字来命名，美国总统在航空母舰的启动仪式上也会邀请他们的家族成员出席，他们已经不需要靠炫耀来体现身价了。但事实上，罗斯福家族引以为傲的并不是身份，而是他们内在的责任感、使命感和始终如一的奋斗精神。

做好家族传承是很不容易的事情，因为除了要谨言慎行，珍惜自己的家族声誉，还要注意不能背上沉重的心理包袱，甚至不被它压垮。美国也有一些家族在这方面做得并不好。

肯尼迪家族也是美国一个赫赫有名的家族，约翰·肯尼迪当选美国总统时非常年轻，他的父亲曾出任美国驻英国大使，两个弟弟分别做过参议员和司法部部长，但是他们之后的下一代就出了一系列问题，有吸毒的，也有患精神疾病的。毫无疑问，所有名门望族都要习惯于聚光灯下的生活，如果不能承受相应的关注和无形的压力，问题便会接踵而至。

这样的平衡确实很难做到，但不乏做得很好的例子，罗斯福家族就几乎没有任何丑闻。德尔在跟我谈及家族历史和祖辈故事的时候总是津津乐道，他觉得罗斯福家族精神最优秀的地方就是敢于探险，他还举例说在 20 世纪 30 年代家族刚来中国的时候，甚至进过深山老林里打过猎。当谈到该如何继续发展壮大自己家族事业的时候，他既谦虚又满怀信心地表示他需要比前人做得更好，而前提则是不断创新和探索，家族在中国的投资也是在不断寻找属于这个时代的最好机会。

这些优秀的精英家族在美国不是少数，他们已经积累了可观的财富和很高的名望，传承了好多代人，打破了中国人常说的“富不过三代”的魔咒，其传承的关键点是优秀的家族文化和财富观念。家族里的这些继承人很有使命感，不愿意躺在家族的“功劳簿”上，不会被名望的压力压垮，也不会一味复制或守旧。他们崇尚独立思考和钻研创新，更希望青出于蓝而胜于蓝，我想这就是延续家族百年发展最重要的原因之一，也是最能体现美国主流文化的特色之一。

从个人主动性看美国精英群体

探讨了种族、家族这两个角度，接下来再讲讲个人，因为这也是美国主流文化与其他国家和民族的最大差异之一。

美国人非常崇尚“个人主动性”（individual initiative）。我们知道几乎每一个国家或者民族都有属于自己的神话，比如中国人常说，我们是炎黄子孙，我们是龙的传人，而美国人的神话就是认为成功是通过个人的积极拼搏和努力奋斗得来的。

众所周知的例子就是美国的西部牛仔，这其中当然也有历史渊源。绝大多数第一代的美国移民都是因宗教问题在欧洲受到迫害的清教徒或欧洲比较穷困的人以及契约劳工（indentured servants）。后者签了七年的合同，坐船来到美国，因为他们在欧洲听说到美国工作七年后可以免费或者以很便宜的价格分到土地，所以怀着改变自己及后人命运的梦想，漂洋过海来到了美洲大陆。

因为历史及客观环境原因，早期的美国人都居住在东部靠海岸的地方，也就是美国宣布独立之前的 13 个州。中西部地区由于环境恶劣，人迹罕至，需要大量的人前去开拓。美国政府许诺，如果你去那里耕地拓荒，那块地就属于你了。当时有很多美国人拖家带口，驾着牛车或者马车去中部、西部开垦荒地，那里就慢慢地形成了新的城市、新的州。什么样的人会去呢？就是要么很穷，要么受压迫的人。

从一开始，美国人就有这么一个观念：我所有的一切都要靠我自己。因为早年在开拓荒地的时候，地要自己开垦，房子要自己建，所有食物都要自给自足，同时还要时刻留心印第安人的突然袭击，谁来保护你？还是你自己。荒野那么广大，从一户人家到另一户人家，骑着马可能都要走半天，根本就指望不了互帮互助。这种西部牛仔式的拓荒生活在20世纪初就慢慢不存在了，但是这样的一个神话几乎存在于每一个美国人的脑海里，而且代代相传，即便是现在的新移民也知晓并接受了这样的观念——在美国，只要靠自己的努力就可以创造一切。

因此，美国人的惯性思维常常是向前看。在这一点上，中美之间有着显著的差异。很多时候中国人还是偏向于追溯过去，因为我们是一个有着五千年历史的国家，博大精深的传统文化和历史遗产传承了一代又一代，中国人的漫画、故事和小说中的很大一部分都是古代的，比如武林高手、各个朝代的历史名人的故事等；而美国人感兴趣的故事，几乎都把背景设定在未来，超人、钢铁侠、美国队长等都是存在于未来世界的人物，他们的故事很少发生在过去。当然，这和美国历史相对较短有直接的关系，但也说明了美国人已经养成了向前看的习惯。而最根本的原因就在于一开始来到美国所在这片大陆上的人基本都是一无所有的，他们靠自己的双手创造了属于自己的家庭、事业和财富。

这种崇尚个人主动性，尊重和鼓励个人奋斗，从而实现成功的信念，也直接导致了美国人从一开始就对政府不那么信任。这是美国跟中国的另一个巨大差异。

中国人对政府是非常依赖的，如果发生什么事情，很多中国人会倾向于让政府来帮助解决，觉得这是理所当然的事。所以我们经常看到，股市有问题要政府解决，楼市过热要政府解决，甚至子女不孝敬父母也需要政府介入干涉。

美国人对政府的看法并不是这样。当年美国的开国元勋认为政府是所谓的“必要之恶”（necessary evil），认为社会发展的动力来自个人，而政府是一个集权的存在，往往约束着个人。政府是“罪恶”的，但国家总要有人治理，所以政府又必须存在。因此，在这种情况下只有通过“监管及平衡”（check and balance）来防止政府“作恶”，这就是美国为什么要执行三权分立，根本目的是让政府不能过多限制个人的发展动力。因为“个人主动性”是推动整个美国社会发展的核心力量。

可是大家都知道，市场的力量是强大的，个人力量在一般情况下难以抗衡。20 世纪初，美国曾开展了一场轰轰烈烈的“进步主义运动”，起因就在于工业社会的快速发展造成市场垄断，使经济发展出现巨大的弊端。这是个人力量难以抗衡市场力量的一个体现。

假如你是一个农民，原本以为靠自身的勤劳可以致富。但是在市场经济中，农作物的价格并非个人所能左右。当价格下跌时，你的努力很可能化为乌有。而且这并非天灾，在一定层面上是人为操控的结果。由此人们开始认识到，个人能力在很多时候是不够的。如果说以前一名牛仔靠单枪匹马就能开辟出属于自己的天地，那么到了 20 世纪，这样的事情就越来越成为传奇，因为有太多的因素会使个人与社会、国家甚至国际挂钩，个人的力量越来越有限。而从那时候开始，美国在这方面的最大争议就是：政府如何去帮助民众。

到了 2016 年的总统竞选时期，民主党人伯尼·桑德斯就提出，当代社会里的个人只有通过高等教育才能打破阶层的局限，防范市场经济的弊端，所以他倡议应给予每位公民免费上大学的机会。同年当选美国总统的共和党人特朗普则提出，动用政府力量，抗衡全球化，保护美国人民的个人能动性。由此可见，在美国人的观念里对个人力量的尊敬、鼓励和保护是根深蒂固的，即使是在市场力量那么强大的现代社会也依然如此。

如果能够很好地明白这一点，那么也就不难理解之前说美国西部拓荒时提到的“捍卫自己的权利”，这跟美国“枪支文化”是一脉相承的，是有其历史原因的。当年作为一个拓荒者，在茫茫荒野里面对印第安人和野生动物的威胁，根本就没有警察或政府来保护你，你能做的只有自我保护。即使在现代社会，围绕枪支问题产生很多争论时，总能听到某一派人士的响亮声音：“枪支能保护我们对抗暴力和专政，能保护我们的个人自由，我们不能放弃这样的自我保护。”

有一个例子可能让中国人觉得不可思议。如果一个人已经上了美国政府的恐怖分子观察名单（terrorist watch list），他就不能上飞机，但他还是可以买枪的。这就是美国人对枪支的态度。

说到捍卫自己的权利，美国人从小在这方面就有着强烈的意识，甚至包括使用枪支震慑对方。

上小学的时候，有一天放学，我在图书馆门口和一个朋友站在一起，遇到了另一个参加了帮派的孩子，他与我的朋友之前有过节，很快就发生了口角。突然他拔出一把枪，指着我同学的额头说：“怎么样？你到底想怎么样？”

那一刻，我觉得时间都定格了。我该怎么办？难道我就这样眼睁睁地看着这个人开枪？假设他只是恐吓一下，那么我是什么也不做，还是冲上去搏斗？万一他真的开了枪，那他会不会接着朝我开枪？

在当时的场景下，我的脑海中充斥着各种各样的想法，虽然只是短短的一瞬间，但对我来说真像是一个世纪那么漫长。很快，那个拔枪的小孩见到我朋友呆住了，或许他觉得已经起到震慑效果了，就把枪收起来，轻蔑地对我朋友说：“看来你也没有什么了不起的。”接着就跑了。这是我第一次直面枪支的威胁。

在世界其他国家，例如在以色列，政府也是允许公民持有和使用枪支的，但这跟周边地区存在战争危机有关系，和美国的情况确实不太一样。

千万不要以为枪支文化只存在于美国的少数人或中下阶层中，其实美国主流社会的很多精英家庭都拥护枪支文化。

著名的惠普公司是由比尔·休利特（Bill Hewlett）和戴维·帕卡德（David Packard）两人创立的。我在斯坦福大学有个同学，他就是休利特的孙子。有一次他请我们去他家在斯坦福大学附近的农场，带我们欣赏了他收藏的枪支。

他首先展示了一把非常精致小巧的手枪，这是他爷爷参加第二次世界大战的时候在意大利从纳粹那里缴获的。他还给我们展示了一把冲锋枪，告诉我们一定要架在胸和脖子上，因为在射击时会产生很大的后坐力，如果不紧贴身体，很有可能会伤到自己。然后我们跑到附近森林里射击，那是我第一次拿枪射击，有几把老枪射击起来的震动还是挺大的，会发出“砰砰”的巨响。

我在创立第一家公司时的一个投资人迈克·梅普尔斯（Mike Maples）也毕业于斯坦福大学，他在美国投资界非常有名，是推特（Twitter）的天使投资人，在美国的天使投资人榜单经常排名前列。我们经常交流公司的管理和发展，有一次他邀请我们去他父亲在得克萨斯州的农场。他父亲曾经是微软的总裁，退休后在得克萨斯州首府奥斯汀买了一个农场，饲养了很多鹿。鹿在农场没有天敌，数量越来越多，他们就每年邀请朋友过来打猎，因此农场仓库里摆放了很多枪支。他父亲向我们展示了各种猎枪，还有冲锋枪。

从这些事例可以看出，枪支文化在美国精英家庭是十分常见的。喜欢玩枪的文化在这些美国精英（包括他们的家族成员）中延续了好几代，普通得就像美国人玩棒球一样，爸爸还会带着儿子一起练习射击。而且枪支本身也是一门学问，具有知识性和科学性。

综合来看，美国人不是单纯在保护枪支的使用权，而是在保护个人的权利，因为他们深信社会发展的核心力量来自个人，而保护个人权利是天经地义的。

中国人一般会评价美国人比较崇尚个人主义，我觉得这还是出于思维角度的差异，没有透过现象看本质。如果能够再深入一些，从历史环境和文化层面去考察，那么对美国人的这些行为表现背后的深层次原因，就可以理解得更全面、更深刻一些。

在现代社会，当遇到一些国家性的、全球性的问题，比如金融危机爆发，大家还是要看政府的举措，但是美国倡导“个人主动性”的神话一直没有被打破，哪怕在2008年因次贷危机引发美国经济问题的时候，还是有很多美国人站出来说，不能让政府的权力扩张得太厉害，它会威胁人民的权利和个人的动力。哪怕2020年新冠病毒大流行，让美国成为世界上因疫情死亡人数最多的国家，还是有很多美国人认为，政府不能强迫自己接种疫苗，“我的身体，我来决定”。

谈“个人主动性”，就必须讲到美国人对个人成功的看法和定义，因为这两者是一脉相承的关系。因为信仰“个人主动性”，美国人对个人成功的看法和定义也与中国人大不相同。

在中国，科举制度从隋朝到清朝末期一直延续了一千多年，好处是改善了之前的用人制度，彻底打破了血缘世袭关系和士族对权力的垄断，让一些中下层的读书人有机会进入社会上层，获得施展才华的机会，但后来科举制度也固化了所谓的“成功模式”，让很多人都以为成功之路只有一条。近 40 年来，很多人又转变成片面地以财富论英雄。

在美国，成功原因和成功模式真是各式各样。就像之前探讨的那样，当时去西部开发的人其实受教育程度很低，甚至很多人都不识字，最有代表性的人物之一就是安德鲁 · 卡内基（Andrew Carnegie），著名的“钢铁大王”。在那个年代他与“石油大王”洛克菲勒、“金融巨头”摩根一起掌控了美国的经济命脉，毫不夸张地说他是当时世界上最有钱的人之一。但卡内基出生于苏格兰一个纺织工人家庭，因为饥荒和经济危机的连续打击，在苏格兰实在混不下去了，举家搬迁到了匹兹堡这样一个工业城市。卡内基连高中都没读完就进入社会谋生了。

还有一个很典型的例子就是著名的发明家托马斯 · 爱迪生（Thomas Edison），他在 8 岁时就被老师赶出了学校。但他就是凭着一颗好奇的心、一种坚持亲自试验的执着，还有他超乎常人的精力，为人类带来了留声机、电灯、电话、电报、电影等方面的伟大发明。

从一开始，这些所谓的美国第一代成功人士，尤其是工业时代的杰出人士都不一定有很高的文化水平。美国人不是不看重知识和学历，而是更看重“个性化”，也就是个人的独特性，你不需要面面俱到，但如果你某一个方面很突出，或许就足够了。

比如世界最大的电脑制造商之一戴尔公司的创始人及董事会主席迈克尔 · 戴尔（Michael Dell），从出身和学历来看，他一点儿都称不上成功，他读的是得克萨斯州的公立大学，还没毕业就退学去创立戴尔公司。如果放在中国，这是一个学习成绩平平或者离经叛道的典型，离“成功模式”差得很远。但迈克尔 · 戴尔就是敏锐地观察到 IBM 等大企业都选择通过经销商来销售电脑，而他想凭借直接销售这种更有效率的方式为顾客提供更好的价值及服务。这种从骨子里就追求差异化并因此干出一番事业的美国人绝对不在少数。

既然成功崇尚个人主动性，成功模式又多式多样，那么对个人来说，美国社会和家庭又会如何塑造美国主流社会欣赏的精英呢？

首先，很重要的一点就是给予孩子多样化的选择。在中国，很多父母对孩子说你长大后要做这个做那个，留给孩子自己选择的余地很少。但在美国，你会发现选择特别多，你可以从事任何职业，可以做医生，可以做教授，也可以做一个饶舌歌手，没什么人来限制你的选择。

当然，既然有好的选择，也存在着不好的选择。毒品显然就是一个不好的选择，就连前总统奥巴马都承认自己吸食过大麻和海洛因，当时整个美国社会对此争议还是很大的。尽管如此，很多美国人还是深信，孩子们有“必要”犯一些错误，然后从错误中去学习和成长。他们有一个概念叫“通过仪式”（rite of passage），意思是人的成长一定要经过几个步骤，其中一个步骤就是犯错，比如吸食大麻。很多美国家长对大麻抱有一定的宽容度，他们的解释就是，这是一个“通过仪式”，孩子可以去尝试一下，这事等他们长大之后自然就过去了。

美国的精英家庭会给孩子分析利弊，但不帮孩子做决定。像之前说到的那些精英家庭，父母并没有要求孩子一定要读某所学校或是某个专业，也没有指定要读到某个学位。他们的孩子也会面临各种错误的选择，那他们是怎么引导孩子做出正确的选择呢？秘诀就是父母会尽量去培养孩子们的各种爱好，让孩子有机会听一些过来人分享经验。父母会把好的选择放在孩子的面前，让他们去选，希望做到优中选优。这样孩子既培养了爱好，又获得了经验，还得到了选择的机会，这就是所谓“精英教育”的最大特点。

“个人主动性”让美国人习惯朝前看，也不畏惧失败；对成功的定义和成功模式的不拘一格又让美国人热衷创新和体验，强调选择的自由。不过美国人也因此在家庭关系、枪支、毒品和帮派问题上产生了很大的争议。以上种种有精华，也有糟粕，但都是美国主流社会的组成部分，不能片面地、割裂地只看到美国主流社会好的一面或有争议的一面。

综上，客观认识真正的美国，不管对美国人还是中国人都有极其重要的意义。

从种族的角度，我们看到美国主流群体不是一成不变的，而是动态演化的，主流群体的融合和变化从来没有停止过，而坚持自己的优点并学习他人长处的族裔就有资格和能力成为美国主流群体的重要构成。

从家族的角度，拥有强烈的使命感、正确的财富观念并崇尚独立思考的家族群体势必“青出于蓝而胜于蓝”，为美国人树立起精英家族的典范。

从个人的角度，充分发挥个人主观能动性，不受过往历史和固定模式束缚，勇于尝试和敢于选择的人更容易获得成功。

在这样的历史背景、环境和教育下成长的美国人，不管最初来自哪个国家，不管属于哪个种族，不管居住在哪里，不管从事哪个行业，都传承了美国最主流的思想和文化，构成了真正的美国主流社会。他们对成功有着很强的渴望和自信，用极大的主动性、不懈的努力和尝试，推动着社会发展和实践创新，他们就是美国主流社会的中流砥柱。

对中国人而言，认识什么是真正的美国人，认识什么是真正的美国主流社会，是正确认识美国的开始。这个认识的意义不在于如何成为美国人，而是从美国社会的发展和演变过程中，更好地观察到它的优点，同时更清楚地知道它的缺点。只有充分地认识和了解它，才能让我们的下一代更好地成为国际化精英，尤其对那些想送孩子去美国学习的家长来说，这正是他们最希望达成的结果。

中国的文化本就博大精深，也能兼容并蓄，中国的孩子能再在美国接受最好的教育，获得精彩的工作经历，拥有优秀的国际化视野、人脉基础和综合能力，他们将成为连接中国与世界的桥梁，更可成为下一代领导中国走向真正国际化的精英领袖。这是中国人认识美国主流社会的深层次意义所在。

第二章

白宫学者

深入美国政治森林

入选白宫

2008 年对美国来说是一个很特别的年份：金融危机爆发，与伊拉克和阿富汗的战争持久胶着，美国遭遇了“内忧外患”。乔治·布什（George Bush）的总统任期已进入连任后的最后一年，很多美国人都寄希望于新一届的总统大选，看看会是谁来带领美国迈向下一个四年。

这时候，奥巴马出现了。他很特别：首先，他是一名非洲裔黑人和白人的混血儿；其次，他毕业于哈佛大学法学院，曾在芝加哥大学法学院教授法律长达 12 年，年轻、聪明且富有魅力；更重要的是，他在竞选时说出了美国人内心的真正期望——美国需要改变，需要希望！

当奥巴马最终竞选成功，成为美国历史上第一位黑人总统时，很多美国人非常兴奋。大家都觉得他的当选是一件有着长远影响的大事件，也铸就了一段伟大的历史。2008 年是奥巴马入主白宫的第一年，我在同一年申请了“白宫学者”（White House Fellow），这让我后来有机会和这位新任的美国总统一起共事。

白宫学者项目由美国总统发起，并对总统负责。项目创立于 1964 年，当时正值越南战争时期，美国也处于一个思潮涌动的时代。很多年轻人因为越战而对政府非常反感，觉得政府欺骗了人民，从而使他们卷入了一场不该被卷入的战争。当时，美国民众尤其是年轻人对政府的不信任跌到了历史的低谷。在这样的社会状况下，总统林登·约翰逊（Lyndon Johnson）采纳了各方建议，创立了一个全新的、开放式的人才甄选机制，让美国最优秀的人才通过亲身体验联邦政府的高层运作，提高他们参与国家事务的意识。约翰逊总统说："设立这一项目的宗旨是为年轻的、有天赋和充满活力的美国人创造条件，培养具有国际视野、关心公共事务的未来领袖。"

于是从那时候开始，白宫每年就从全美各地及各行各业中选拔大约 12 个最优秀的青年领袖，让他们直接参与白宫核心行政事务。从 1964 年至今的 50 多年里，白宫学者项目已经诞生了 800 多位白宫学者。一年之后，这些学者或选择留在白宫，踏上从政之路，或走出白宫，后来成为其他领域中的精英。其中比较知名的白宫学者有：

- 美国前国务卿科林·鲍威尔（Colin Powell）
- 斯坦福大学前商学院院长罗伯特·乔斯（Robert Joss）
- 纽约证交所前主席马歇尔·卡特（Marshall Carter）
- 李维斯服饰（Levi Strauss）前 CEO 罗伯特·哈斯（Robert Haas）
- 美国有线电视新闻网（CNN）前董事长汤姆·约翰逊（Tom Johnson）
- 美国陆军上将韦斯利·克拉克（Wesley Clark）
- 普利策奖得主、作家多丽丝·基恩斯·古德温（Doris Kearns Goodwin）
- 美国劳工部前部长赵小兰（Elaine Chao）

多丽丝·基恩斯·古德温是美国有名的畅销书作家，也是最早的一批白宫学者。约翰逊总统常常在一天繁忙的工作结束之后，跟她分享自己的苦恼。聊到后来，素材和内容都很多了，于是约翰逊总统就跟她说："不如你就写一本关于我的书吧。"多丽丝·基恩斯·古德温的成名就是因为她写了这一本关于约翰逊总统的书——《林登·约翰逊与美国梦》（*Lyndon Johnson and the American Dream*）。后来，她又持续写了多本关于美国总统的著作，成了一个专门写总统事迹的畅销书作家。这些书也帮助了社会大众更好地了解了白宫学者项目。

和我同批的白宫学者中也有一位非常优秀的记者。他在进入白宫工作之前，曾是《华盛顿时报》的记者，主要负责中东方面的新闻报道。当时副总统拜登要访问以色列，拜登的国家安全顾问托尼·布林肯（Tony Blinken）便让这位记者起草一份演讲稿。他的稿件写得非常出色，得到了布林肯的青睐，在后来布林肯成为副国务卿时，这位记者便被委任为国务院总参谋，是当时联邦政府中最年轻的总参谋。拜登当选总统后，提名布林肯成为国务卿。

在历史上这么多白宫学者当中，最为中国人熟知的是赵小兰女士，她也是美国历史上第一位华裔白宫学者。赵小兰于 1983 年成功入选白宫学者后，成为罗纳德·里根（Ronald Reagan）总统顾问艾德温·米斯（Edwin Meese）的特别助理，负责交通运输及贸易领域的行政管理工作。据我所知，1983 年报名申请白宫学者的共有 5.5 万人，经过多轮筛选，最后录取的仅有 13 人，录取率是万分之二，而赵小兰是其中最年轻的，也是唯一一位华裔女性。

踏上了从政之路的赵小兰一路发展顺利。2001 年 1 月 11 日，乔治·布什总统提名赵小兰出任美国劳工部部长。2016 年 11 月 29 日，唐纳德·特朗普总统提名赵小兰出任美国交通部部长。赵小兰是首位两度进入美国政府内阁的华裔女性，同时也是内阁中的第一位亚裔女性。

白宫学者的入选流程非常严格，申请者必须是美国公民，有双重国籍者一旦被选中，必须放弃非美国国籍。年龄一般在28—36岁，除了受过高等教育，在自己所在领域要有优异的表现，具备杰出的领导才能，至少要得到5位德高望重的权威人士的推荐，还要经过长达9个月共6个阶段的考验，包括开放申请阶段、区域筛选阶段、全国公示阶段、“筛选周末”阶段、总统筛选阶段、确定岗位阶段，其中有很多的笔试、面试和严格的社会安全背景调查。

能申请白宫学者的人都是很优秀的，上述条件对他们来说都不在话下。他们都是在这个年龄段里的“牛人”，拥有最好的学历背景、企业背景和个人成就，在美国绝对是优中选优的人才。与我同一批的申请人里就有哈佛大学毕业的海豹突击队队员，医术和研究水平很高的医生专家等。

白宫学者的选拔流程是我经历过最漫长的选拔，面试次数也是最多的。白宫不仅要看申请人的学历背景、企业背景和个人成就，还更看重申请人在公众服务上的意识和表现，说白了就是“你能否真正服务别人”。这点很特别，因为成功的人很多，成为领袖的人也不少，但是拥有想服务别人这种心态的人其实并不多。所以，白宫学者的核心挑选标准就是：你是否内心认可并真正愿意为美国社会造福；你能不能成为一个能带动别人的领袖；你能不能和别人合作。

上述这些方面都属于人的精神内在，于是面试就成为最重要也最有难度的关卡。记得第一轮筛选面试时，我被安排在洛杉矶，当时的面试官主要是洛杉矶的一些卸任官员，比如前洛杉矶市市长和前联邦法院院长。到了华盛顿的筛选，也就是第二轮面试阶段，面试官的级别相对更高一些。

我记得当时见到了著名的美籍华裔建筑师林璎（Maya Ying Lin），她是林徽因的侄女，也是越南战争纪念碑的主设计师。其他的面试官还包括：曾担任北约欧洲盟军最高司令部长官、已经退役的四星上将韦斯利·克拉克；前参议员保罗·萨班斯（Paul Sarbanes）；曾被评为美国人心目中最值得信赖的新闻主播、著名媒体人汤姆·布罗考（Tom Brokaw）等。总共有 12 个类似这样级别和背景的面试官组成了面试小组，单独或搭配对我们轮流进行面试。

由于我是进入华盛顿筛选轮申请者中唯一的华裔，而且 10 岁前一直生活在中国，这样的经历在白宫学者里很少见到，所以我在面试时除了被问到那些关于公众服务的问题，还有一些细节是跟中国有关的，后者让我感触颇多且内心复杂。

当时那位前北约欧洲盟军最高统帅克拉克将军问我："如果中国和美国发生战争，你会忠于哪个国家？如果美国需要你，你会怎么选择？"这看上去是一个非常尖锐的问题，尤其当这个问题来自一位四星上将（美国国会规定：美军的五星上将军衔只在战时授予，所以和平时期的四星上将基本就是最高军衔）。

我毫不犹豫地回答他："我一直想成为中美之间的桥梁。为什么要把它当成我人生中一个重要的使命，并为之付出努力，就是因为我不希望您说的这件事会发生。如果我没有努力去做，特别是很多像我这样的人没有做到我们应该做到的事情，那两国之间才会发生像您所说的战争。而如果我们做到的话，这样的事情就不会发生。"

另外，著名媒体人汤姆·布罗考的问题也很特别。他说自己在 20 世纪

70 年代末去过中国，当时住在上海外滩边上唯一一家还算不错的酒店（和平饭店）里。那时候正好是冬天，但酒店房间里没有空调，非常冷。有一天当他工作回来时，房间里突然窜出一只很大的老鼠，从房间这头快速跑向那头。说到这里，他看了我一眼，问："那只老鼠现在还在吗？" 我望着他，很无奈地跟他说："现在的和平饭店已经跟以前大不一样了，我也不知道那只老鼠还在不在，但我希望那只老鼠仍然过得很好。"

相信很多人看到这两段面试对话，都会对面试官提问背后的动机产生疑问，但在我看来，这其实是很正常的——他们之前对中国的印象和看法并不太好，而且这些印象和看法一旦形成，往往是很顽固的。

我和其他申请者的相同点，是希望通过白宫学者项目能更多地了解和参与政府核心行政事务，但我也有自己的个人原因：一是试图去了解美国政府之前为什么不愿意介入英特尔公司和中国信息产业部的合作（我会在后文讲到这个故事）；二是作为华裔希望到美国政府内部去了解他们对中国的看法，加深沟通并尝试搭建更好的桥梁。

成功入选之后，每个白宫学者都会收到将近十个行政部门的邀请。邀请数量那么多是有原因的：首先，每个部门都知道白宫学者是从各个行业的精英中挑选出来的优秀人才，加入自己部门后会有一定的帮助；其次，白宫学者的所有费用都由白宫统一支付，并不会影响到各部门的支出和预算；而更重要的一点是，白宫学者的日常工作中，有很大一部分时间是需要和白宫高层有直接交流的，所以这些行政部门也想通过白宫学者向白宫顶层传递一些信息。因此，很多部长级的官员都非常欢迎白宫学者来做自己的特别助理。

在确定岗位的那一周，我总共参加了八个部门的面试。当时我比较心仪的三个部门是美国国家航空航天局（National Aeronautics and Space Administration，简称 NASA）、美国商务部和美国国务院。

在 NASA 接见我的是局长查尔斯·博尔登（Charles Bolden），他是 NASA 历史上第一位黑人局长，也是一名退役宇航员。他告诉我，美国在登月之后很长一段时间都没有明确的探测太空的计划和方向，所以他对 NASA 今后的发展做了一些大胆的设想。在他的设想中，美国今后将鼓励各类私人公司制造和发射航天器。NASA 甚至有意租用私人飞船将宇航员送入国际空间站，以节约经费，开展更为尖端的外太空探索活动，NASA 称其为“民用太空计划”。

这个计划后来也促使了闻名全球的 SpaceX（太空技术探索公司）的快速发展。SpaceX 是 PayPal（贝宝）早期创始人埃隆·马斯克（Elon Musk）在 2002 年创立的一家美国民用太空运输公司。这家公司最有名的事迹就是开发了可部分重复使用的猎鹰 1 号和猎鹰 9 号运载火箭，为美国政府太空探索活动承担发射运输任务。

如果几年前讲起马斯克，大家也许还不太清楚，但是现在提到新能源跑车特斯拉（Tesla）大家应该都不陌生，马斯克就是特斯拉公司的首席执行官，同时也是 SpaceX 的首席执行官兼首席技术官。美国航天飞机退役之后，SpaceX 就为 NASA 承担起了发射火箭给国际空间站提供补给的重任。2017 年，马斯克公布了火星移民计划，并制定了在 2024 年将人类送上火星的目标。

博尔登局长任期内的第二点规划就是重新设定人类探索外太空的目标，包括探索火星。听到这些航天规划之后，我十分兴奋，但也意识到这些规划在我做白宫学者的这一年时间内是无法实现的，所以我没有选择去 NASA 工作。

我也去了美国商务部面试。当时的商务部部长是骆家辉。他曾经担任过华盛顿州州长，后来成为美国历史上第一位华裔商务部部长，卸任商务部部长之后还曾担任过美国驻华大使。不巧的是我去面试时，他恰好去了中国洽谈商务，所以我并没有见到他本人。之所以考虑去商务部，是因为我之前在英特尔的工作经历涉及中美合作，非常适合在商务部发展。但是因为那次面试的失之交臂，我最终也没有选择去商务部，之后我见到骆家辉和他聊起这件事情时，都觉得有些遗憾。

在美国国务院面试时，我见到了国务卿希拉里·克林顿的总参谋长谢丽尔·米尔斯（Cheryl Mills）。这位黑人幕僚在前总统比尔·克林顿（Bill Clinton）入主白宫时就一直跟随他，后来克林顿因为莱温斯基丑闻上法庭辩论时，她就是克林顿的辩护律师。我和她聊了很多深入的问题后，她建议道："有一个非常重要的独立部门叫国际开发署，我觉得以你的工作经验非常适合去那里工作。"于是她邀请我去国际开发署做进一步的沟通。

国际开发署是美国一个独立的联邦机构，承担着美国绝大部分对外非军事援助项目。国际开发署依照美国国务院的外交政策，力求向海外那些为过上美好生活而努力的人们和国家提供帮助。

国际开发署署长向我介绍说，美国目前是全世界最大的国际援助提供国。但是近几年来，他们逐渐发现长久以来实施援助的方式方法存在很多缺陷，并没有达到预想中的效果。他们觉得目前很重要的一个方向就是做好公共机构和私营机构的合作（Public-Private-Partnership，简称 PPP），通俗讲就是政府和企业的合作，他们认为，如果将 PPP 模式引入国际援助项目，可能会弥补之前的缺陷并取得巨大的成效。

但在当时，国际开发署一直苦于没有找到一个既有国际经验又有企业经验的人，来帮助他们策划 PPP 合作模式到底应该怎么具体操作。所以局长对我的出现感到非常高兴，也很希望我能帮助他们大力开发政府与企业的合作，来推动美国国际援助的进一步发展。

当我听到这些时，心里觉得这份工作非常符合我的个人兴趣以及工作背景，而且推动 PPP 这个任务不像 NASA 项目那样需要耗费几十年的时间和心力，这是一个在我的工作期限内很有可能付诸实施且看到成效的项目。想到在短短一年的工作时间内，我能有机会实现美国政府的一些重要战略性计划，于是我欣然接受他的邀请，加入了国际开发署，成为署长的特别助理。

美国政治的“生态系统”

很多人都知道美国政治体系是三权分立，也知道总统、国会参众两院议员、最高法院大法官这些赫赫有名的政治角色，但包括美国人自己在内，很少有人了解整个政府其实就像一座原始森林，拥有一套完整的生态系统。在这一生态系统里面，各个角色各司其职，各有所长，互相关联，形成一个有机的整体。他们可以大致分成五类角色：在舞台上的政客（politician）、中流砥柱的公务员（civil servant）、辅助大腕的职业幕僚（political staff）、在政府架构之外但具有相当影响力的智囊团（think tank）和游说团（lobby）。

第一类是政客，通常指在美国参加竞选的那些人，例如总统、副总统、参议员和众议员，等等。他们会宣布自己的政治主张，争取选民的捐款和选票，为了竞争“上岗”，他们往往很注意凸显自己的特色和吸引别人的注意，就像在政治舞台上出场的演员一样。

在政治舞台上露脸的重要角色还有那些受总统任命的高级官员，例如国务卿、财政部部长、司法部部长等。总统在任命这些人的时候往往存在着强烈的党派倾向和个人喜好，换届之后如果是另一个党派的总统上台，那么前一届的“大臣”们基本都要换掉。俗语有云，一朝天子一朝臣，就是指这群人。

第二类是公务员，他们是处理政府日常实际事务的中流砥柱。与政客是被票选出来的不一样，公务员一般要通过公开报名和统一考试后被政府选用，然后按照级别逐级晋升。政客一生可能在政界、商界、社会团体中拥有多重身份，公务员则基本上大半辈子都在一个政府部门里工作，而且晋升级别通常也不会超过部长。他们头上的“大臣”换了一茬又一茬，而自己则兢兢业业、年复一年地为国家效力。

很多政客本身就是企业家或富豪，然后投身政治舞台，例如纽约市前市长迈克尔·布隆伯格（Michael Bloomberg）在59岁从政之前，已经位列美国富豪榜前十名，在纽约市市长任期内只是象征性地拿一美元的薪水。公务员则不同，不论是联邦政府还是州政府、市政府里的公务员，他们的收入主要就是工资、补贴和少量的绩效奖金，不能随意调整。

由于公务员的流动性比较低，他们对所在部门的运行特别熟悉，绝大多数政客上台后都需要依靠这些公务员来实现执政，称这些公务员为政府里的中流砥柱一点儿也不夸张。美国政府也一直很注意保持这些中流砥柱的稳定性和战斗力。

第三类是职业幕僚。其中最有代表性的是“国会助理”（congressional staff），他们的“老板”往往是国会里的参议员或众议员，这些人的工作是不稳定的。如果“老板”离开了政府，那么这些人也会“择木而栖”。

比如说加州某个区的众议员当选之后，很多议案根本没有时间看，也不可能全都看懂，他就会聘用有众议员助理经验的人进入团队来协助他工作。因为众议院每两年改选一次，不少议员基本上只做两年，其中的流动性还是很大的，新上任的众议员非常依靠这些职业幕僚来为他们提供各种事务上的帮助。大多数情况下，政客只是了解一个大概框架，然后在更高层面上提炼政治观点，更多时间要花在发表演讲、派系沟通、筹款集资和选区公关上。后来我发现，起草和修改议案的工作也基本是由政客团队里的这些职业幕僚和外部的智囊团来完成的。

第四类是智囊团。我在白宫工作的时候也有机会接触到政府之外的一些智囊团，他们游离在政府架构之外，却又在政府的决策中扮演着非常重要的角色。

我当时接触到各种不同的智囊团，例如中国人比较熟悉的兰德公司（Rand Corporation），它是一个比较中立的、非营利性的研究和咨询机构。我和兰德公司的总裁有过交流，也同他们的中国专员进行过沟通。在交流的过程中，我发现政府很多的政策规划和法案法规的初稿都由智囊团提供，然后参议员或众议员的助理对初稿再做一些修改。

美国大多数智囊团都带有党派倾向的政治观点，或者说和某一个党派走得比较近，如美国传统基金会（American Heritage Foundation）、美国进步研究中心（Center for American Progress）等。

这些智囊团在美国政治系统中扮演了非常重要的角色，很多时候政府官员可能就出自智囊团，他们在政府里的任期结束后又会回到智囊团，所以智囊团和政府之间的人员流动也很频繁。智囊团往往会规划一些五年、十年甚至更长时间的国家战略，在很多情况下他们都非常有话语权，同时又比任何公司或营利组织更权威。这些智囊团在外部看来比较中立，但是其实有很多利益集团或机构在影响他们的观点和行为。

第五类是游说团。说到游说团就必须要提到著名的美国步枪协会（National Rifle Association，简称NRA），尽管它的基本性质只是一个非营利性的无党派民间组织，但作为美国最大的枪械拥有者组织，它是反对枪支限制的主要力量和强大的利益集团。除了旗下400万个会员可以在投票上发挥作用外，美国步枪协会还握有大量的资金，足以对选举产生重要影响。

美国步枪协会在电视台和广播电台等媒体中支持那些反对枪支管制的总统或总统候选人。受此“恩惠”的总统不在少数，例如老罗斯福、肯尼迪、艾森豪威尔、尼克松、里根、老布什、小布什等，都反对枪支管制或不支持枪支管制立法。一个有趣的现象是，这些总统绝大多数都是共和党人，因为共和党在其政治纲领中明确指出：“我们支持公民拥有枪支的权利。我们反对枪支管制。”在每一届美国总统大选中，美国步枪协会都会为其支持的政党候选人捐赠大量的资金。

在立法层面，美国步枪协会的影响力也不可小觑。美国步枪协会认为拥有枪支的权利是受“美国宪法第二修正案”保护的民权，是保护他们协会利益的法律基础，在每一届国会参众两院议员的选举中常常能见到美国步枪协会的身影，它希望通过其在国会的代言者来保护有利于公民拥有枪支的立法，或者阻挠对枪支管制的立法。

在司法层面，美国最高法院对宪法第二修正案中关于枪支管制的解释有着重要的决定权，所以美国步枪协会会调查最高法院大法官候选人过往对枪支的态度，并据此采取支持或反对的态度。最典型的例子就是美国总统奥巴马（民主党人）于2009年提名索尼娅·索托马约尔（Sonia

Sotomayor）接替退休的戴维·苏特（David Souter）大法官时，美国步枪协会认为索托马约尔是反对持枪的，因此公开号召参议院否决她的提名。虽然最后索托马约尔还是成功上任，但美国步枪协会也确实在很多方面达到了自己的目的。即使枪支伤亡案件在民间不断出现，但美国枪支管制立法进展依然相当缓慢。

中国人常常会问，美国政客是不是受利益集团影响或左右？答案是肯定的，但美国的开国元勋在设计国家政治架构的时候，希望影响政客的不是单一的利益集团，而是多个利益集团，这样才能达到互相牵制的目的，他们认为这才是民主最好的体现。我们能看到，很多政客为了竞选成功，绝大多数时候是要满足多个利益集团的诉求，而不是只为一个利益集团服务。

因此，不论是对外的国际关系发展，还是对内的政治利益争夺，这些帮助政客处理实际事务的智囊团和职业幕僚往往能间接影响甚至决定着美国政府和美国政治。这也在一定程度上导致美国政客对中国的看法带有局限性，因为他们接收到的政治信息可能都来自智囊团和职业幕僚，而一旦这两者的认知很陈旧、太主观和太片面，美国政客就很容易对中国产生偏见。

在白宫，亚洲人的面孔本来就不多，绝大多数在白宫工作的亚裔都出生在美国，会讲中文并在中国有工作经验的华人几乎没有。像我这样在中国大陆出生，长到10岁才来美国，会说一口流利的中国话，在中国工作过一段时间，后来进入白宫工作的亚裔，我是唯一的一个。

我在白宫里的朋友和同事有不少是政府公务员，或是职业幕僚和智囊团成员，当他们听到我的成长过程和工作经历的时候，很多人都对此感到惊讶。他们还会问我很多问题，和我探讨中国的经济走势，问我为什么中国人会做某些事情，怎么跟中国人更好地沟通和合作。在这样的交流中，我发现这些在白宫工作的同事们原来对中国这么感兴趣，他们很想通过好的途径真实地了解中国，只是当前的环境存在一定的单一性和局限性，导致他们只能听到一个观点、一种声音，从而影响了对中国的客观判断。

不只是在白宫里，其实在美国各地，大多数美国人对中国的了解都和中国人对自身的认知存在着很大的差异。换而言之，别人怎么看你和你怎么看自己，两者差异可不是一般小。这也让我再次认识到，帮助更多的人丰富和完善他们的观点是多么的重要。

例如在斯坦福大学读书时，我曾上过一门中国近代历史课。授课的教授是位著名的“中国通”，叫迈克尔·奥克森伯格（Michael Oksenberg），也是政府智囊团中的成员。20 世纪 80 年代，他曾随卡特总统访问中国，并直接参与了中美建交和两国关系正常化的相关事务。

在上第一堂课时，他就和我们谈到中国是一个有侵略性的国家。我当时听了觉得非常惊讶，因为我在中国度过了童年，历史老师告诉我们，中国是一个非常热爱和平的大国，我生活的环境也相当和平。而且就在中华人民共和国成立前的一百年中，中国都在不断遭受列强的侵略凌辱。怎么会有人说中国有侵略性？

然而奥克森伯格教授质疑，如果中国是一个崇尚和平的国家，怎么会有这么大面积的国土？难道是靠送礼得到的？显然更大的可能是靠侵略获得的。他还举了一些中国版图扩张的史例进行佐证。

认为中国具有侵略性的美国人不止奥克森伯格一个，这一观点在英特尔公司也普遍存在。很多美国企业高管都认为中国企业本质上是非常具有侵略性的，中国并不是值得信任的合作伙伴，中国与美国的合作是为了抄袭技术，然后依靠很低的原材料成本、人力成本和制造成本跟美国竞争，最终抢走美国企业的市场份额。

在白宫，许多高级官员对中国的认知也同样让我感到诧异。这样的情况之所以发生，一方面源于他们的认知太过陈旧，因此产生了对中国的无知与偏见，而另一方面，可能也是最重要的原因，就是双方没有积极有效地进行交流和沟通，没有人能够扮演桥梁的角色，把最及时、最全面、最准确、最客观的信息传递进白宫。

我们应该清楚地认识到，在美国主流社会和美国核心群体中，中国并没有有效的声音渠道去表达观点和诉求，进而直接或间接地影响关键决策人。不少中国人甚至认为在纽约时代广场的大屏幕上投放宣传片就能起到很好的作用，其实那只是一个商业广告场所，美国政治核心人物不会去关注，美国民众也不重视，反而是很多中国企业或个人采取这样“出口转内销”的形式在中国国内提升自己的“国际化”形象。

了解美国政府完整的“生态系统”不仅是一种知识和信息层面的学习，更应该通过把握这个系统中的关键环节，学会运用美国政治的游戏规则，建立起中美之间的有效沟通桥梁。美国人对中国人的看法跟中国人对自我的认识虽然存在着巨大的差异，但不代表他们不能被改变，只要付出很多努力并持之以恒，就能逐渐改变双方的看法。

一个黑人总统的美国梦

白宫学者在正式进入白宫工作以后，总统都会为他们召开专门的欢迎会。我们这届进入白宫时，正值奥巴马就任总统，我对他早就充满了好奇，尤其是他的多元化经历。奥巴马出生在夏威夷，六岁后在印度尼西亚生活了四年，十几岁后才迁居回到美国本土，从小在单亲家庭长大，学习成绩很出色，后来在芝加哥大学任教，年纪不大就已经成为政坛新星，最后在大选中获胜成为总统，这一路的经历是极具传奇性的。

这位总统先生给我留下了深刻的第一印象。当时的会议安排在白宫西翼的罗斯福会议室里。当我们一行十多人走进会议室时，瞬间就被这间既充满历史故事又富有现代气息的办公室所震撼。这是一间方形的办公室，深褐色的办公桌和椅子与白色的门窗形成鲜明的对比，米黄色的墙壁上挂着几幅年代略显久远的油画，包括一幅富兰克林·罗斯福总统的画像，环境庄重典雅，令人肃然起敬。

奥巴马面带微笑地走进了会议室，跟我们一一握手，之后他招呼我们坐下来，开始了长达一个多小时的谈话。当提问环节开始时，我是第一个向奥巴马提问的。我问道："总统先生，我们都知道 2008 年是一个历史性的时刻。我很想了解您在总统这个位置上最深刻的体会是什么。"

奥巴马非常认真地看了我一眼，向我点了点头，之后他沉默了好一会儿，可能足足超过 10 秒钟。在人与人的面对面交流中，10 秒钟的沉默其实是挺长的，对我来说更是漫长得像过了几个小时，我不由得产生了一丝紧张。他终于开口说话了："我最大的心得就是，作为总统，其实传递到我这里的问题都是不能被解决的。因为能够被解决的就不会送到我面前，所以我作为总统的绝大部分任务就是——解决那些不能被解决的问题。"

听到这样出乎意料的回答，我们都感到十分惊讶。我看着这位被 3 亿多美国民众推举出来的、身负重任的美国总统，如此意味深长的回答引发了我的好奇，我很想知道他接下来会怎么继续解释下去。

说到这里，奥巴马摊开双手，做了一个左右平衡的手势说："而更重要的是，这些不能被解决的问题，左边和右边都有它的道理。”他环视了一眼，继续说道：“在很多会议当中，我都知道我不是所有人中最聪明的，往往情况是这样的：我对面坐着能源部部长，他获得过诺贝尔奖，另一边坐着有30多年经验的国防部部长，当然也有大家都熟知的那位有着丰富从政经验的前总统夫人、国务卿希拉里，所以我很清楚自己既不是最聪明的，也不是最有经验的。”听到这里，我又被惊到了，因为我从没想到一个世界公认最有权力的国家元首会对别人说自己并不是最聪明的人。

奥巴马又停顿了一下，然后慢慢地说出一句话：“但我的长处不是比他们聪明，而是我能虚心理解他们说的话，我能总结所有人的观点，并且勇敢地做出我觉得对的决定。”短短的几句话让我认识到，原来总统不是我之前想象的那样拥有极大权力，能改变自己想改变的一切，反而很多时候所要面对的是一些很难改变甚至没办法改变的事情，但他仍然需要做出抉择。在这样的情况下，总统的使命就是尽可能地去聚拢一些各领域最有智慧的人，再勇敢地做出决定，然后解决别人眼中一个个“无法解决的难题”。

他的话让我思考了很久，也对我产生了很大的启发。在后来创业的过程中，我深深感受到，作为公司的一名创始人或者CEO，你并不是要做公司里最聪明、最有智慧的那个人，你也不可能面面俱到，样样精通，你只有尽可能地聚集各个方面最专业的人才，大家共同努力，才能打造出最好的产品或服务，完成“不可能完成的任务”，解决别人眼中“无法解决的难题”。

后来有不少朋友问我，在白宫见到总统，和他一起开会，会不会紧张。一开始我的确很紧张，怕万一说错话，显得很丢脸。但我会和很多人分享这个成长经验：越是紧张，越需要锻炼。如果你慢慢熟悉了这个环境和这个人，你就不会有这种压力了。后来当我们第三次、第四次和奥巴马开会的时候，我就完全是一种自然放松的状态了。记得有一次会议结束后，我跟他说："嘿，总统先生，我想告诉你，我想成为美国第一个华裔国务卿！"他笑嘻嘻地拍拍我的肩膀，鼓励我说："你一定要相信自己能成功。努力吧，小伙子！"

奥巴马曾经在伊利诺伊州诺克斯学院发表的演讲中称，美国梦的独特之处在于——"不论你是谁，不论你长什么模样，不论你来自何方，也不论你爱什么样的人，只要努力，你就能成功。"

从这个意义上看，美国梦实质上就是在这种机会均等的体制环境中，通过个人的自我奋斗，获取跨越式的境遇改善与事业成功。为什么世界上不同肤色、不同民族、不同国家的人都喜欢跨越国界跑到美国来追梦？最大的吸引力就是美国的社会与体制注重机会均等，崇尚个人自我奋斗的成功，并能通过合理健全的制度为有志之士创造或保留机会，打破社会各阶层在贫富、地位、境遇上的固化壁垒。

奥巴马用他的亲身经历向人们完美地诠释了美国梦。很多人都知道奥巴马出身非常普通，他不是传统的美国黑人，他的父亲来自非洲的肯尼亚，母亲是美国的白人，两人在夏威夷相识并结婚。奥巴马出生没多久，他的父亲就离开夏威夷回到了非洲，再之后就和妻子离婚了。之后奥巴马的母亲再婚，带着奥巴马去印尼生活了几年，最后又回到了夏威夷。夏威夷虽然也属于美国领土，但和美国大陆在文化上有很大差异，而且夏威夷的居民绝大多数是亚裔移民或原住民。

从普通人的角度来看，如果奥巴马最后能顺顺利利成为一个美国中产人士就已经很不错了，要是那时候有人说奥巴马以后会是美国第一个黑人总统，那你一定会觉得他在开一个天大的玩笑。要知道在美国政界可是出了不少“总统世家”，一个黑人要想实现“命运的逆袭”谈何容易。

奥巴马前一届总统是小布什，布什父子都当过美国总统，他们在竞选上获得的成功在很大程度上要归功于卡尔·罗夫（Karl Rove）。罗夫有个外号叫“共和党的选举之神”。同样，奥巴马身边也有这么一个人，那就是时任奥巴马竞选团队的首席策略师戴维·艾克斯罗德（David Axelrod）。他对奥巴马两次竞选成功都起到了至关重要的作用，特别是 2008 年战胜希拉里那次。

我在白宫时曾与艾克斯罗德有过长谈。他说，当初听到奥巴马要找他时，他认为只是一个政治上乳臭未干的菜鸟找他帮忙，因此并没有在意。但当他见到了奥巴马，并和奥巴马认真沟通交流后，他就觉得眼前这个年轻黑人身上有种使命感，让他感觉看到了美国价值观里最好的一部分。

当时奥巴马非常诚恳和直接地对他说：“我知道我不能当总统的所有原因，比如从来没有黑人当选过，我没有很丰富的经验，我也没有很多钱……这些原因太多了。但是，我还是想试一试，你愿不愿意帮我？”就在这一刻，他被深深打动了，决定帮助奥巴马竞选。后来艾克斯罗德帮助他战胜了希拉里、麦凯恩还有罗姆尼，而胜利的法宝就是科技创新。希拉里对自己在 2008 年民主党党内选举中输给奥巴马的印象也非常深刻。当希拉里的团队娴熟地运用着传统竞选手段——在电视辩论中指点江山，挨家挨户敲门联络选民，打出一通通筹款电话，举办一个个竞选集会的时候，奥巴马已经早早通过新兴的网络社交媒体覆盖了更多的选民，用更低的成本和更高的效率募集到了庞大的资金。

奥巴马在竞选之初就推出了自己的个人网站，含有大量社交网络的互动元素，选民们可在网站上观看视频，及时讨论，发起筹款，等等。当时，一个名为“奥巴马女孩”的视频在 YouTube 的浏览次数很快就超过 400 万。网络社交媒体的应用使奥巴马在很短时间内快速地覆盖到更多选民。奥巴马筹款总额中超过 85% 来自互联网，且绝大部分是不足 100 美元的小额捐款，所以有媒体把网络比作奥巴马源源不绝的“提款机”。在奥巴马的竞选胜利演讲中，我们也不难发现这个秘密：普通工薪阶层从自己微薄的积蓄中捐出了很多笔 5 美元、10 美元、20 美元。

2012 年，大数据分析帮助奥巴马及其竞选团队更好地掌握了战局。以前，很多竞选的准备都是比较单向的，例如制定口号、方案和准备演讲稿等，但通过对选民、媒体和竞争对手的大数据分析，竞选团队可以建立更加准确的模型和行动计划。和上一次总统竞选相比，竞选团队已经能够把掌握的选民信息和其在线的个人信息进行关联，而不再像以前那样——民主党知道你是党员，但并不知道你在 Twitter 和 Facebook 上长什么样。在 2012 年，奥巴马的竞选团队可以分析来自各个途径（包括网站、手机和传统渠道等）的非结构化数据，从而更加准确地揣摩选民对各种话题的态度，做出以前无法想象的快速响应。

时任奥巴马竞选团队的科技顾问亚力克·罗斯（Alec Ross）曾经对我说过这么一段话：“科技已经极大地改变了竞选的运作机制。过去那种两个抽着雪茄的政治大佬靠着本能和经验，喊出自己心仪的竞选口号，并在麦迪逊大道上投放一些广告，企图引起选民共鸣的时代已经一去不复返了。”在希拉里任国务卿时期，罗斯曾出任她的首席创新官，并且在希拉里参加 2016 年总统竞选时成为她团队中的首席创新顾问。他告诉我：“忘掉 2004 年在小布什和约翰·克里（John Kerry）之间展开的那场传统的总统竞选吧！在奥巴马和希拉里各自的总统竞选过程中，所做的一切都是基于数据，科技开始无处不在！甚至每一封电子邮件里的竞选用词，竞选标识的外观、颜色和大小都能用到海量的数据分析，这在过去简直令人难以想象。2012年奥巴马竞选就是这方面的先驱，他聘请了100多位世界上最优秀的数据科学家帮助他树立在竞选上的科技竞争力，在此之前没有任何一个候选人这么干过。”而在2016年的总统竞选中，特朗普通过Twitter直接和支持者互动，上任后也依然如此，颇有把自己的Twitter当成白宫新闻发布厅的感觉。

回顾过去，从美国有总统竞选那一年开始，竞选这个故事就一直在演变，从最原始的线下活动时代，到电台时代、电视时代，再到互联网时代、移动互联网时代，如今已经彻底告别了单向和被动。罗斯强调说：“结合了移动互联网和大数据分析的竞选机器就像一台电子显微镜，也像一台天文望远镜，它足以让我们检查到非常微小的细节，但也让我们看到貌似混沌的事情之间的相关性，它使管理总统竞选这样的海量事务变得更加科学和高效。”

农业社会的基础是土地，工业时代的基础是钢铁，而信息时代则靠科技和数据。生活在这样一个信息时代是幸运的，奥巴马正是抓住了信息时代的机遇，利用科技创新成就了一个黑人总统的“美国梦”。

奥巴马用他的亲身经历向人们完美地诠释了“美国梦”，那他有没有用自己的“美国梦”帮助美国人照亮布满荆棘的前程呢？回顾他的八年施政，究竟给美国人的生活带来了什么改变呢？

关于如何评价奥巴马这八年的总统任期，我想从自己到达美国的那个年代开始说起。

20世纪80年代初，在时任美国总统卡特任期内，美国出现了伊朗绑架人质事件和石油危机事件，日本经济高速发展并成为美国最有力的竞争对手之一，整个美国正在经历低潮期。因此里根在1980年参加总统竞选时，提出的口号是“让美国再次伟大”（Let's make America great again）。

我刚到美国的时候是20世纪80年代末，在里根政府的八年努力下，美国经济开始恢复。1991年底苏联解体，冷战结束，加之日本经济发展放缓，美国重回世界霸主地位。后来在老布什时代，海湾战争爆发，美国出兵打败了伊拉克，这让美国在军事上的声望又一次得到提高。当战争胜利后，一向注重仪表的老布什在电视上露面时衣服都不那么整齐，就像刚打完架一样，他希望用这种方式表达“嘿，我们可不怕挑战”！1992年，克林顿总统任期开始时，计算机、互联网和生物技术快速发展起来，又一次把美国推向了世界的巅峰。美国人认为自己不仅在政治、经济、文化和军事上强大，在科技领域也处于领先地位，似乎世界上最先进最强大的事物都发生在了美国。

2001年“9·11事件”的发生，让美国社会几乎不敢相信，一个名不见经传的恐怖主义组织竟然敢袭击美国本土，而且是美国的经济心脏——纽约。美国民众对此反响十分强烈，很多人都宣称，“要把他们（阿富汗）炸回到石器时代”。时任法国总统希拉克并不赞成美国出兵攻打阿富汗。我记得在校园里有些地方写着：“希拉克走一边去吧，如果不赞成我们，我们就会修理你！”

过去的种种成功让美国人感觉到，解决阿富汗和伊拉克问题实在是太容易了。但大家也知道，美国之后被卷入了一场场耗费大量人力、物力和军费开支的战争。美国人现在还是深信，在武力方面没有任何国家可以战胜自己，美国除了在核武器方面拥有绝对优势，在互联网上的“战斗力”也在全球处于领先地位。当年伊朗企图制造核武器，武器工厂内部爆炸，据称也是因为美国政府把一些病毒植入了仪器里所致。

美国人觉得自己的失败之处不在于战争，而在于战后重建。这一领域也是和我所工作的国际开发署很有关联的。当美国战胜了这些国家或地区，或者说把这些国家或地区所谓的反对势力打败后，怎样将其建设为一个富强的，尤其和美国关系友善的民主国家，这是非常有难度的任务。这点在美国政府内部争论极大，我记得非常清楚。当时国际开发署负责提供对阿富汗的援助，署长说，要拨多少钱、派多少人、做多少项目等一切活动的前提都要有美国军队的保护，因为阿富汗还不安全。很困扰也最担心的一点就是，把项目建立起来以后，当地人如何持续下去和深入下去。

2008 年金融危机的爆发对美国人又是一个巨大的打击，这是继 1929 年经济大危机之后最大的一次金融危机。当时整个华尔街摇摇欲坠，急需政府的援助。这次危机让美国人在自信心上受到很大的冲击，也让美国社会充满了对政府的不满。

回顾我在美国亲身经历的前三十年，就可以看到美国的发展出现了巨大的起伏：先是从一个担心自己未来、担心各个竞争对手的国家，一路发展成为世界唯一的超级强国，后来又被卷入地区纷争，本土遭遇恐怖袭击，经历了一场百年难遇的金融危机。

在这样的背景和局面下，美国民众在考虑，新的一届政府到底将会怎样去做?

2008 年的总统大选给了美国社会新的希望，和很多美国人一样，当时我也将选票投给了奥巴马。因为很多人都觉得奥巴马代表了一个崭新的美国，一个可以超越种族、超越传统并且真正体现多元化的美国，所以大家都对他抱有很大的期望。然而，八年后再回望，很多美国人明显感受到了理想与现实的差距。尽管他们对奥巴马个人还是非常喜欢，但是对他的政绩（特别是内政方面）却是失望的。其中最突出的一点无疑是他选择了全力推进对医疗保险的改革，而错失了其他更重要的改革机会。

奥巴马执政后的第一个目标，就是动用他所有的政治资本去改革美国的医疗保险制度。从全世界范围来看，美国是发达国家中唯一没有实行全民医疗保险与国家卫生服务制度的国家。建立全民医疗保障体系，是民主党近一个世纪以来的梦想。“奥巴马医疗保险”的目的是为民众提供“可以负担得起”的医疗保险。

然而在2008年那场百年一遇的金融危机的影响下，国家最需要的其实是对金融和经济制度的改革，以确保同样的危机不再发生。但是因为一方面奥巴马对金融方面不那么了解，另一方面他把所有资源都放在了对医疗保险的改革上，因此，在国家急需对金融架构和相关法律做出调整的时候，政府并没有投入足够多的精力。这也使得危机过后，国家在金融层面的调整不够彻底，体系不够完善，根基不够稳固，风险依然存在，这也为今后经济危机的再度爆发埋下了隐患，美国将为此付出更大的代价。这也是很多美国人公认的奥巴马执政失败处之一。

在与全球经济动荡的抗争中，美国虽已走出金融危机的最低谷并在快速复苏，但中产阶层仍受到了沉重打击。在奥巴马执政期间，美国中产阶层的收入几乎没有增加，所有增加的收入几乎都流向人口比例只占1%的最高阶层。很多美国人认为经济复苏绝大多数好处都被最富有群体收入囊中，曾为美国技术工人提供就业及薪资保证的制造业的工作机会也大都流向了新兴经济体。美国民众普遍认为维持家庭生计比以前更难了，在职场上原地踏步的情况更普遍了，包括房产、汽车和教育等在内的生活主要成本也让越来越多的中产阶层不堪重负。很多美国人认为我们只要管好自己的国家就可以了，没必要花费过多成本去插手世界其他地区的事务。

2016 年，对美国而言最大的一件事就是特朗普当选为新一届美国总统。特朗普认为他的当选是“沉默的大多数”站出来把票投给了他。这些美国中低层的民众对当时的情况怀有很大的不满，想打破固有局面，也用投票表达了他们对奥巴马政府过去八年执政成绩的失望。

很难完全把整个美国发展的好与坏都归到奥巴马一个人身上，但毫无疑问，他承载着很多美国人的梦想和期待。为什么奥巴马会犯这样一些错误？我认为，很大程度上是奥巴马的个人经历所决定的。虽然他是一个非常聪明的人，但是他缺少一样很重要的东西——丰富的执政经验，这也使他对美国的判断和认知还停留在理想化的一面。

这让我想起在英特尔工作时我的指导恩师、英特尔二把手肖恩·马洛尼（Sean Maloney）曾和我分享的经验。他觉得年轻人的优势就在于不怕犯错，因为年轻的时候犯错的成本很低。等你成为一名管理者的时候，你犯的任何错误都会对公司和员工产生很大的影响，这时候就必须很小心，不要轻易犯错。他鼓励年轻人尽量去尝试，不要怕犯错，因为这是学习成长最快的阶段，也是犯错成本最低的阶段。

这个道理放在总统身上也是一样，总统身在高位，犯的任何错误都会被放大无数倍，并且承受影响的不只是总统身边的人，还有整个国家和人民。现在再看奥巴马的执政经历，无论在竞选时喊出了多么好的口号，个人多么富有魅力，还是避免不了犯错。当你作为总统犯错的时候，对于美国整个国家和人民的影响都是十分巨大的，可能会因你而使美国梦破灭。

为什么做正确的事情也举步维艰

进入白宫工作没多久，转眼就到了圣诞节，这也是我第一次在白宫过圣诞节。圣诞节期间，白宫里会布置好一棵巨大的圣诞树，上面挂满彩灯，并且由总统亲手点亮。同时，白宫也会举办多场针对不同人群的圣诞派对，总统夫妇也时有出席。

在专为白宫工作人员举办的圣诞派对上，奥巴马和夫人米歇尔共同为大家送上了节日祝福，奥巴马还在席间和大家分享了一些有趣的童年故事，然后和我们每个人一起合影，他的夫人米歇尔则笑眯眯地站在一旁。

说到这位第一夫人，在我的印象里是一位非常精明能干的太太，按照我们中国人的说法，她是一个很会管老公的女人，而且个性独立又有思想。米歇尔非常优秀，从普林斯顿大学毕业后考入哈佛大学法学院，取得了博士学位。在没有成为第一夫人之前，她已在法律界小有名气。

有一次，她与我们聊起她和奥巴马的爱情故事。当时她还在芝加哥一家律师事务所工作，奥巴马恰好来这里实习，米歇尔就被派去指导他的工作。奥巴马对这份工作兴趣不大，倒是对米歇尔这位“前辈”很感兴趣，很快就对米歇尔展开了追求。米歇尔说，当时觉得这个男人长得很有特点，又高又瘦，耳朵特别大。米歇尔来自芝加哥，她的家庭算是芝加哥黑人圈子里比较有影响力的。而奥巴马是个混血儿，来自夏威夷，年轻时还一度是一个“迷途的叛逆少年”。她说：“一开始我就无情地拒绝了他。但是奥巴马就是不放弃，死缠烂打，一天到晚地追求我！”后来她经不住奥巴马的软磨硬泡，终于同意和他约会。

在约会时她才发现，奥巴马有着和别人都不一样的经历，不同于美国传统黑人，之后她就对奥巴马产生了浓厚兴趣，进而发现奥巴马其实是一个很有想法的人，对自己在美国社会所扮演的角色和定位有着独到的见解。他并不把自己定义为一个黑人，也不把自己定义为白人，而是觉得自己是一个可以让这个国家甚至这个世界团结起来的一个人。米歇尔告诉我们，正是在那个时候，她才深深地爱上了奥巴马，并和他结了婚。

在米歇尔讲到奥巴马的多元化身份时，我深有感触。我既是一个华人，也是一个美国人，我的使命也正是在中美两国之间建立起桥梁和纽带，让两国人民能更多地沟通和交流，增进相互间的了解和认识。我很希望把中国独有的东方智慧和思想传递给美国主流社会，也很希望把美国最先进的思维和文化带给中国人。

我在与米歇尔的多次接触中发现，她是一位非常有想法的女性，并不满足于只是做奥巴马背后的女人。美国的第一夫人有一个很好的传统，就是关注妇女和儿童的问题，米歇尔常常和我们分享她近年来一直关注的美国人的肥胖问题。她认为，这其中最大的原因可能是儿童从小养成的不良饮食习惯。在美国，公立学校的食物绝大部分都是靠政府提供的资金来购买，一般来说学校会和一些大型的食品公司长期合作，由它们提供孩子们的食物。通常这些公司提供的食物主要是炸鸡或汉堡包，素菜一般是土豆泥，饮料基本是牛奶，小吃可能就是一包土豆片。试想一下，长期吃这些食品的孩子们能不肥胖吗？

当时听到她的这些想法，我深有同感。小时候在公立学校上学时，每天的食物就是她说的这些垃圾食品，不是炸鸡就是汉堡，素菜除了土豆就是那种煮得稀烂的、已经吃不出任何味道的混合蔬菜泥，饮料要么是可乐，要么就是牛奶。所以在后来很长的一段时间里，我再也不愿碰炸鸡——都吃腻了。我就是吃这些长大的，但从来没想过其实可以在这方面有所改变。当她告诉我们说，她决定改变美国儿童的饮食结构时，我们都很赞同她的观点，也觉得她非常有远见。

不过，即使米歇尔贵为第一夫人，在落实推动“美国公立学校反肥胖营养午餐计划”的时候还是遇到了很大的阻力。

首先，各个食品供应商表示不满，提出抵制，因为这严重损害了他们的切身利益。一些食品公司甚至联合起来反对，还雇用游说团来抵制这一改革。他们的理由是：联邦政府现在连食品都要指手画脚了。其次，校方应该有权决定给孩子们吃什么，而孩子们也应该有权选择喜欢的食物。当把蔬菜给孩子们时，他们会偷偷倒掉，还是情愿吃炸鸡。你这位第一夫人推动这个计划简直就是多管闲事，是越权了。

米歇尔很坚定也很有条理地回应：很多学校长期让孩子吃炸鸡，已经让孩子养成了不好的饮食习惯，所以让他们吃蔬菜时，如果做的质量和口味都很差，他们当然会倒掉，而继续选择垃圾食品。但是如果能不断改进蔬菜的做法和口味，还是可以改变孩子不良的饮食习惯，让孩子们逐渐喜欢上吃蔬菜。

终于，在米歇尔和相关支持人士及团体的努力下，美国在2012年1月推出《儿童健康零饥饿法案》，同年9月，全美公立学校推出新营养标准下的学校午餐计划。根据新标准，要严格控制食物中所含的热量、盐量，也要精确规定谷物和肉类的量，还将杜绝白面包的出现，并对反式脂肪采取零容忍。

这个法案的本质是为了改善孩子们的饮食健康，却引来了孩子和家长们的反对，遭受重大挫折。30多个州的学生和家长在网络上传午餐照片，狠批分量少、味道差、吃不饱。有学生戏称是“配给制午餐”，食物的搭配也奇怪。在美国政府相关审计报告中可以看到，超过100万学生罢吃营养午餐，令“全美学校午餐计划”的参加率连续上升近10年后首度暴跌。

虽然有人选择不吃，比如自带午餐或到校外就餐等，但这也不是所有人能够做到的。大部分学生要么吃这种“让人无法接受”的新午餐，要么就只好饿肚子。一些高中的学生运动员尤为抱怨，他们需要获得更多食物才能长身体，才能有精力参加锻炼。学校餐厅员工称，学生一方面抱怨吃不饱，另一方面又难以下咽，很多人吃不了两口就丢到垃圾桶里，造成了极大的浪费。

米歇尔提出的改革措施虽然引发了很大的争议，但她一直没有放弃，甚至还把改革范围从学校扩大到整个社会。在她的推动下，美国食品与药品监督管理局对食品标示规范做了一系列改革，包括以粗体字标示热量、添加糖分及真实含量等标准，新规范致力于食品标示能让消费者一看就懂。

为降低儿童肥胖率，米歇尔还发起了“让我们运动”的活动，号召美国人注重健康饮食，加强身体锻炼。奥巴马和时任副总统拜登在2014年还为“让我们运动”拍过一则公益广告。米歇尔自己在美剧《公园与游憩》中客串过一个角色，她与“蔬菜超级英雄们”一同运动和跳舞，帮助孩子们树立正确的健康观念。此外，她在万圣节期间向孩子们分发干果，还邀请孩子们到白宫厨房的菜园参加蔬菜种植活动，不断敦促美国年轻人多运动，多喝水，保持健康的生活习惯。直到今天，她还一直在为这个理念而继续努力。

很多人眼里看到的米歇尔是总统夫人、助选能手、模范母亲和时尚榜样，而我接触到的米歇尔除了这些自信亮丽的形象，给我印象最深刻的还是她那不屈不挠的性格。有些人碰到一点困难就半途而废，而有些人从来都不会轻易退缩，米歇尔就属于后者。

在白宫里，做事情总是遭遇困难和阻碍的女性不止米歇尔一个人，最著名也最有代表性的人物当然要数美国前国务卿希拉里。如果说米歇尔的举步维艰是因为要和人们的坏习惯作对，那么希拉里则是因为不断出现的争议事件和丑闻，被贴上了“两极化、工于心计、虚伪、不真诚、野心勃勃”等负面标签，虽然她全身心投入了公共服务之中，不管是作为儿童保障的倡导者，还是作为妇女权益的斗争者。

我在白宫任职期间所在的国际开发署就是希拉里管辖的国务院下设的一个机构，我常常会在工作中碰到她，也曾和她开过会，进行过面对面的沟通和汇报。希拉里给我印象很深刻之处在于，她特别注重孩子教育和妇女平等发展的问题，而且和米歇尔一样，她也遭遇了很多困难、阻力和非议。

当时希拉里在国务院一个很重要的工作目标就是帮助全世界女性争取更多权益，获得更多发言权。官方调查表明，在很多发展中国家，女性在家庭中扮演着至关重要的角色，她们照顾老人，教育孩子，为家中衣食住行提供必要的保障，然而因为男女不平等的差异，她们得到的却远远少于付出的。假如能给女性多一些教育机会，多一些社会资源，她们在家庭、工作以及社会中的影响力会远比现在高出很多。帮助女性群体改善她们的生活状况，释放她们的潜力，是希拉里极力推崇女性平权的初衷。

那年我有幸见证希拉里启动了一个大型的项目——全球清洁炉灶联盟。这是一个致力于解决全球炉灶和燃料引起的重大安全和环境问题的半官方组织，由希拉里与联合国基金会共同发起，于 2010 年 9 月在联合国大会上宣布成立。在许多贫穷的国家里，人们做饭还在用小火炉，就是以煤或者木头作为燃料的那种，产生的烟雾很容易让人中毒，产生疾病，而做饭的人又基本上是女性。为了解决这个问题，需要为那些贫穷国家和地区提供很多移动便携式的小火炉，于是希拉里与联合国基金会共同发起这个组织，帮助很多发展中国家的家庭和妇女免受燃煤产生的有害气体的毒害。目前已经为世界上超过一亿人的生活和健康带来好处。

无论从学识、背景，还是性格、经验来看，希拉里毫无疑问是一个高智商的精英人物。1969 年她从韦尔斯利学院毕业，作为学生会主席的她成为学校历史上第一个在毕业典礼上发表演讲的学生。1979 年，她成为罗斯律师事务所历史上第一位女性合伙人，在 1988 年和 1991 年被评为“全美100 位最具影响力律师”之一。1993 年，希拉里跟随克林顿入主白宫，成为美国历史上学历最高的第一夫人。2000 年，希拉里当选美国参议院议员，成为第一位获得公职的第一夫人和纽约州第一位女性参议员。2008 年，她第一次参与总统竞选。2016 年，她成为美国首位获得主要政党提名的女性总统候选人。光鲜亮丽的履历让希拉里成为政治精英的代表。

可是很多美国人讨厌希拉里，除了那些丑闻的确让她惹上麻烦之外，还有一个很重要的原因是希拉里给人一种完全职业化的感觉。她永远着装得体、用词严谨、勤勉用功、观点犀利、深思熟虑、性格强硬和以目标为导向，至少她的公众形象就是如此。但是再成功的人也有人性化的一面，美国人并不信任那些没有展示真实自我的政治领袖。

每一个政治人物都有着自己鲜为人知的另一面，对于希拉里来说也是一样，我在白宫所看到的希拉里其实非常亲切、温和。她很喜欢拥抱别人，也常常微笑着和别人闲话家常，很多工作人员见到她就像见到家人一样亲切熟悉，而她对待很多人也像对待自己的朋友一样。这与她在公众场合及新闻媒体里的那个严肃冷峻的形象几乎截然相反。

在白宫，我有机会看到了每一个政治人物不同于公众场合的形象。我觉得这一点或许是希拉里今后生涯中的一项最大的挑战，她能否让美国人真正认识她，认识一个完整的、有血有肉又有人情味的希拉里。

政界领袖与商界领袖的思维差异

在白宫工作的这段时间，我见到了很多美国行政体系最高级别的官员，逐渐对美国政府的行政架构有了更为全面的了解。我也认识到政界领袖们独特的思维方式和行为表现，这和商界领袖有很多截然不同的地方。

第一个就是“把蛋糕做大”和“把蛋糕分配好”的差异。

商界领袖都在想怎么把企业这块蛋糕做得更大。像美国通用电气公司前总裁杰夫·伊梅尔特（Jeffrey Immelt）来白宫跟我们交流的时候就讲到，美国通用电气公司当时的年收入是1200亿美元。如果某一产品每年能达到10亿美元的收入，或许一家营业额10亿美元的公司在世界上也能排得上一定的名次，但对伊梅尔特来说，他根本不能为此花费太多精力和时间。因为在他的计划中，整个公司每年的营收增长率需要达到10%—15%。1200亿美元的15%就是接近200亿，所以价值10亿美元的产品对他来说还是远远不够的。

那什么才是他真正看重的呢？比如美国通用电气公司能帮助全球改变能源结构，让新能源能更加普及。因为全世界新能源消耗只占总能源的3%—4%，还有很大的上升空间，只要每年能在这个百分比上增加1%，那美国通用电气公司依然可以维持高速成长。

与伊梅尔特“把蛋糕做大”这个出发点和思维方式截然不同，白宫里的政治领袖们更注重如何“把蛋糕分配好“的问题。

首先要从时任副总统拜登说起。美国高层领袖大多有着传奇的经历，拜登也是一个传奇色彩浓厚的人。和奥巴马、米歇尔、希拉里一样，拜登早年是一名律师，后来才逐渐走入政坛。他成为参议员时非常年轻，仅仅29岁，是美国历史上排名第五的最年轻参议员。但就在他上任前一个月，他的家人遭遇了一场车祸，妻子和当时还在襁褓中的女儿不幸在车祸中去世，儿子也受了重伤，躺在医院昏迷不醒，这对当时的拜登来说是非常大的打击。他决意守在医院里照顾自己昏迷的儿子。

上任的日子越来越近了，朋友们纷纷劝他去参议院就职。但他却对等在病房外的朋友说："我决定放弃！我要留下来照顾我的孩子，他已经没有了妈妈，我不能再离开他的身边！"也就在这段时间，他的儿子苏醒了，在病床上拉着拜登的手说："爸爸你去吧，我需要你，但是国家也需要你！"后来折中之下，拜登就在儿子的病床前宣誓就职，从此开启了自己的政治生涯。

他和我们分享他的从政心得。当时他问我们："你们当中有多少人是从商界来的？"我和另外一位学者举起了手。他说："你们从商界来的人常常会犯一个错误，我希望事先能给你们一个提醒。"听到这句话，我不禁竖起了耳朵，朝他靠近。

拜登对我们说："商界的人常常习惯于把企业中的工作模式带到政府中来，在处理政府事务时往往也会像在企业中工作一样，讲求效率最大化。在企业里这可能是一个优点，但如果照搬到政府中来，这里就有一个很大的误区。因为在企业里，大家的目标是如何将这块蛋糕越做越大；而政府里最重要的事情不是把蛋糕做大，而是如何去分配好这块蛋糕，也就是管理和协调。在短期内，蛋糕的量是有限的，如果给你的这份大了，那给别人的那份就小了，而政治领域中最重要的一点就是协调好这块蛋糕的分配。”

我对他这番话的印象特别深刻，也促使我在白宫的工作中调整了自己的工作思维，防止自己只顾追求增长发展而忽略均衡大局。之后的工作让我更深刻地理解到他这番话里的丰富含义。我在国际开发署推动工作中最大的一个议题就是关于全球气候的改变，各国都在讨论如何控制全球变暖的问题。这既牵扯到了人类生存环境的改变，也牵涉到全球各个国家的利益如何均衡，用拜登的比喻来形容这简直是一个“全球性的蛋糕”，如果只追求高效或只想到个别国家的利益，显然就无法很好地推进下去。

当时的行政管理和预算局局长彼得·奥斯泽格（Peter Orszag）跟我们开过会议，也说到这个“分配蛋糕”的话题。行政管理和预算局负责美国每年的行政预算，当时的年度数字是4.3万亿美元。他说：“预算案里任何一组数据如果后面没有一个billion（10亿美元），我们这间办公室里的人员就根本不会花时间去讨论。就算有1个billion，我本人可能也没有时间看，因为我负责的‘盘子’是4.3万亿美元，也就是4300个billion。所以，讨论一些太小的数字是没有意义的。”他工作的重点是怎么平衡这个“盘子”，因为每年每个部门的负责人都会跑来问他要更多的预算，但是他没有办法不停地把预算数字往上涨，所以只有尽可能地平衡。给你的钱多了，给别人的钱就得少一点；给别人的钱多了，给你的钱自然就少一点。这样的利益分配小到政府行政预算，大到社会收入结构，近到短期支出，远到长期投入，都是政府需要认真对待的头等大事。

州长竞选、国会议员竞选、总统竞选其实也是跟利益分配息息相关的。从这个角度看，候选人的政治纲领和施政方针其实就是在谈更应该帮助和扶持谁，应该怎么打破已有的利益格局并进行再分配。如果改革方案的具体操作者本身就是既得利益阶层，改革自然难以跳出富者更富、穷者更穷的“马太效应”。但如果这方案倾向于弱势群体，削弱了既得利益阶层，具有强势话语权的后者又肯定会充分运用他们所拥有的资源和权力，向决策者和决策体系施加压力，对政策进行变通和勾兑，继续捍卫自身的利益。

拜登看似简简单单的一番话，其实蕴含了他在政界闯荡几十年的深厚见识，让我获益匪浅，也从非常本质的角度看到了政府核心运作的逻辑，而这正是最考验政治领袖的智慧和勇气的地方之一。

第二个是在承认对错上的差异。

美国的上市企业每个季度都要公布自己的业绩和财务情况，如果做得很差，CEO就要承担责任，承认错误，绝不能推卸给别人，在企业里也有一句经典的话叫“责任到此，不能再推”（The buck stops here）。但在华盛顿哥伦比亚特区，我从来没听到一个政客说：“对不起，我犯错了！”面对错误时，他们可能说这是其他党派的问题，或者说受了当时客观条件的限制。

前总统小布什、前国务卿鲍威尔、前国家安全顾问康多莉扎·赖斯（Condoleezza Rice）和前国防部部长唐纳德·拉姆斯菲尔德（Donald Rumsfeld，1932—2021）都跟伊拉克战争有着莫大的关系，他们的政治生涯都背负着伊拉克战争的烙印，但他们都没有明确承认自己在伊拉克战争问题上犯过错。

这点在前国防部部长拉姆斯菲尔德身上体现得非常明显。他是一位德裔美国人，也是美国历史上第一位两次出任国防部部长的人。作为时任国防部部长，他其实是发动伊拉克战争很关键的执行官员。尽管后来证实，伊拉克并不存在大规模杀伤性武器，拉姆斯菲尔德也在回忆录中承认，自己当年宣称伊拉克藏匿大规模杀伤性武器是“错误陈述”，但他依然拒绝承认美国发动伊拉克战争是个“错误”。

另外，美国民众还指责他犯了一个致命的错误，就是解散了伊拉克所有的军队，导致到现在伊拉克仍然不断出现恐怖袭击。那些当年被解散的军队，在无钱无权无组织的情况下，成了影响治安和稳定的社会因素。当时他还下令解除萨达姆执政党内的所有党员的工作，这也使得那些原本是伊拉克的精英阶层、伊拉克未来发展中坚力量的人们逐渐沦为社会边缘人，很多转为美国的敌对势力，又引发了更多社会矛盾。

当时我在白宫问他怎么看待当年这些错误的决定，他非常从容地回答了我的问题，用的就是他曾在记者会上说过的一段经典的“知道论”绕口令：我们知道我们所知道的，我们知道我们不知道的，但是我们不知道我们不知道的。

他画了一个大的圆圈，然后在里面画了一个小的扇形，指着里面的区域对我们说：“这是我们所知道的东西。”然后他又在这个扇形的旁边画了一个稍大一点的扇形，告诉我们：“这一块代表我们知道有一些东西是我们不知道的。”之后他又指着大圆圈中剩下的区域说：“剩下的全部都是我们不知道自己不知道的东西。”最后他总结说：“当初我所做的决定只是根据‘我所知道的’和‘我知道我不知道的’，做了一个我认为正确的决定。也许你们并不同意我的想法，甚至在将来，你们还是觉得我的决定是错误的，但是当时我做了我认为最正确的决定，我对此并不遗憾。”虽然我之前就知道他所谓的“知道论”，但当我听他当面这样演示出来，并且看到他这么从容的表达以及依然不认错的态度，我还是感到很惊讶。

我也曾经问过赖斯同样的问题：“你当时真的有绝对可靠的情报吗？你可是代表美国啊，而且讲这句话也是押上了自己的人品。最后查出来并没有核武器，你当时又是怎么想的？”她的回答跟小布什、拉姆斯菲尔德很类似：“这是情报部门提供给我的情报，可惜情报最后出现了偏差。”

前国务卿鲍威尔曾站在联合国的讲坛上告诉世界上每一个国家：“美国的情报表明，伊拉克有核武器！”但最后却被事实证明，判断有误。我也曾问过鲍威尔对此怎么看，他的回答也是跟小布什、拉姆斯菲尔德高度类似。不过鲍威尔也说，“作为美国在这件事情上的代言人，我对我当时所做的事情负责”。在这点上，我倒是很佩服这位前国务卿。因为很多时候，政治人物往往会把责任推给其他人，说这并不是他的错误。鲍威尔虽然没直接承认错误，但他却愿意代表美国负上应负的责任，这体现了他作为一名政治人物的担当。

鲍威尔在 2021 年 10 月 18 日因新冠并发症去世，终年 84 岁。他是美国历史上首位黑人国务卿，曾任美军参谋长联席会议主席，成为美国第一位担任最高军职的黑人。很多人曾预测，鲍威尔最有可能成为美国历史上首位黑人总统，因为当时的他是共和党里为数不多的有能力竞争总统的黑人领袖，在奥巴马出现之前，他是呼声最高的一位。

我们都知道埋怨别人容易，责怪自己难。正如《论语》里以日月之蚀比喻君子的过失：如果有了过错，就像日月被遮掩，人人都能发现其黯然失色；一旦改了过错，犹如日月复明，人人又都能看到它的万丈光芒。可惜政治家要做到这一点真的不容易，除了要有高度的智慧，更需要莫大的勇气。

对外援助如何治标也治本

就像本书开头描述的那样，我在毫无准备的情况下担任了海地地震救援中心通信方面的总指挥。在这一场可以称为“救援突击战”的事件中，我深刻认识到美国政府有着巨大的力量和丰厚的资源，这些是我从来没有接触过，也是无法想象到的。

我之前工作过的英特尔公司，每年收入超过 500 亿美元，员工超过 10 万人，我觉得那是一个庞大的平台。但经过这次海地救援，当我看到政府可以快速调动一架航空母舰、一整支军队，甚至整个国家的资源，我这才认识到原来美国政府的威力是这么强大。它可以瞬间发动一场战争，也可以快速派出强大的救援部队。然而，美国的对外援助却总是难以令人满意。

就海地地震来说，灾难援助分为两个方面，一个叫救援，一个叫重建，前者是临时和紧急的，后者则是逐步和长期的。海地地震后的两周，救援工作基本结束。接下去就是灾后的重建，我搭乘飞机第一次到了海地，与当地协调有关灾后通信方面的重建工作。

在实地考察中，我发现救援固然困难，但重建更难，因为这需要依靠当地政府自身的力量。当我跟海地的一些政府官员见面后，发现他们存在根本上的问题。比如当你要对这个城市进行重建的时候，谁来帮你建？这个领导班子里有没有这样的人才？重建的钱从哪里来？他们对此并没有清晰的规划。

我们提供了一个相对完备的建议方案，然而遗憾的是，当我们将通信方面的重建方案提交给海地政府以后，他们没有执行。而我们能做的仅止于此了，毕竟你不能强迫他国用别国的方案去重建他的家园，你只能在那段特殊时间得到他们政府的短暂许可去实施救援。

我们很快发现海地政府没有能力对通信方面进行重建，因为他们既没有钱，也没有能力。于是我们跟当地最大的一个通信运营商联系，说可以为他们提供帮助，重建本身也能让他们的企业获得发展。该公司总裁却告诉我们，他们也很想促成这件事，但当地政府太腐败了，每次投入的大量金钱绝大多数都进了官员的腰包，能用于通信网络建设的资金很少，长此以往他们就没有了动力。

听了他的这一番话，我很有感触。有时候解决短痛是相对容易的，就像地震摧毁了通信系统，马上要实施临时修复，这都能做到，也必须做到；但长痛却是很煎熬的，很多人满足于目前现状，只做修修补补，总是不愿意去做彻底的、系统性的改革，以至于一直无法取得真正的进步。

三个月后我又一次去了海地，发现情况依然没有变化。在这个时候，美国政府已经开始把一些权力归还给海地政府了，转为做一些协助性的工作，最后就彻底撤出了当初派去海地的人员和设施。

海地地震救援经历使我对对外援助有了更为深入的思考。近几十年来，美国为非洲一些落后国家提供了大量的援助，帮助他们解决诸如疾病预防、农业发展和健康营养等问题。可以说这一工作已经有着非常久远的历史。但当我加入的时候，却发现国际开发署内部对这一工作如何开展下去有着很大的争议，其中一个焦点就是援助的方向和重点应该是什么。

就美国而言，传统的方式是提供经济发展和人道主义等方面的援助，比如投入资金控制传染病，帮助培养当地的教育人才或医疗人才。它的本意是让当地人可以具备技能，自己去解决问题。但不知道是所需时间太久，还是实施方式不对，一直以来并未能取得最好的效果。

在国际开发署内部，大家对中国的对外援助模式也有过很多的讨论。很多同事觉得中国的做法很值得研究和学习，因为他们看到中国对第三世界国家的援助大多采用政府加企业的模式，政府提供充足的援助资金，企业获得介入的机会，使得中国在当地推进项目既快速又有效。这个模式显然很近似于 PPP 模式，很多去过非洲、参加过基层援助的同事对中国在当地取得的援助成果相当赞赏。

白宫官员当中也有人认识到美国有很多事情需要依靠中国的帮助，理查德·霍尔布鲁克（Richard Holbrooke，1941—2010）就是其中之一。他是一位外交高手，曾被奥巴马指定为美国驻阿富汗和巴基斯坦特使。他就认为美国应该和中国携手，共同帮助落后国家发展。他的依据是，在美国出兵阿富汗之前，中国和阿富汗关系不错，直到现在在阿富汗还能经常看到中国当年援助的基础建设，如果美国和中国合作，以经济发展为前提为当地人民提供更好更安稳的回报，这可能是帮助阿富汗解决内战并快速恢复发展的一个好策略。

争议的另一个焦点是如何准确评判那些政府支援的公益组织的作用，并且如何改革现行的援助模式。

在一些不发达国家和地区，政府的能力非常孱弱，甚至管理混乱，在灾难发生时就尤其需要国际公益组织去承担援助的工作，填补这方面的缺口。在美国，人们衡量公益组织的工作是否成功的标准是看它最终能否功成身退，如果这个公益组织哪一天成功解散了，也就证明它所要解决的问题已经顺利完成了。

参照这个标准，很多专家发现有几点不太对劲：第一，以非洲为例，40 多年来非洲获得很多援助，但这些国家并没有很大的社会进步，援助的效果很不理想，甚至还要扩大援助；第二，那些公益组织在几十年里倒是越做越大，人员越来越多，每年的预算也越来越大，国际开发署每年都要为此投入更多的资金。但是这好像不是公益组织原本的出发点，甚至在一定程度上，反而变成了公益组织希望援助能一直延续下去，因为如果问题被解决了，公益组织就失去了存在的必要性；第三，一些公益组织会花高薪请外国专家到当地指挥援助工作，反而没有花经费去培养当地人才。这就使得那些国家更为依靠国外援助，而不是最终靠本地人才去解决问题。综上所述，让人感觉问题非但没有被解决，反而呈现出没完没了的趋势。

更令人担心的是，很多受援助国家慢慢开始把这些国外援助放入他们每年的财政预算中，使得援助好像不再是意外的惊喜，反而变成了一件理所应当的事情，援助资金成为一份理所当然的收入。另外，一些被援助国家也产生了抵触情绪，越来越有半殖民地的感觉，认为外国的组织正在进入自己国家干涉本国内政。不管是依赖的心态，还是抵触的心态，显然都无助于他们培养自己的力量去解决问题。

面对以上种种问题，国际开发署内部争议很大。有些人甚至喊出了“援助的死亡”（The Death of Aid）的口号，并出了一本同名书籍，销量还很不错。

在我进入国际开发署的时候，当时的情况就是传统援助方式的效果越来越不理想，公益组织的规模和经费越来越大，被援助国家迟迟不能自力更生解决问题。在这个大背景下，国际开发署意识到光靠政府是不够的，光把资金投进公益组织更是不够的，是时候进行改革了。他们开始讨论PPP，帮助被援助国家做一些可持续发展的项目，解决已有的问题。

为什么看上去强势的政府会需要寻求与企业的合作呢？我想先举一个例子。一个不争的事实是，整个非洲拥有最好物流基础的不是当地政府，也不是各类公益组织，而是可口可乐公司！它那强大的物流系统可以把产品从美国运输到非洲最遥远的村庄，这是当地任何一个政府或公益组织都做不到的。将政府援助项目和这类企业相结合，正是 PPP 模式的优势，比方说利用企业的物流基础来配送药物、粮食及其他资源。国际开发署内部开始调整方向，着重尝试 PPP 模式。

美国曾参与过《联合国气候变化框架公约的京都议定书》（简称“京都议定书”）的签订，但最终没有正式核准。按照《京都议定书》的约定，为了应对和改善未来的气候变化，缔约方一共要拿出上千亿美元去减少温室气体的排放，研究和促进新能源、可再生能源的创新和使用。美国没有参与到底，可能有很多原因，其中一个原因是美国认为，如果只是单纯拨款给那些落后或发展中国家，并不是最有效的方法，起不到根本作用，有点像中国俗语说的“治标不治本”。

于是我设想，如果把资金拨给当地企业，尤其是能够服务当地社会和减少排放的企业，会不会更有效？这样既能够帮助当地人自力更生解决问题，又能对环境和能源产生很好的影响。

当时我带着这个设想去“睿智基金”（Acumen Fund）进行调研和求证。它是美国最早的公益投资基金，主要投资那些有社会服务意向的营利性企业，包括生产净水器的企业、制造太阳能发电设备的企业等。这种企业做得好的话，不但能够自力更生，有助于解决当地就业问题，生产的产品或服务还能更好地解决社会和环境问题。

我发现像睿智基金这样的基金越来越多，优势是可以向下延伸，发现那些优秀的企业。但他们的劣势是缺乏资金。一般来说，他们也是要说服那些有限合伙人（Limited Partner）把钱拿出来，募资的过程非常有挑战性。

如果我们建立了一个母基金，通过这个母基金，将资金投入到 10—20

个公益投资基金中，然后每个基金再投到 30—50 家企业中，这相当于我们一下子帮助了 1000 家左右的企业；如果每家企业有 100 名以上的员工，我们相当于创造了 10 万个就业机会，而这些就业机会的背后是更多的家庭。这就是我力主国际开发署做母基金的重要原因。

于是，我们和欧洲的著名银行 Robobank 合作成立了一个母基金。通过这个母基金将资金投入各个基金，然后基金再将钱投入到之前说的这些企业。通过支持这些基金，我们虽然是间接地提供了援助，但援助效果却提高了很多，也逐步让当地人民有了自力更生的能力。

我们在执行时又发现了新的问题，那就是资金到位了，可是当地人的企业管理能力还不到位。于是我又在想，是否可以通过好的培训方式在当地解决这个问题。

我们考察了另一个机构——阿育王组织（Ashoka Foundation）。这家组织主要致力于下一代公益组织领袖的培养。该组织创始人是比尔·德雷顿（Bill Drayton）。他认识到很多公益组织的创始人都非常有爱心，看到了社会存在的一些问题，但运营一个公益组织并不简单，很多创始人没读过商学院，也没有运营的经验，对资金的统筹和运作也不是很有把握，就导致这些公益组织运作效率不高，甚至管理混乱。

阿育王组织将运营和领导理念带到这些公益组织中，用德雷顿的话来说就是“要培养一批领袖，只有靠这些领袖才能改变这个社会”。我也很赞同这个观点。你没有办法改变所有的一切，没有办法帮助所有的人，但你可以做到的是培养一批当地的领袖，让他们去影响更多的人，从而改变整个社会。

母基金和企业领袖培训代表了两个新的方向，一个是通过投资当地企业去改变现状，一个是通过培训当地企业领袖去加强援助效果。

上述是我任职国际开发署时，在PPP模式上所做的探索与尝试的方向。后来我们创建了一个上亿美元的母基金，扶持前线的基金或组织，不仅直接扩大这些基金的投资力量和组织的培训力量，也间接帮助更多社会服务型企业的发展，在当地创造更多就业机会和领导人才，从而实现连锁反应，使得援助效果最大化。

我在白宫时参加了一个集合了所有部门来推进发展中国家开发及援助的课题小组，当时大家总结和回顾道：经过十年的不懈努力，联合国当初设立的千年发展目标中有一些达成了，例如降低赤贫人口比例、基础教育性别均等、改善饮用水源、防控疟疾和改善贫民窟居民生活；但也有很多事情进展缓慢或目标没有完成，例如普及小学教育、减少儿童及孕产妇死亡率等。我们这个小组围绕“如何让千年发展目标更好地实现”这样一个全球性的援助大课题做了深入探讨。

探讨的结果和之前的实践是非常一致的，那些提供直接物资的援助是比较容易看得到成效的，针对基础设施的建设和改善也是比较好展开和实现的，然而发展不应只是局限在硬件的提升和经济的增长上，其核心应该是当地社会的制度体系的完善和人民基本素质的提高，核心中的核心应该是本土领袖群体的发展，尤其是可持续发展。

最好的援助方式不是单向的，也不仅仅是从外而内的，应该是多方围绕这个共同目标的群体参与，尤其要发动当地的企业和个人，因为只有受援助对象拥有自力更生的意识、信心和能力，外部的指导和帮助才能真正起到作用，才能“治标又治本”。

美国作为世界上最富强的国家，在对外援助和共同发展上做了很多努力和尝试，这样的经验对中国也很有参考意义，因为中国不会仅着眼于自己的发展，随着“一带一路”的发展，也会越来越积极地带动其他国家及地区的发展，在世界舞台上扮演越来越重要的角色。中美各自在这方面都应该有很深刻的思考和研究，双方的合作空间很多，合作机会也很大，非常值得关注和期待。

后特朗普时代的美国

美国时间 2016 年 11 月 8 日，共和党人唐纳德 · 特朗普获得了 276 张选举人票，一举击败民主党人希拉里 · 克林顿，当选第 45 任美国总统。

记得投票日当晚，我在旧金山市一个名为“The battery”的私人俱乐部和朋友一起看大选直播。旧金山是传统的左派城市，也是民主党的票仓之一，绝大多数人都认为这次希拉里会赢，很多人觉得她会大胜特朗普。在这样的氛围下，加上俱乐部请来了一位有着 30 多年经验的老牌政治分析员串场，他很好地带动了来宾的情绪，一开始大家都聊得非常开心。

大概一个小时后，从公布的计票情况看，特朗普的势头很猛，选情在一些看似民主党占绝对优势的州也产生了胶着状态，而摇摆州的竞争就更加激烈了。这个时候，大家仍然不太相信特朗普会获胜，但也开始有些担心和动摇了。到最后，投票结果出来，特朗普取得了这次美国总统竞选的胜利。在俱乐部的很多人看到这里，都开始哭了。

在投票结束的当天，奥巴马接受媒体采访时说：“无论明天发生什么，太阳都会升起。”而我想说，其实在太阳升起之前，美国已经发生了巨大的变化。

第一个变化是向来中立的美国主流媒体摒弃了民意。

传统的主流媒体在美国的社会体系中通常扮演两种角色：第一，向社会各界传达民意，在一定程度上甚至代表了民意；第二，帮助民众解读社会和政治，特别在选举时期发挥重要的影响。第二点尤为重要，它意味着主流媒体可以扶持一个明星政客，也有能力将一些政客拉下马。美国主流媒体对自身有一个自豪而明确的定位：我们是第四种权力。这指的是三权（行政权、立法权、司法权）之外的第四种权力，同样起到了监督和制衡的作用。

但是在 2016 年的总统竞选——这场美国政治最高层面的对决中，多数主流媒体已经早早将票投给了希拉里，在相关的报道中纷纷抛弃了一贯坚守中立的立场，倾尽全力地炮制支持希拉里的言论，不断追踪和报道特朗普的负面新闻。而在各家媒体公布的民意调查中，希拉里的得票比例更是一面倒。

最突出的是《纽约时报》。这份全球发行、长期以来拥有良好公信力和权威性的国家级报刊也罕见地抛弃了一贯以来的中立立场，在其每天头版滚动公布的竞选民调数字上，希拉里一直保持着 80% 以上的胜算，与之相应的是，我从没有看到过特朗普的预测胜率超过 20%。甚至在投票日前的最后一天，所有的新闻报道也是在说“希拉里胜券在握”，“特朗普靠惊悚言词游说民众”。当然，不仅仅是《纽约时报》,《华盛顿邮报》等绝大多数的主流媒体也都是如此。这一现象体现出美国上层人士因不愿让特朗普当选而做出的选择。

但同时，主流媒体也感受到了民众在以实际行动进行反击。当媒体试图引导民众选择它们所选择的候选人时，不仅没有获得成功，反而使百年来积累的威信受到重创。从此以后，没有人会说美国有什么媒体是比较中立的，因为2016年的总统竞选把很多惯常的美国政治习惯和传统都打破了，连最为可贵的媒体中立态度和信任度都被打破了，这对美国造成的影响是非常深远的。

另一个发人深省的问题在于，当主流媒体在积极营造一片“希拉里占尽天时地利人和”的氛围时，特朗普却利用新媒体把战局搅得天翻地覆，并且最终胜出了。这个犹如逆天般的结果的出现，究竟意味着什么？新媒体借此一役宣告彻底战胜主流媒体？主流媒体从此走向没落？

这至少说明两点：第一，主流媒体并没有真正了解民意，或者从某个角度来说，它们摒弃了民意，只说了自己想说的话；第二，主流媒体以往强大的舆论导向作用降低了，大部分民众对其“公信力”产生了很大的质疑，越来越多的人选择在新媒体上获取他们想要的新闻和信息。

2016年11月，我以新媒体公司投资人的身份应邀参加为期一年的萨尔茨堡学者项目。这个项目每年会从全美挑选20个左右的顶尖媒体人参与交流和培训。这次参加的媒体人大都来自《纽约时报》、CNN、NBC、ABC等知名媒体的高管。在课堂上，我和这些主流媒体的从业者们就这次总统竞选展开了深入的探讨。

大选期间，特朗普曾说过：我不需要主流媒体，但主流媒体需要我。我与这些资深媒体人深入讨论后发现，这句话对主流媒体从业者带来的伤害是很深的，以至于他们大都非常厌恶特朗普。他们会有这样的情绪，其实不难理解。在美国传统主流媒体近百年的发展历史中，它们的“声音”影响了每一届总统选举。按照历史惯性，特朗普虽然特立独行，但也只是众多候选人中的一个，假如他没有当选，很快就会被公众淡忘。而不管谁当选，主流媒体的影响力仍然会延续下去，这就是主流媒体人集体所持的态度。

事实上，在美国的著名社交网站 Twitter 上，大选期间特朗普的粉丝已接近 1600 万。在当选之后他也维持了我行我素的一贯风格，并没有指定任何一家主流媒体对其进行采访，而是录了一段 2 分多钟的视频放到了 YouTube 上。于是，主流媒体也只能和普通粉丝一样，在网络上等待他更新内容，再就此做出评论。

可以很明显地发现，传统媒体的优势和话语权正一步步被基于移动互联网技术的新媒体所蚕食。传统媒体是一种相对单向的传播机制，信息源被少数人所掌控。以开一场白宫新闻发布会为例，总统或白宫发言人一般会事先通知各主流媒体到达现场，然后站在台上接受提问，台下坐的都是记者或代表，然后通过后者的平台和渠道把信息传递给广大的民众。换句话说，那些受邀落座的主流媒体在一定程度上掌控着民众对总统或上层政权体系的认知。

但特朗普却打破了这一惯例，通过新媒体，可以越过全部的主流媒体。

但主流媒体能摒弃特朗普吗？答案是显而易见的：不能。无论特朗普多么不受主流媒体待见，但在总统任期里，他仍将是主流媒体追逐的热点，从这个角度来说，特朗普的当选是移动互联网技术改变全球政治的一个开幕式。

第二个变化是美国精英阶层与普通民众之间的分化正在加大。

很多人都在疑惑，美国的精英阶层为何集体失误？2016 年的美国大选的结果是很多人都始料未及的，尤其对美国的精英阶层而言更是如此。在大选揭晓前，他们几乎从未认真考虑过特朗普当选的可能性，甚至连美国前国务卿基辛格也曾表示，他原本预料希拉里会赢。

然而，剧情的逆转让美国的精英们集体震惊。我所生活的加利福尼亚州是传统的左派州，也是民主党最重要的票仓。尤其在旧金山，可以说是左派中的左派。大选结果揭晓后，很多朋友都对我说："特朗普怎么可能赢了？他的支持者都是些'红脖子'（redneck，意指美国南部农民）和极端种族主义者，是一帮糟透了的人（deplorables）。"这番话体现了很多美国精英阶层的普遍认知。但真实情况是这样吗？从后来陆续公布的选举数据可以看出，特朗普的支持者们并不局限于之前所说的那些人。

在一些摇摆州，投票给特朗普的白人女性比投票给希拉里的多。要知道，特朗普在竞选期间可没少发表歧视女性的言论，因而大家几乎都把女性选民排除在特朗普主要支持者的范围之外。然而事实并非如此，在竞选后的街头采访中，很多白人女性表示，同为女人，她们并非不希望看到第一位女性总统的诞生，但是希拉里总让她们觉得不可信任；而另一方面，她们非常希望看到改变。在一定程度上，改变比第一位女性总统来得更重要！很多女性其实是跳出了性别的范畴，为改变现状和打破僵局投上了自己的一票。

在竞选的投票环节中，除了东西部几个州的主要选票被希拉里拿下外，中部绝大部分州的选票都被特朗普收入囊中，这意味着在中部的大部分美国人都选择支持特朗普，这也是很多人始料未及的。我有一位女性朋友，是位非常出色的硅谷投资人，她告诉我，这次大选让她感觉到原来自己生活在泡沫里，真实的情况和自己的认知有着很大的反差，她决定接下来要去中部各地仔细考察一下，近距离了解民意，倾听来自民间的声音。

和她持相同观点的硅谷精英并不在少数。尤其当看到加利福尼亚州作为深蓝州，在这次选举中居然还有超过 35% 的人把票投给了特朗普，也就是说在这么左派的州，仍有超过 300 万人放弃了传统的选项。

在选举结束后，我听到最多的一句话就是：我们都是很聪明的人，是精英中的精英，却没有一个人想到希拉里会输，甚至平时连谈都不会谈到这种情况发生的可能性，为什么这次会错得这么离谱？伴随着疑问而来的还有更多的反思和迷惘。很多人说，看来要重新考察一下自己所有的设定，看看是什么造成了这次的错误。

毫无疑问，这场总统选举会被载入史册，这不仅是因为它的激烈程度超出以往，更重要的是它体现了美国精英阶层和普通民众之间的分化日益严重，他们犹如两条平行线，没有相交点。

美国的精英阶层大多居住在大城市里，拥有良好的教育水平，主要从事脑力劳动，有更密切的国际化互动，他们看到的是自己眼里的美国，对美国未来做出了他们的一票选择。美国的普通民众和前者的处境很不一样，但相同的一点是，他们也从自身利益出发做出了选择。可能两者都没有错，这次选举结果体现了大多数人的意志，而这些大多数人并不是美国精英阶层。

第三个变化已经超出政治范畴，那就是关于新科技正在改变美国社会乃至人类的未来。

特朗普的当选有一个很重要的原因是选民们认同他“让美国再次伟大”的想法，尤其是希望他能为美国人带来更多的就业机会。但情况可能没有那么简单，硅谷科技界的很多人都对未来抱有不同程度的担忧。

很多年来，硅谷的投资者和创业家们普遍认为，技术不但可以改善人类的生活，而且可以创造更多新的就业机会。比如汽车的出现让大量马车夫失业，但同时在司机岗位上创造出更多的就业机会；而互联网的兴起虽然造成实体经营的日渐式微，但更多和电子商务有关的新兴就业机会却纷至沓来。因此，硅谷里的很多人都觉得新的技术只会带来好的东西，虽然在发展过程中会淘汰一些老的行业，造成部分人员失业，但必定会带来更多新的工作和就业。

然而，从2016年开始，创业者、投资者、大学教授开始反思之前的观点；相反，他们认为现在很可能是一个转折点。因为我们目前所面临的人工智能技术如果投入实际运用中，真的会让相当多的人失业，更重要的是，就现阶段而言，新时代来临之际却看不到新的岗位或就业机会产生。

无人驾驶就是如此。在美国，目前和驾驶相关的工作岗位大约有1400万个。但未来如果无人驾驶技术真的投入运行，那这1400万个工作岗位就将逐渐消失。

与此同时，无人驾驶也将会彻底扭转人类对交通工具的传统认知。第一，我们再也不需要拥有车辆。这就好比我们离不开电，但并不需要拥有电站是一个道理。在不久的将来，我们也可以把汽车当成电，要什么时候用就用，用多久都可以，只是你并不需要拥有它。由此可以预见，人类在出行方面的固定成本将会大大降低，而车的数量也将会锐减，与此相关的产业链将会发生不同程度的收缩。第二，我们不再需要人类司机。从这方面来说，好处很多。比如说，目前美国每年死于车祸的人数超过3万人，很多事故的成因是人为导致的，例如疲劳、醉酒等，无人驾驶一旦普及，这些人为因素基本就消除了，相应的死亡率就会大大降低。

那到底无人驾驶会不会普及？肯定会！因为好处太多了，所以未来一定会普及。但是，正如之前所提到的，无人驾驶时代的来临必然会让很多人失业，更值得一提的是，那些因此失业的人们要找到其他的工作会很难。

制造业已经如此了。当特斯拉的全自动生产工厂的内部情况被曝光时，很多人都大吃一惊。在这个号称全球最智能的全自动化生产车间里，几乎都是机器人在工作。从原材料加工到成品组装，整个生产过程都已经实现高度的自动化和智能化，在不同工序之间，机器人已经可以实现无缝连接，不再需要人的介入。

尽管特朗普在竞选时信誓旦旦地说要把制造业带回美国，但就现在的情况来看，制造业将会最先被人工智能取代。就算制造业能回归美国，我们也可能看到整个工厂里都是机器人在工作，只有少数几个人来进行管理。

我有一位朋友，他在硅谷拥有一家名叫 Automation Everywhere（智能无处不在）的公司，致力于“智能雇员”的开发和运用。他告诉我，很多公司都由文员处理低端文案工作，而他们公司开发的智能机器人软件可以逐渐取代处理基础文案的文员。举个例子，在银行里，“智能雇员”会帮你填写表格并输入电脑，同时进行基本的客户需求问答和业务操作。可以想象，这个市场一旦打开，每个公司必然会相应减少文员的职位。而我这位朋友的豪言就是：在未来 5 年之内，“智能雇员”将替代 500 万个文员。我们必然会看到这样一个未来——越来越多的工作被人工智能取代，而新的工作却还不知从何而来。

特朗普的竞选口号“让美国再次伟大”言犹在耳，他希望美国能恢复到里根时代的辉煌。可是，现在的时代因为高科技的日新月异而正在发生巨变。当特朗普正计划着让更多的工作机会回到美国的时候，人工智能的发展也将让更多的工作机会消失于无形，这跟谁做美国总统已经没有太大关系了，它是美国乃至全球在未来都将面临的挑战。

在特朗普结束总统任期后，回看他执政的四年，上述趋势并没有改变，而且三点都在新冠疫情的影响下加速发展。

首先，信息茧房正在极端化。

越来越多的人只关心跟自己想法一致的那些信息，除此之外的信息往往被主观定义为不重要的，甚至是虚假的。在新冠疫情出现之后，连之前争议比较小的科学领域，也逐渐地被政治化了。

虽然有一次次的科学证据证明，人们接种疫苗可以有效降低感染率、重症率、死亡率，但仍有三分之一的美国人拒绝打疫苗，甚至还有人认为，疫情只是一场骗局，是巨大的谎言。

其次，疫情使得美国人的财富发生了很大的转移，贫富差异也变得越来越大。

很多美国人把现在这个时代类比为100多年前的镀金时代（Gilded Age，指1890—1920年）。在那时，少数的巨头企业大亨就可以控制整个美国经济。而现在，财富也主要集中在几家大的高科技公司，因为疫情使得数字化产业的发展速度特别快，大家现在都已经习惯办公、娱乐、消费都在网上进行，不用出门就可以做各种事。

再有，在政府投入大量货币的刺激之下，美国经济在疫情之后快速复苏，失业率明显下降，就业和消费数据逐步恢复或接近疫情前水平。借着疫情的契机，高科技快速发展，对传统行业有更明显的介入和取代的趋势。

第三章

跨入名校

精英教育独特之处

踏入美国社会的第一关

中国人进入美国社会，不管是移民、留学还是工作，所要面对的第一个关卡就是“投入”。

为什么是“投入”，而不是“适应”呢？因为适应是比较被动的，一旦适应不了，怕改变，怕冲突，就容易缩回到自己的舒适区里，把出国变得跟待在国内没什么区别。而投入强调的是主动，要拥有良好的心态，充满自信，不害怕犯错，能够主动表达自己的想法和意见，积极和别人互动。

很多人会说自己要是去到美国，能做到适应就已经很不容易了。我对此表示非常理解。我 10 岁随父母到美国定居，在此之前，我生活在上海一个三代同堂的传统中国家庭里，备受呵护。初到美国时，我有着各种各样的不适应，小到饮食上因为吃蔬菜沙拉而闹肚子，大到语言不通和文化差异。

类似的不适应也发生在我母亲身上，其中最突出的要算“语言关”了。相信这也是中国人去美国必定要跨过的一道关卡，尤其对英语水平不太好的成年人来说。母亲的英语基础并不高，初来乍到便要在短期内提高英语水平，可想而知难度有多大。

到一个完全陌生的环境学习、生活和工作，需要全力适应周围全新的人和事。为了找到舒适感和安全感，很多人便自然而然地与来自同一国家或拥有类似文化背景的人交起了朋友。我母亲也是如此。一方面，作为成人，母亲的想法没有小孩子那么纯粹和单一，还有更大的心理负担；另一方面，为了尽快使家庭步入正轨，她会去以华人为主的公司找工作，尤其是专业对口的工作，这样也最容易获得稳定的经济收入。于是，她的同事和朋友很多都是华人，在圈子里不需要讲什么英语。久而久之，母亲接触美国当地人的机会就会变少，更不要说融合主流社会了，虽然她内心也有着这样的意愿。

我在初到美国的那段时间，几乎一句英语都不会说，为此没少受同学的排斥甚至欺负。父母将我送到家附近的一所公立小学学习，在开始的很长一段时间里，我听不懂老师在讲什么，上完一天课程之后，脑子晕乎乎的，心情自然不会好，也无法和同学建立正常的社交关系。有些同学仗着身材占便宜，会顺势推搡我一下，打架也就随之而来，甚至成了家常便饭。

曾做过老师的父亲意识到了问题的严重性，明白产生这些问题的根源就在于语言不通。他马上想到了解决问题的办法，给我买来了入门级的英语故事书，要我每天坚持背诵一个英语小故事。在背故事的过程中，如果遇到不懂的生词，我就要去查词典，并把它们记录和背诵下来。父亲认为这样坚持下去就能学好英语。

我按照父亲教我的方式，每天坚持背诵。一般来说，一个不长的故事中会出现 20 多个新单词，刚开始我几乎遇到每个新单词都要翻词典，后来查词典的频率越来越低了。一开始我并没有察觉出有什么变化，但日积月累后的效果非常显著。我的词汇量越来越大，加上周围环境是地地道道的纯英文环境，因此没多久我用流利的英文与别人日常交流已经没什么问题了。

不过，光从书本中学习是不够的，一旦遇到实际生活中的交流和情境，我还是有些捉襟见肘、手忙脚乱。让我印象最深刻的一件事情是因错误发音而和朋友无意间造成了误会。

我所在的公立学校大部分学生都是白人，亚裔学生很少。当时有一个叫“Edgar”的白人男孩想和我交朋友，可那时我的英语发音还不纯正，常把“Edgar”念成“A Girl”（“一个女孩”）。于是，我们之间会经常出现这样的场景：他很开心地来找我玩，冲我打招呼后，一听到我叫他的名字，却气呼呼地扭头就走。这种事情发生了很多次，我由最初的纳闷和摸不着头脑，到最后才明白原来是发音惹的祸，他认为我在取笑他是一个女孩。当真相大白后，我暗下决心，一定把发音调整好，尽快融入学校生活。

其实学习纯正发音的窍门说来也很简单，那就是扎到人堆里不停地“磨耳朵”，听周围的人怎么说话，怎么表达。另外很重要一点的就是要敢说，听得再多，想得再多，不说出来也是没用的。每个人在学习一种新语言的时候，一开始表达总是怪怪的，结构也容易颠三倒四，但如果因此就不敢说出口，那是不可能取得真正进步的。在这点上，大人们的心理负担相对较重，而小孩子就不会有那么多顾虑。

后来很多人问我，从完全不懂英语到慢慢掌握这门语言，最后能将它变成地道的母语，其间是怎么过渡的，会不会感到吃力和辛苦？这其实是一个典型的成年人才会担心的问题，对孩子来说则完全不会这么去想。在当下环境中没有任何其他选择，孩子只能快速地学习和融入。如果周围都是讲英语的同学和老师，那你就必须和他们一样，用英语表达，用英语思考，包括在玩耍中也用英语交流。否则，你就会落后，被边缘化和孤立，而这是每一个孩子都不愿意经历的。在这个过程中，你不会过多去想是否吃力、是否辛苦的问题，而是只想尽快地把自己的语言水平变成和其他孩子一样。人的潜能就是这样被激发出来的。

我的父母也常常告诉我，必须全身心地投入这个新环境，没有其他选择。现在想来，没有退路反而是一件好事，一个孩子在没有选择甚至没有对比的情况下，不会觉得学英语是一件很吃力和痛苦的事情。当然，除了客观环境的原因，主观想法也很重要。我那时心里很清楚，在我的周围都是美国人，他们讲的都是地道的英语，如果我的语言表达不够好，那我就不可能和他们成为朋友，我就会徘徊在主流圈子的边缘，甚至被排除在外。在客观环境和主观努力的驱使下，我的语言能力突飞猛进，对美国的认识也越来越深入。

在美国待了一年之后，我和当地人的交流就已经很顺畅了。最需要感谢的人就是我的父母，他们在最初做了一个很正确的决定，将我送进了纯美国学校，让我没有太多的退路，唯有通过全身心地投入才能解决问题，才能了解美国主流文化，才能真正认识美国社会本质。

可令人遗憾的是，时至今日我依然看到很多中国学生因为克服不了留学一开始的困难和挑战，无法接受美国与中国环境的差异，“自然而然”地喜欢和自己的同胞待在一起，失去了和美国的老师、同学、邻居们在语言文化上的交流机会。

归根结底，在“投入”这件事情上，很多中国家长和孩子可能因为有太多的选择和太多的退路，往往不能逼自己释放出全部能量，也可能因为有太多的心理负担，脸皮太薄，始终迈不出第一步。这样遗憾的故事有很多，例如在同等条件下，他们选择去华人学生比例更高的学校；在学校里只参加华人的组织，例如华人学生会；在平时的聚餐、运动、舞会等社交场合，习惯和华人学生扎堆；在有机会选课时，没有选择美国历史、美国政治等能帮助自己深入了解美国社会的课程。

付出越多，收获的机会就越大。在美国，主动表达自己的想法非常重要，越不会说就越应该试着说，而且要一直说。举个例子，在美国，课外活动是非常丰富的，其中有一项活动特别能够锻炼口语能力，那就是辩论赛。辩论赛“逼着”选手主动表达自己的观点，陈述支持自己观点的案例。选手们必须事先做很多的功课，不仅要研究自己的课题，也要研究对手的课题。不少辩论题目都非常美国化，例如核武器、社会安全、种族差异都是常见的话题。这还可以看成又一个让中国学生了解美国的好机会。有时候为了了解同性恋婚姻问题的来龙去脉，学生需要花很多时间去翻阅各种资料；有时候为了搞懂美国政治中的投票选举问题，学生还需要请教学校老师、协会组织，甚至直接调研民众。对于中国学生来说，当你积极参与其中的时候，既可以直接接触美国同学和老师，又能提出自己的观点和想法，让对方更好地了解你。一旦了解你了，他们就会开始和你深入地交流。

除了校内的辩论赛，去当地社区和机构做志愿者（又称义工）也是一个不错的选择。我自己就曾在洛杉矶的亚太博物馆做过三年的志愿者，主要负责向游客讲解博物馆的收藏品和亚太地区的文化。由于讲解的内容比较专业，事先需要花时间做好功课。所以在这个过程中既锻炼了英语沟通能力，又学到了很多专业知识。

还有一种很重要的主动表达方式就是交朋友。在美国的学校，如果你有几个友善的高年级朋友，将会受益匪浅。他们会告诉你哪些老师的课程很值得去上，学校哪些组织很值得加入；他们会乐于分享自己的亲身经历和经验教训。这些对于校园新人而言，都是无价之宝。如果这样的朋友关系能够延续下去，他们无疑会成为你在美国社会的良好人脉。

最后也是最容易被忽略的一点是，孩子往往比家长更乐于接受变化，更容易全情投入，更喜欢主动表达。需要接受转变的更多是中国家长。现在许多家长为了孩子出国，大都很早就做好了物质上的准备。但家长自己却还在“盲区”，一方面要送孩子去美国接受优质教育，另一方面自己又不真正了解美国社会，这对孩子成长并没有什么好处。所以，大胆放手让孩子去锻炼，也让自己随之投入进去吧，很多时候在没有选择、没有退路的前提下，反而会成长得更坚决、更健康。

中美基础教育面面观

说到美国的基础教育，中国很多家长简单地认为，相比国内浓重的应试教育氛围，美国中小学教育相对宽松，对孩子来说压力小很多，更能激发孩子的创造力和想象力。所以有人说在一定程度上，美国的基础教育比中国更为科学。那么，事实是否如此呢？

我 10 岁到了美国，既读过中国的小学，也上过美国的公立小学、中学，对中美基础教育尤其是公立学校之间的差异比较熟悉。面对“中美基础教育孰优孰劣”这个问题，人云亦云地跟风或简单地下结论，其实都不合适。

美国的基础教育，也就是常说的 K12 教育，其实一直在演变。第二次世界大战之后，美国政府在教育上的投资是全球第一，美国的教育水平也居全球之冠。但近二三十年来，美国的 K12 教育一直在走下坡路，其中私立教育还是不错的，但公立教育的水平严重下滑。近期的一项调查显示，全美 40% 的八年级学生（相当于国内的初二学生）在阅读能力方面不符合划定的标准。如果标准没问题，那就一定是教育没抓紧。美国这一实际情况可能和很多中国人想象中的差异很大。但现实的确如此。

关于美国 K12 教育走下坡路的现象，不同的人有不同的看法，其中有三方面存在很大的争议：一是老师应不应该被进行绩效考核；二是联邦政府应不应该建立统一的教育标准；三是公立学校在学习和管理程度上如何把握尺度。

在美国，在公立学校做老师是一份很好的工作，几乎不会被辞退，薪水是随着年资逐渐累积上升的。这一方面确保了老师团队的稳定，但也导致很多老师缺乏压力，不是很关心学生的成绩。在比尔·盖茨建立的公益基金里，其中一个很大的课题就是关于改进美国 K12 教育的。他们已经做了很多尝试，例如将老师的薪水和留任等重要事宜跟学生的成绩进行一定的挂钩。可是，如果过分地跟成绩挂钩，又有不少美国人担心教育出现“唯成绩论”。

一般来说，去私立学校读书的学生经济条件比较好。公立学校是免费的，学生就读于哪一家要看自己所在的学区。与中国情况类似，美国不同学区之间的差异很大，所以能进好的学区很重要。而公立学校一般都靠所在区域的地产税来补贴，这就造成高地产税学区的学校获得更多经济支持，教育水平相对较高，然后会吸引更多人入住这个学区，地产价格又会上涨，进而形成“强者越强，弱者越弱”的学区格局。于是，很多人觉得联邦政府应该建立统一的教育标准，让不同地区的差异不会太大，可是对于有着强烈自我意识的美国人来说，他们又不希望联邦政府插手太多。

中美基础教育在学习程度和管理程度上的尺度把握，是我觉得差异最大也最值得进行比较的地方。

可能很多人都注意到了，美国人过分注重孩子的心理素质培养，但学生在数学方面的水平则相对落后，比中国孩子弱很多，很多美国学生报考大学的时候都不愿意选择理工科。但要知道，那些造福人类未来的高科技产业都是需要从业者拥有扎实的理工科基础，这岂不是意味着很多美国下一代正在放弃未来？

在全球经济合作与发展组织（Organization for Economic Co-operation and Development，简称 OECD）2015 年对 76 个国家的教育体系评估中，美国连前 10 名都没有挤进去。同时，统计显示美国在每个学生身上的投资还是位于世界第一的。把两者综合起来就会发现，美国人在教育上花钱最多，但结果未必比别人好。

相比学习上的滑坡，更大的问题还是在教育的管理上。有相当多的美国人承认，美国基础教育过于宽松，导致了很多问题。足够宽松的环境对于那些优秀且自律的人来说无疑是天堂，因为他们可以按照自己的水平和进度，独立地安排学习；而对于那些自控能力弱、家庭教育抓得不紧的孩子来说，很容易因为过于宽松的环境而无所事事，渐渐放松对自己的要求，甚至被帮派文化侵蚀，成为误入歧途的问题少年。

相较而言，中国的基础教育则抓得比较紧，更容易培养出基本功很扎实的人才，但也可能因为过早地给孩子压力，留给孩子的自主选择较少，不利于孩子的多元化发展。如果孩子在学习上没形成自己的兴趣和动力，就很容易变成“为父母而学习”的被动学习者。

我们不妨先从学习时间的长短来做一比较。在中国，学生除了常规的课堂时间，放学后还会有课外辅导，晚上回家常常还有做不完的家庭作业。而在美国的中小学里，课堂学习时间都比较短。我当时读的公立小学，每天上午 8 点半开始上课，下午 3 点半放学。放学之后，学校不会硬性安排课外活动，很多美国孩子放学以后都出去玩了。相比一些亚洲国家每年 260 多天的上课天数来说，美国学生的上学时间只有大约 180 天，连中国学生的 70% 都达不到。

孩子在学校里没有压力，又有大把的自由时间，如果父母都忙于工作，没有足够的时间对子女进行必要的管教，就更容易被帮派文化利用和侵蚀。在美国，“帮派文化”非常普遍，而且呈现出幼龄化趋向。其中一个原因就是美国中小学教育太过宽松和自由，学校教育和家庭教育之间留下了不小的空隙。孩子们放学后空虚无聊，无所事事，在不良分子诱导教唆下有可能滑向社会的阴暗面。对一些尚未建立起正确价值观的孩子来说，帮派是一个更好的“家”，因为在那里会有人关心他，肯为他出头，保护他，带他玩，能让他找到家的感觉。这样发展下去，孩子无疑就会误入歧途。

我曾经在小学时亲身遭遇过帮派少年的袭击。记得某天放学后，我像往常一样走向超市，一边走一边开心地晃动着口袋里的硬币，让它们发出清脆的敲击声。那个年代的美国超市经常在角落里摆放几台大型游戏机，孩子们投几毛钱硬币就可以玩很久，我所在的小学放学早，所以我常在放学后去那里寻找乐趣。

那一天，一个足足比我高了一头的拉丁裔男孩从我身后跑了过来，突然挡在我面前，问我：“Hey man！ Where are you from？”边说边对我做出一个很特别的手势。我觉得有点奇怪，也没有多想，就本能地回答说，

“我是从中国来的。”他听了以后，感觉很不满意，用很奇怪的眼神看了我一眼，然后突然一拳打在我的脸上。毫无防备的我惊讶万分，这个人怎么一言不合就动起手来了呢？我看他人高马大，知道自己肯定打不过他，于是急中生智，朝他身后大喊一声：“妈妈！”趁他扭头看的时候，我转身就跑了。

后来我才知道，他那句“Where are you from?”其实是问我：“你是从哪（一个帮派）来的？”同时打出手势，意在表明自己所属的帮派。但他并没从我这里得到相应的回应，可能感觉我的回答很奇怪，完全不对路，最终的结果就是我莫名其妙地挨了一拳。

我所就读的公立初中不乏小小年纪就加入帮派的孩子。有一次在体育课上排队时，排在我后面的一个男孩有点不耐烦，不停地推搡我和前面的其他同学，还朝前面的同学扔小石子。那时我非常生气，转身就推了后面这个同学一下，这位同学也不甘示弱，于是我们两人当场就扭打成一团。结果体育老师把我们叫到办公室里，批评了一番。

我原本以为这事也就这么结束了，没想到过了几天，在放学回家的路上，一下子窜出三四个比我大好几岁的中学生，把我团团围住。其中一个瘦高个问我有没有欺负他们的兄弟。这时，我眼角的余光瞥见，又有十几个中学生凑了上来。突然被这么多人围住，我紧张得心都要跳了出来。

我当时灵机一动，开始装傻，假装听不懂英文，就用普通话和上海话应付他们。从他们七嘴八舌的一片声讨中，我听明白了个大概，原来这些人和我在体育课上打架的同学都属于同一帮派，现在要“主持公道”，帮兄弟报仇。

敌众我寡，很明显我只能继续说普通话和上海话，跟他们装傻充愣。

这帮人推搡了我几下后，可能觉得有些无聊。其中的一个就说："算了，别管这个人了，他连英文都不会，根本听不懂我们在说什么，我们还是走吧。"于是，这帮人就这么散了，我当时真是吓出了一身冷汗。

就自身而言，我觉得还是比较幸运的，因为我的父母十分关心我。当父亲得知我放学后常把时间荒废在打游戏上，为此拉下了不少功课后，他非常生气。后来他给我订制了一个规则，先给我买了一款任天堂的游戏机，然后规定我考试每拿一个 A，就能获得一款新的游戏。

这个奖励对我的诱惑力实在太大了，于是从那之后，我的学习动力特别充足。从第二个学期开始，我很快就陆续得到了十几个 A，因为这对我来说是拿到新游戏最好的方式。后来父亲发现游戏越买越多，就和我商量换一种奖励方式，每得到一个 A 就去一次迪斯尼乐园。于是在接下来的学年里，我又"疯狂"地去了十几次迪斯尼乐园。现在回想起来，这是父亲作为一名教师采取的一种很聪明的教育方式，充分调动了我的积极性，让我在学习之路上有所成就。

美国近二三十年来的 K12 教育质量的滑坡也直接影响到了美国人心中"凭自己的双手可以创造美好未来"的美国梦。美国人很注重社会流动性，所谓的美国梦和中国古代所说的"寒门出贵子"有点类似，而实现社会流动最重要的一个因素就是教育。如果孩子在基础教育上达不到一定的水平，上不了大学，往社会更上层走的可能性就会很低。

为了改善现状，美国开始逐渐尝试改革教育模式，Charter School（意为"改良后的公立学校"）就是其中的一项尝试。Charter School 的教育路线很接近中式教育模式。比如，常规上课时间和课外活动大幅度增加，上课时长由 180 天延长到 230 天，接近亚洲国家学生的学习时间。同时，狠抓学生在校纪律，要知道，很多美国学生常常会迟到、早退或者中途逃学，上课期间也经常随意玩耍，而这些在中国的中小学里是很少见的。在课外，校方也不再是早早让学生“放羊”，而是安排了很多活动，将放学后的时间填满。这些都是美国人针对近年来美国基础教育方面出现的实际问题而做出的适当调整。

我们可以看到，在一些中国家长抱怨国内的教育体制僵化，觉得西方国家尤其是美国的教育特别注重乐趣和自由，国内一些专家也提倡向西方学习素质教育的时候，美国却有意识地向东方的教育模式靠拢，这是一个很有趣的现象。

我有一个很好的朋友，他以前是美国一家知名企业的总裁，事业发展得很好，他和他的太太也都很注重让孩子接受优质的学校教育。但是，由于夫妻俩都非常忙，对家庭教育有些顾不上。他儿子曾私下跟我说，自己小时候常常和一群同样出身富裕家庭的孩子们混在一起，一同参加社交活动并且吸毒，年纪轻轻就进出戒毒中心很多次，直到后来才走上了正轨。

他儿子是如何走上正轨的呢？他开始尝试做了很多不同的工作，但约束力都不够，常常没干多久就辞职了。直到后来跑去参军，在军队里真正体验到了严明的纪律和约束，生活才得以慢慢地进入正常轨道。

我的朋友其实也意识到了自己在孩子教育方面的松懈。有一次跟我说，他非常后悔，当时买房子选在富裕的白人区，而没有把房子买在亚裔比较多的社区。因为他觉得亚裔孩子都很上进，很有自控力。如果他们一家人和这样的群体做邻居，对他的儿子一定会有更好的影响。

通过分析和比较，我们不难发现，中美两国的基础教育各有千秋。如果能够取长补短，对孩子来说将会是最好的方案：第一，对孩子要有适当的约束和压力，正所谓“不以规矩，不能成方圆”，想让孩子成才，合理管教是必不可少的；第二，让孩子拥有选择权，让他们看到不同的选择机会；第三，保护孩子的创造力，激发他们的自我驱动力，让他们明白学习是为了自己而学。

美国独特的天才教育

虽然美国公立教育的基础阶段看起来有点不理想，但其大学教育却能保持全球领先，其关键可能就在于高中。

与中国相比，美国高中有几点不同：首先，美国高中要读四年，学制为 9 到 12 年级，比中国多一年，有更多的机会学习新的知识。其次，课程设置上与中国相比有着很大的差异。美国高中采取和大学接轨的学分制，除了必修课还有各式各样的选修课，只要学生有时间，有兴趣，就可以学习不同的知识。而在中国高中，学生在校学习的都是国家统一规定的内容。再次，美国高中可以设立一些相当于大学一二年级程度的科目，高中老师的水平也是与之匹配的，而且在美国，本科生读完四年本科课程，还得再读执照课程才能当老师，比中国老师多受一番训练。最后，美国高中有重点与普通之分，在每一所高中里又可以按照学生的程度来分班，学校尊重个体差异，注重因材施教。

我就读的高中是美国洛杉矶的北好莱坞高中（North Hollywood High School），这是一所位于洛杉矶圣费尔南多谷的公立学校，隶属于加利福尼亚州洛杉矶联合校区。这所高中设有中国人常说的尖子班，美国人称为“天才教育”（Highly Gifted Magnet）。我很幸运有机会通过测试后，入读了这里的尖子班。

早在20世纪初，美国就开始试行天才教育，到了20世纪60年代，天才教育在全美已较为普及，基本每个州都会按学区为符合条件的“天才学生”设立这样的尖子班。天才教育与普通教育的最大不同，是会针对这些高智商学生设立更富有挑战性的课程，比如在我就读的学校里，高中阶段就会开设具有一定学术挑战性的大学预备课程，为学生进入顶尖大学做好准备。

所谓天才学生，首先是智商要高，可以被挑选接受天才教育的学生的智商不会低于145。一般来说，天才学生大约会占学生总人数的2%—4%。学生进了这样的尖子班后并不代表着在升学上就高枕无忧了，因为班级里的学生还是会不停地面临淘汰。所以有些美国家长对此并不是很看重，甚至会认为这给孩子增加了额外的负担。

中国家长对此可能会感到奇怪，但这就是在美国发生的真实情况。和国内挤破头都要进尖子班的情况相反，美国的尖子班相对没那么热门。除了有专门的教室，你几乎看不见任何特别的标志。美国的教育理念是每个孩子都是平等的，每个孩子都有自己独到的地方，只是有的孩子学得快，学校有义务为其提供帮助，仅此而已。

我当时在北好莱坞高中就读天才班，班级规模不大，只有40多名学生，而把所有4个年级的学生加起来，也就大概100多人。天才班属于小班制教学模式，因为规模太小，无法配备齐全的教学设备与资源，只能依附周围的大型公立学校，最大化地实现教学设备与资源的共享。

在课堂上，老师也会跟我们提到“先天”和“后天”的差别。我们的物理老师曾很风趣地打过一个比方。他说，在物理学上有两种能量，一种叫潜能，一种叫动能。你将一块石头放在山顶上，因为石头相对于水平面有一定高度，石头就具有潜能，但是潜能自身是无法发动的，只有当外力推动石头时，石头开始滚动才能将潜能变成动能。人也是如此，潜能再高，如果没有推动力做转化，那也没有任何实际意义，只有将潜能转变成动能，才会发挥最大的优势。这段话让我印象非常深刻，我认识到所有人都有潜能，但最终能走多远依靠的是我们的动能，也就是我们后天的努力和奋斗。

后来有人问我，拥有相对较高的智商，是否在学习中会体现出与众不同的优势？说实话，我没有这种感觉。当时身边同学的智商都很高，大家的起点差不多，在这群人里，我没有显现出任何高人一等的才能。然而我觉得有一点很重要，那就是班里的同学们都有一个共同的特点——非常自信，大家都觉得自己能轻松掌握任何知识。老师也在不断向我们灌输这个观点：我教你们的知识不管有多难，你们都一定能掌握。

天才班的老师也着重教学生使用不同的思考方法，培养他们解决难题的能力、挑战固有思维的魄力，帮助他们拓宽思路，从而全面培养和提高学生的学习能力。在平时训练中，老师们会不停地用各种项目来挑战学生，不断激发学生的主动性和独立思考的能力。

中国也分重点学校，或者学校里也分尖子班。有不少人问我，美国的尖子班和中国的尖子班有什么不同？上文中已列举了几点。例如在师资上比较雄厚，以我当时就读的“天才高中”为例，教我们的老师一位是耶鲁大学毕业的，一位是普林斯顿大学毕业的，还有从加州大学伯克利分校毕业的，有的甚至是博士。要知道，不是每一所高中学校都能拥有这样从顶尖大学毕业的教师阵容的。

我个人认为，除了之前所提到的种种差异以外，最大的不同可能就是学生主观能动性方面的差异。

在美国，家长一般不会替自己的孩子做任何的选择，在学习上也同样如此，不会强迫你去读任何课程。我很少听到美国家长对自己的孩子说：你一定要读这个，或你一定要考哪个。他们通常会告诉孩子现在有A、B、C、D等选择，看孩子自己怎么决定。在美国的学校里，也没有人会强迫你去读任何课程，如果你在学校连一门AP课程（Advanced Placement，中文全称为“美国大学预修课程”）都不读，或是只读一两门AP课程，那也完全可以，一切全凭自愿自觉。

主观能动性除了影响美国学生的学习热情，还对他们今后成材方向产生了深远的影响。

几乎每个中国孩子都被问过这样一个问题：你长大了想做什么？我也不例外。我那时想了很久后，回答说：“不知道。”这个答案当时令我的母亲非常沮丧，到现在她仍会时不时地就此念叨几句。她觉得我就应该和其他孩子一样，回答想做科学家、医生或者教授才对。然而我当时的想法其实是我将来可能会做很多事，但到底想做什么，自己还不清楚。

在美国，孩子们同样也会被问到“长大想做什么”的问题。但和中国不同的是，家长和老师并不介意孩子说出的答案本身，你可以说想做教授、科学家、企业家，这很好；想做饶舌歌手，做环保先锋，也不错。在美国，每个人的选择特别多，有好的，也有坏的，但父母和老师往往不帮你做决定。既然都是孩子自己思考之后做出的决定，那他们也更容易认可这样的选择和决定，并为之不断付出努力。

这就无形中做了一个自然筛选。进入天才班的学生基本上都不是被家长逼迫的，相反他们很有学习热情和进取心，因为这是他们自己想清楚后的选择。于是，天才班就形成了很好的学习氛围。当你周围的同学们都非常优秀，在学习上勤奋钻研、触类旁通，你的老师又那么学识渊博、才华出众，给你的机会如此之好，那你毫无例外也会非常努力。

将来，这些有潜力的、经过自我思考和更多准备的孩子在大学里的表现会更为出色。比如普通高中生可能在整个高中时期最多修 2—3 门 AP 课程，我却因独特的天才教育模式和同学间的良性竞争，高中四年总共修完了 15 门 AP 课程，每门功课的分数都在 4 到 5 分之间。所以在还没有进大学之前，我就积累了 15 个大学学分，差不多是大学前两年的学分总和。

美国教育既提倡平等，又提供个性化的机会，在保证每个学生享有平等教育机会的同时，个性化教育使精英更容易脱颖而出。美国上至联邦教育部、各州教育主管部门，下至各城市的各个学校，都非常重视天才教育。在美国很多个州，天才教育得到法律支持，还能获得一定的经费支持。

美国人认为人的天分应该得到认可和培养，而不是被埋没。天才教育很有针对性地为天才少年们提供了更独特、更宽阔、更有深度的教育机会，当天才少年们遇到了和他们智力相当或者更优秀的同类时，他们就可以非常直接地就感兴趣的话题自由交谈和合作研究，这些经历的价值是无法估量的，也将使孩子们受益终身。

进入常春藤名校的重要关卡

古语云："凡事预则立，不预则废。"《诗经 · 豳风 · 鸱鸮》中也有类似的一个典故，叫"未雨绸缪"。为什么要特别提到这两句话呢？因为如果想进入常春藤学校，也就是美国最顶尖的那批高等学府，学生必须做好充分的准备。

在美国申请大学，尤其是常春藤名校，有一个很特别的环节叫“提早申请”，分为两种。一种叫 Early Action，简称 EA，允许学生在提早申请中同时申请多所学校，没有排他性；另一种叫 Early Decision，简称 ED，是提早申请中最严格的一种方式，只允许学生申请一所学校，一旦被录取就必须去该所学校就读，并拒绝掉其他录取你的学校。“提早申请”是和“常规录取”（Regular Decision）相对而言的，通常比后者要早一点递交申请，也相应地更早知道录取结果，例如 10 月递交，12 月底就能收到结果通知。

EA 是没有捆绑承诺的，在申请时不需要签订任何协议，也不需要学生做保证。学生被录取后，也并非一定要去，但要在规定时间前给予学校回复。在提早申请阶段没有成功的学生，可以继续常规申请。所以，提早申请是一个很好的“保底”选择。另外，就录取情况来看，提早申请的人数更少，但录取的比例更高。

学校希望接触并招收更多优秀的学生，都很重视提早申请。和中国一样，美国名校为了吸引最优秀的学生，彼此之间也存在竞争。我那一届天才班里就有三位同学获得了哈佛大学的优先录取。总的来说，由于顶尖大学的录取名额非常有限，而且在提早申请时往往已经锁定了名额的 40%，因此到了常规申请阶段，竞争也会更加激烈。

现在那些准备申请美国名校的中国孩子都很幸运，他们比以前的人有更多信息、更多支持和更充分的准备。回想我高中毕业前的情形，可以说是天壤之别，因为从来没人告诉过我，要进一所好的大学得提早规划和提早申请。

我短暂经历过美国的小学教育，而父亲在我刚考入中学没多久就去世了，母亲需要独自支撑家庭，平时非常辛劳。所以，我只能靠自己来解决这个问题。在申请大学时，我对提早申请这一环节几乎一无所知，只在可以申报的常规时间段向排名前八位的大学递交了申请。现在回想起来真为自己捏了把汗，因为这八所顶尖大学无一例外都有设置提早申请，也就是说，我去竞争的只是那 60% 的名额。

相反，我有很多同学的父母在他们读小学时就开始帮他们做规划了。因为好的大学在招生时不只是看学生的考试成绩，更要考量学生的整体素质，而素质的提高不是靠一天两天就能做到的，因此提前准备就显得尤为重要。

相信很多中国学生跟从前的我一样，以为考大学和自己一直以来的升学经历类似，也是一件“一考定乾坤”的事情。但在美国，这完全是另一回事，远不是靠一场考试就能闯进名校的。因为越是顶尖的大学，对学生的挑选就越严格，如果没有一个长期、完整的规划，学生就很难获得优异表现。

从机遇角度看，申请大学将是孩子一个重要的人生转折点。不少孩子（包括当时的我）常常认为，只要做好当下就可以了，未来怎样并不完全由我决定。但其实如果积极地去规划自己的人生，很多时候是有机会主导自己命运的。入读什么样的大学，毫无疑问就是一次改变自己命运的机会。

总的来说，在美国申请顶尖大学要做好五个方面的准备。

第一，要有一个好的 GPA（Grade Point Average，平均成绩点数）成绩以及排名。

因为这个成绩可以反映你在高中时期的整体学习水平。有些大学还将高中时期的成绩排名作为必要参考，虽说排名制度可能会给学生带来不必要的压力，但成绩高低和排名先后的确是评判学生学业表现最直接的证据，使大学的招生官能更直观地评价学生的学术能力。

美国多数大学对申请人的 GPA 成绩都有最低规定，成绩达不到最低要求的学生是不予考虑的。GPA 的计算方式一般是将每门课程的成绩乘以这门课程的学分，加起来的总和再除以总的学分。GPA 成绩最低是 0 分，满分是 4.0。

提高 GPA 成绩的窍门就是选择参加 AP 课程。AP 课程及考试始于 1955 年，由美国大学理事会（College Board）主办，在高中阶段开设的具有大学水平的课程，共有 22 个门类、37 个学科。该项考试使高中学生有机会提前接触大学课程，完成美国大学的一些课程及考试，获得相应学分。

之前讲到，我就读的天才高中在课程设置上不同于普通中学，提供了更多提前学习和获得成绩的机会，其中最重要的途径就是学生可以有选择性地上一些 AP 课程。AP 课程成绩是美国各大学录取学生的重要依据，AP 课程满分是 5.0，所以 AP 课程成绩可增加 GPA 分值。我那时一共上了 15 门 AP 课程，而且每门分数都在 4 到 5 分之间，这也使得我当时的高中 GPA 成绩为 4.53。

超过 40 个国家、3000 多所大学都承认 AP 课程成绩，其中包括哈佛、耶鲁这样的著名大学。参加 AP 考试科目多、考分高的学生往往还被这些名校另眼相看。一方面，AP 成绩是学生对自己学习能力和发展潜力的最好证明。因为选择参加 AP 课程的学生首先必须通过普通课程，因此，能参加 AP 课程学习本身已经是优秀学生的体现，说明是学有余力的。另一方面，这是美国名校确信学生敢于挑战学术难度、明确学术发展方向的最重要指标。由于 AP 课程是美国大学一二年级的内容，比中学学习内容难度大，因此名校能够从学生在中学期间是否选修 AP、选修多少门等情况，判断学生挑战困难的信心和能力。

选修 AP 的好处不只是提高 GPA 成绩，学生入读大学后还能用它抵扣相应课程的学分。一般来说，AP 取得 3 分就可以抵普通大学的 1 个学分，顶尖大学通常会要求 4 分或 5 分才能抵 1 个学分。我在高中上的 15 个 AP 课程让我最终获得了 15 个大学学分，这几乎相当于大学两年学分的总和。这也是我后来在斯坦福大学可以同时获得三个学位的重要原因。因为提早获得那么多学分，我在大学的起点就更高，比别人有更多时间去学习其他课程，也可以比别人提前毕业。

美国的初等教育是免费的，而高等教育是收费的。完全可以利用中学免费教育的时间，提前完成美国大学的一些课程及考试。也就是说，AP 课程及考试可以为高中生起到提高 GPA 成绩、充抵大学学分、降低大学教育成本、缩短大学教育时间的重要作用。另外，对学习该课程的中国学生而言，除了可获取美国大学学分、省时省钱外，还可以提前解决初入美国大学适应难的问题。

2016 年，普林斯顿大学录取的学生里有 94.5% 在高中阶段班级排名前十，在耶鲁大学和哥伦比亚大学同类数字分别是 95% 和 90%。成绩排名不是大学申请时唯一的决定性因素，但不能否认其重要性。考试成绩好、GPA 分数高的学生还有更多获得大学奖学金的机会，有些学校的奖学金申请甚至直接要求学生达到某种程度的班级排名。

由于教育体系和政策不同，中国高中生的平时考试成绩并不存档，中国学生在申请美国大学时不太能够提供与美国 GPA 相应的成绩，相对吃亏一些。入读美国高中，学习AP、IB（IB是国际文凭组织IBO即International Baccalaureate Organization为全球学生开设从幼儿园到大学预科的课程，如果获得IB成绩，不仅可以申请英国大学，还同样可以申请如美国、澳大利亚、加拿大等世界上100多个国家的上千所大学）这些在国际范围比较通行的课程，会让申请美国大学的中国孩子在平时成绩方面更有说服力。

第二，申请好大学要有一个好的SAT（Scholastic Assessment Test）成绩。

说到SAT，中国留学生都不陌生，它由美国大学委员会（College Board）主办，其成绩是美国大学考察国外学生是否符合入学标准的必备条件之一，也是世界各国高中生申请美国大学奖学金的重要参考，它与ACT（American College Test）都被称为美国高考。近年来，SAT考试几乎成了中国的第二高考。

2016年改革后，新SAT总分共1600分（旧版本满分为2400分），分为数学和阅读写作两部分，写作改为选考。由美国教育考试服务中心（Educational Testing Service）承担其命题及阅卷工作。SAT成绩的重要意义在于让大学从学术成绩上公平地评价所有申请者，但是它只是录取学生时参考的材料之一，不像高考一样起完全决定性的因素，其成绩有效期为5年。

在美国，普通学生一般都是十五六岁正式报考SAT，我就是在十六岁时参加考试的。当时我的考试成绩是1520分（满分1600），这也让我后来在填报大学的时候很有底气。但其实，美国SAT考试对考生的年龄是没有限制的，我后来才知道这个情况。我的很多同学早在八九岁时就开始参加

SAT 考试了，而且还会考好几次，想象一下这有多么恐怖吧——美国的尖子生从小学开始就参加高考！

也许有人会问，美国不是倡导快乐教育和素质教育吗，为什么也有类似“赢在起跑线”的情况？事实就是：这的的确确就是美国精英教育的一部分。

让小学生去参加 SAT 考试的好处有很多。首先，在考试中锻炼心理素质。有了这个经历，不管最后分数如何，经过几次实战，临场心理素质会得到提高，考试成绩也会得到较快提升。其次，培养孩子的自信心。很多美国家长在孩子小的时候就注重培养孩子自信的意识。“你完全有能力做得到！”家长们喜欢鼓励孩子去试着完成那些貌似不能完成的任务。试想一下，如果你在很小的时候就可以取得不错的 SAT 成绩，那么在学习的路上是不是做什么事情都会充满信心呢？

另外，SAT 成绩可以成为进入顶尖夏令营的敲门砖，提前得到顶尖大学的青睐。美国的一些顶尖名校会在暑期推出针对不同年龄层的“精英夏令营”，这些夏令营一般不收取费用，但甄选的标准非常严格，SAT 成绩就是必备的条件之一。

如果很小就参加了 SAT 考试，并且成绩非常不错，那你就有机会被挑选进入这些精英夏令营。在那里，学生们可以很早就切身感受到顶尖大学的校园文化，结识很多优秀的学生。试想一下，如果孩子在小时候就有机会进入名校学习，尽早地融入学校的氛围，当孩子慢慢在这种环境下成长起来后，进名校也就成为理所当然的事情了。在这一点上，无论中国还是美国，家长望子成龙、望女成凤的心态都是一样的。只是中国父母可能更偏重孩子基础知识的学习；而美国父母则更侧重于自信心或自主能力的培养。

第三，具备个人特色的综合表现，一般包括各类竞赛、社会实践和体育活动等方面。

美国名校比较青睐参加过各类具有含金量的竞赛的申请者，尤其是那些拥有国际性竞赛或者美国国内顶尖竞赛经历的孩子。这些竞赛包括奥林匹克各科竞赛（数学、物理、化学、生物等），国际级的科技大赛（例如英特尔国际科学与工程大奖赛），美国国内官方认可的高级别竞赛（例如全国中学生学科竞赛、美国数学邀请赛），也包括一些机构和学校自己举办的著名竞赛（例如卡内基－梅隆青少年机器人大赛、斯坦福大学全球数学邀请赛等）。

有资格参加这些竞赛的孩子都是比较优秀的，而美国名校会关注竞赛本身的含金量，也会看孩子在竞赛中获得什么样的名次或成绩。其实不论这个竞赛的等级如何、孩子的名次如何，家长都应该鼓励孩子参加，因为一方面这是孩子的兴趣爱好的延伸，另一方面也是很不错的活动体验。

对于美国国内的学生来说，在课外的兴趣培养和竞赛成绩的提高方面，他们还有一个很好的选择，就是直接申请去大学里参加一些兴趣班和提高班。

我的一个高中同学就申请了并被麻省理工学院选中，进入它的暑期数学班学习。当知道这个消息后，我也马上找到了我的数学老师，看还有没有机会可以加入。可数学老师遗憾地告诉我，麻省理工学院的暑期数学班已经报满了，目前还可以申请的是加州州立大学北岭分校（California State University，Northridge）里一个针对高中生的数学班。

我随即递交了申请，没过多久就收到了录取信。这个数学班主要教授数学理论，整个学习过程让我受益良多。在那里，我第一次接触到了数学软件。20 世纪 90 年代，在大多数数学题目都还靠手工计算的情况下，这个软件着实让我震惊。再复杂的数学难题，只要输入正确的公式和必要的参数，它就会在极短时间内给你一个非常精确的答案，这是人工方式完全不能企及的。这次学习引发了我对电脑及高科技产品的浓厚兴趣，也成为我日后选择进入高科技行业的重要启蒙。

除了参加各类竞赛和特色课程，学生的综合表现还包括社会实践。美国大学认为学习成绩和竞赛成绩只能说明学术能力强，并不足以反映成功所需具备的其他要素。很多顶尖名校在招生简章上就明确提出最欢迎那些综合表现优异的申请者。哈佛大学欢迎“来自世界各地的，有不同背景、才能和兴趣的学生”，耶鲁大学提到“被录取的绝大多数学生是能在人群中脱颖而出的”，斯坦福大学则表示“只有在一个充满生机的、多样化的群体中，教育才能发展”。

现在拥有优异学习成绩的中国孩子已经越来越多，但顶尖大学的招生数量并没有怎么增加，想要脱颖而出，孩子就需要在课外活动和社会实践上更好地证明自己。如果只是普通的社会实践，是很难让人眼前一亮的。

从中学开始，父母就经常鼓励我利用假期做一些力所能及的工作。每到暑假，我就选择去一些餐厅打工，既能赚到一点钱，又可以积累社会经验，自己也感到很充实。但后来发现，这跟我的同学们相比一点都不出彩，他们会做一些更有意义的工作，比如去一些不发达国家帮助那里的人做一些基础教育工作，为一些缺水的国家或地区募集资金建立水窖，又或者自己建立一个有意义的组织，成为组织中的核心人物，负责建立、组织和协调整个组织的活动。

在我看来，每个人都有自己的特点和长处，其实不需要一味跟随或效仿别人。在课外活动和社会实践上也一样，只要这个经验能更好地体现你的自身价值，那就是应该尝试和坚持的方向。明白这一点后，我后来有了三年博物馆志愿者的经历，并且把它写进了我的大学申请里。

当我第一次去洛杉矶的亚太博物馆参观时，就喜欢上了那里。博物馆里可供学习的东西非常多，来自中国和其他亚洲国家的藏品非常丰富，每一件藏品背后都有一个故事、一段历史，折射出所在年代的人文风情和历史文化，如果就此再深入研究下去，还可以探索出当时社会发展变化的深刻原因。恰好当时博物馆在招募志愿者，于是我提交申请并成功地成为博物馆的志愿者。

之后，我坚持做了三年的博物馆志愿者工作，在此期间培养了艺术品知识，更重要的是做了很多努力来吸引更多的人到博物馆参观，增强他们和亚洲文化的交流互动，让美国人更了解亚洲尤其是中国艺术。在后来回国创业的时候，我还创办了一个名为“现代人”的中国当代艺术鉴赏公益组织。这个组织的创办灵感就是得益于我高中时做志愿者的那段经历。

在课外活动和社会实践方面，下面这 10 项是美国大学经常作为对申请者的衡量标准：

1. 是否具有影响力？

2. 是否开发了一项有价值的产品，或是对某一活动做出重要贡献？

3. 是否学到了一些东西，或者培养出一种技能或天赋？

4. 是否达到了目标？

5. 有否成为一些重要活动的创始人或者创造了“第一个”？

6. 通过几年的努力，是否在组织中从普通成员上升为领导级别？

7. 是否改变一个组织的性质或使其更好、更有效？

8. 是否赢得一些奖项、荣誉、报道、排名，或是收到感谢信？

9. 是否体现出能力、效率、高能级、冒险性、责任感、好奇心、毅力、合作、持续的承诺、成熟、个性、激情和专注？

10. 是否表达你对生命和他人的兴趣，帮助他人和社会，珍惜感恩每个你拥有的机会？

此外，在学生申请美国大学时的综合表现中，体育绝对是必不可少的一项。

NBA（美国男子职业篮球联赛）中曾有一个华裔球星叫林书豪，他在2012年赛季中一举成名，也让他的母校哈佛大学在体育领域扬眉吐气。其实加州大学洛杉矶分校和斯坦福大学都错失了这位篮球明星，在林书豪申请篮球奖学金时并没有给他很满意的答复，最后他被哈佛大学招入麾下。有人开玩笑说，在哈佛大学想进NBA比进白宫还要难，因为哈佛大学历史上只出过四名NBA球员，但至今已经出过八位总统。

在美国的大学中，篮球和橄榄球运动是很有影响力的，很多学生喜欢这所大学，也是因为最早喜欢了这所学校的球队，这点在中国几乎是看不到的。

为什么说体育好的学生在申请美国名校时很有优势呢？

首先，在美国，校园体育是一门很大的生意，比如美国大学体育协会（National Collegiate Athletic Association，简称NCAA）所组织的男篮锦标赛里就有一个经典的名词，叫“三月疯狂”（March Madness），它的由来是美国NCAA男篮锦标赛决赛每年都在3月举行，全美上千所大学都会在这个时候为之疯狂，美国各个重要媒体都会争相报道赛事情况，各种广告赞助蜂拥而至。有钱的校友也会支持校队，除了买票看球，每年还会不断捐钱给学校，支持母校的体育事业，学校的人气和精神也随之上扬。这就是体育带给校园、商业和社会的巨大魅力。

除此之外，美国人也认为体育能锻炼人格和意志，不仅仅是能强身健体。在美国，从幼儿园开始，父母总是很乐意并且永远抽得出时间做孩子的足球或棒球教练。大多数美国家长认为，体育能锻炼孩子的人格和品质，能提高孩子在团队活动中的合作能力和领导能力，也为孩子创造了吃苦和体验失败的机会。

我的很多同学从小学开始，父母就会为他们精心挑选一个合适的体育项目。我的一些亚裔同学都选择了网球，甚至经过几年努力后还参加了正式的比赛。因为在这项运动上，亚裔有自己的优势，比如身体灵活，反应快，同时还能避免亚裔在身体直接对抗方面的劣势。

由于我觉醒得比较晚，所以在体育学习上发生了“没得选”和“不得不选”的尴尬故事。本来读高中时，我想选报最感兴趣的篮球课程。那时我的体育老师既负责田径队，又负责篮球队。他对我说：“篮球队招满了，不需要人了。要不你就来田径队吧！”我一脸懵懂地说：“那练什么项目呢？”他回答我：“铅球还没人来练习，你就丢铅球吧！”于是，我就正式加入了高中田径队，开始掷铅球。

当时我 16 岁，身高 1.76 米，体重 58 公斤。大家可以脑补一下我在操场上反复练习、奋力掷铅球的画面。这个项目一般很少有亚裔学生参加，因为所有人都觉得亚洲人掷铅球是一件非常荒谬的事情。可是我当时没有意识到，不但参加了，还很努力地训练。一年以后，我竟然有机会参加城市锦标赛。本来非常兴奋，但是当我站在赛场上，看见旁边站着的竞争对手都是身高 1.9 米以上、体重 90 公斤以上的壮汉时，我才发觉，虽然我很努力，但在这个项目上我真的是毫无优势可言。

不过这个经历在我申请大学的面试中倒成了一个很特别的话题。当面试官和我谈到有关运动话题的时候，他们都会很惊讶，问我怎么会选择这项田径运动。还问我是不是有些什么过人之处，因为一个个子不高、体格也不强壮的亚裔男孩，怎么看都不是掷铅球的“料”。我很认真地做了回答：“很多人觉得掷铅球是一项考验力量的运动，这点的确没错。但如果纯靠力量，你不会成为一名优秀的运动员，甚至可能让自己受伤。这项运动从持球方法到滑步移动，再到发力支撑和出手角度，都有一系列的专业技巧。与别人相比，我的确没有身体优势，但拥有毅力和对技巧的熟练掌握却是我的独有优势。”没想到我的这番回答展现了迎难而上的精神，为我增分不少，给面试官留下了深刻的印象。

我后来总结了一下身边进入顶尖名校的同学在申请时的综合情况，发现他们不仅课内成绩优异，课外表现也十分出色。其中很多人从小就参加各种类型的课外活动，比如奥林匹克竞赛、演讲比赛、作文比赛等。他们也会自己组织一些有趣的校外活动小组，在其中扮演领导角色。同时，他们还都有一两项很擅长的体育项目，通过体育锻炼自己的身体和意志，这种优势也一直延续到他们后来的工作和事业中。

第四，提供让人印象深刻的个人文书。

与可以量化的 GPA 成绩、SAT 成绩不同，课外活动、社会实践和个人文书都属于很主观的个人表现，加上录取标准的不透明，很多中国学生都觉得其中的套路很难掌握。有数据显示，斯坦福大学连续 5 年的申请人里有超过60%的人拥有全A的GPA成绩和满分的SAT成绩，但最终录取人数却不足申请人数的10%。所以在可量化的考试成绩上，学生们已经拼到了极致，似乎个人文书就变成了决定成败的关键因素。但实际上，跟中国高考语文中的作文一样，招生官在每份申请材料上的审阅时间都不会太长，在短短数十分钟内就要浏览完所有的申请文件，包括成绩单、个人文书和推荐信。

到底什么样的个人文书才能脱颖而出，在有限的时间里赢得招生官的青睐呢？最关键的一点就是讲述你的独特，深挖一两项优势，而不必面面俱到。

当时，我很清楚自己在课外竞赛、体育活动、社会经历等方面没有什么优势，同学们参加的很多活动我甚至连听都没听过，但是我观察到很多同学在个人文书方面都围绕“做了什么”而写，我想我可以有些地方跟他们不一样。

与其他同学相比，我独特的心路历程是他们不可能具有的。我10岁就漂洋过海来到美国，我内心的特殊感受是其他同学无法体验的，例如面对截然不同的中美文化和两者之间巨大的差异，我该如何分辨、选择和融合。一个十几岁的孩子如果能把这样的心路历程思考得很深入，讲解得很清楚，描写得很生动，那我肯定也可以与众不同。

招生官想遇到的是一个真实的人，想看到一个知道自己喜欢什么、擅长什么并为之投入大量精力和热情的人，也想为学校发掘一个有血有肉有思想的人、一个能够诚实地面对自己内心和过去并不断思索未来的人。于是我就按照这样的思路写出了一篇个人文书，成功使自己脱颖而出。

另外，在那么短的时间里，抽象地说理也很难给招生官留下深刻的印象。说理固然能体现逻辑思维和思辨能力，但也容易让人感到乏味，相对具体的人物和事件反而能令人印象深刻。在文书撰写中也不需要一味堆砌华丽的辞藻，而应该注意让人产生情感上的共鸣。

第五，要有人写推荐信。

推荐信在申请大学时起到的作用是让学校知道别人是怎么看待你的，尤其是别人如何评价你的性格、品德、团队精神、社会价值和未来潜力。如果一个很知名的人为你写了一封入学推荐信，那效果一定是很好的。

但大部分学生都出生在普通家庭，不可能人人都拿得出名人的推荐信。那该怎么办呢？我当时所能做到的就是让我的老师为我写推荐信，而其他同学在这方面却很能另辟蹊径。

在美国有一种大学叫社区大学（community college），一般来说社区大学不是很好的大学，有点类似国内的大专。这些大学允许高中生去进修，如果能通过里面的考试，还可以拿到学分，这些学分在今后的四年制大学中也是可以累计的。

我的很多高中同学会抽空去社区学校进修，提前拿大学学分，这使他们在大学申请上有很大的竞争力。而更重要的一点是，在进修期间他们会积极地跟社区大学的教授建立良好的关系。平时或者暑假期间，他们会参与或协助教授们做一些实验和材料整理的工作。在正式申请大学的时候，他们拿出的推荐信就非常有竞争力，因为不单单有高中老师写的，还有大学教授写的，甚至还有一些著名社区组织的领导人写的。

坦白地说，我最后能够进入美国顶尖大学学习，是非常幸运的。和我那些同学们相比，除了考试成绩和个人作文，我在其他方面的表现都没有做到更好。就像本节开头所说的，做事要未雨绸缪，幸运不会一直发生，机会总是青睐那些有准备的人。我希望通过分享自己这些经历、心得和总结，能够帮助更多中国家庭的孩子提前做好充分准备，让更多的中国孩子有机会进入常春藤名校。

找到最适合自己的名校

之前讲的五个方面是有志考入顶尖名校的学生需要好好准备的，但这还不是全部。

经过一年多的奋起直追，在最终正式申请大学的时候，我的申请简历虽然不完美，但也过得去：GPA 成绩属于优秀；SAT 考了 1520 分；综合表现方面相对较弱，只参加过一次加州州立大学的数学班，加入过学校组织的一个电脑俱乐部；体育项目选的是亚裔学生很不擅长的田径，虽然最后进入了城市锦标赛，但没有获得任何名次；社会实践方面也欠缺很多，只在洛杉矶亚太博物馆做过志愿者；个人文书写了自己独特的中美经历和心路历程；再加上高中老师写的三封推荐信。我的这份简历和一般学生相比也算"光彩照人"，但要和天才班上的同班同学比起来就逊色很多，如果放在今天跟中国的学霸们相比，也是有一定差距的。

我跟母亲商量了一下，向当时排名前八名的院校提交了申请。一切看上去都按部就班，顺其自然就好了。直到有一天，一个同学彻底颠覆了我的认识。

那天，这位同学很高兴地跟我打招呼说："嘿，Zheng，你知道吗？这个假期我和父母一起去看了一些大学。"

"哦，你去大学了？"我有些愕然，因为我从来没想到可以先去考察大学，毕竟不管上初中还是高中，全都是确定学校后才去上学的啊。

他很自然地接着话题继续问我说：“对啊。你去参观过什么大学吗？”

我的回答当然是没有。

“那你应该去看看。”他接着说：“挺有趣的，每所大学都有自己独特的历史。更重要的是，你可以感受到，哪个类型的大学更适合你。”

他的表情很认真，在兴奋中带着对未来的向往憧憬，又有几分忐忑。与之相反的是，我感到有些慌张，因为当时我开始收到大学发来的面试通知。之前我竟然不知道几乎所有的常春藤大学都需要面试，我没有去过这些院校，没有面试经验，没人给我做过面试模拟，我不知道面试官会问我什么问题，也不知道如何回答问题才能获得青睐。

当面试官面试我这么一个素未谋面的申请者时，我想肯定会让我介绍一下自己。在思忖了很久之后，我把切入点定格为“身份”（identity）。我认为我具备竞争力之处就在于我来自中国。

在美国，由身份的差异而引起的文化上的认同感，一直是不同阶层争论的话题。美国的文化是多元文化，是经过接触、冲突、融合等过程最终形成的一个复杂综合体。从这个意义上说，美国人的身份也不是单一、静态和封闭的，而是复杂、变化和开放的。

中国有着上下五千年的悠久历史，中国文化博大精深，世界闻名。因此，有着黄皮肤、黑眼睛但又说着流利美语的我，经常在美国被好奇者围观和提问。那时候我来到美国也将近十年，已经非常了解中美文化的差异。我很幸运，也很特别，因为我继承了一个古老文明的智慧，也萌发着对一个现代文明的思考。那么我更应该考虑的是怎样为这两者做贡献，怎样实现自己的人生价值和理想。

那为什么我在面试时不分享一下自己的经历，讲一些自己的思考呢？这不就是我独一无二的地方吗？我相信自己能和面试官分享很多故事和感悟。

有了这些准备，我和哈佛大学的面试官相谈甚欢。虽然最终我去了斯坦福大学，但仍然对经历的那次哈佛大学面试印象深刻。面试那天，话题是“我是谁，我想成为谁”。这个话题正中我的下怀，我很顺畅地讲述了中美文化之间的差异和共同点，以及我希望做些什么事情来融合两种文化并创造自己特有的价值。面试结束的时候，面试官竟然直接告诉我：“你是我今年碰到的最喜欢的学生，我肯定要推举你进入哈佛大学！”

哈佛大学欢迎“来自世界各地的，有不同背景、才能、兴趣的学生”，所以当我以“身份”作为面试切入点的时候，我和哈佛大学的面试官擦出了火花。其他几所常春藤学校也有自己的特点，例如：耶鲁大学就是出了名的培养律师、法官和政治人才的地方，曾经它有这么一段宣传语：“来到这里，你能追寻老布什、克林顿、小布什的步伐，我们会告诉你怎么去治理一个国家。”而爱因斯坦曾执教过的普林斯顿大学就显得更偏重教学和学术研究。普林斯顿大学没有设置商学院、法学院和医学院这三个美国高等教育中最具经济价值和影响力的学院，这反倒将其与一般的大学区别开来，和金钱划出了一定的界限，从而进行最纯粹的教学和人才培养，所以普林斯顿大学拥有着严谨、庄重和纯正的学术气氛。中国学生在申请美国名校时一定要花些时间去了解它们背后的历史和特点，才能知道自己更适合哪所学校。

世事难料，没想到我和哈佛大学擦出的火花很快就熄灭了。面试结束的几个星期之后，那位哈佛大学的面试官突然打电话给我说：“实在不好意思，虽然我非常喜欢你，想把你招进来，但是哈佛在EA阶段已经确定了你那所高中的招生名额，而且这些名额已经用完了，因此你只能被排在等候名单上了……”

什么叫等候名单？原来是指只有确定被录取的学生自己放弃了，你才有机会顶替这个名额。这就是之前介绍的EA的重要体现，只有事先了解大学录取的流程和时间表，才能不致踏空申请的最佳时间。当时我就这样错过了去哈佛大学读书的机会。

除了被哈佛大学列入等候名单，我也陆续收到了斯坦福大学、加州理工学院、耶鲁大学、宾州大学和加州大学伯克利分校的正式录取通知书。我对这几所大学都不是很了解，同学们建议我应该自己去这些学校看看，只有亲身经历和感受这些学校的氛围和环境，才能做出最正确的决定。

我先去了加州理工学院，因为它离我家最近，而且距离我做志愿者的亚太博物馆只有短短几分钟的路程！我花了一天时间参观了整个校园，但它给我的感觉是“太专业”了！

如果你是纯理工科的狂热爱好者，加州理工学院绝对适合你，你不仅会碰到志同道合的人，还能学到最前沿的专业知识。加州理工学院附近还有美国国家航空航天局的一个实验室——喷气推进实验室（Jet Propulsion Laboratory），是美国无人飞行器探索太阳系的一个研究中心。据说该中心参与研制的无人飞行器已经到过太阳系全部已知的行星。实验室和加州理工学院的师生们有着非常好的学术互动。

虽然我很喜欢理工科，可是对人文、历史和艺术等方面也很感兴趣，如果选择加州理工学院的话，可能就没有太多机会去了解人文学科了，因此我放弃了去那里读书的想法。

我考察的第二所学校是耶鲁大学。当时我参加了耶鲁大学的新生欢迎会。这个欢迎会是我的一位高中女同学的父亲举办的，他是耶鲁大学南加州校友会的会长。我通过和这位女同学的交谈了解到，原来这些顶尖大学都有一个传承的概念，如果你的祖辈、父辈或是其他亲友曾经在这所学校学习过，那么你进这所学校的机会就会比其他人大得多。我的这位同学就是如此，她的学业成绩并不是很出彩，但是她在社会实践和综合能力方面发展得很不错，加上她父亲的推荐，所以也获得了耶鲁大学的青睐。

欢迎会上播放了一段介绍耶鲁大学的短片。短片大概是在四月份拍的，很多学生还在滑雪。作为一个在温暖的加州住习惯了的人，而且对纯文科不是最感兴趣的我，当时就决定了放弃耶鲁。然后，就只剩下位于北加州的斯坦福大学了。本来我还很担心这所学校万一也不喜欢，可就难办了。可是一来到这所学校，我就真正爱上了它。

斯坦福大学为收到录取通知书的新生专门安排一个周末作为开放日，让每个新生都有机会充分了解这所学校，包括学校的历史背景、文化传统、校园环境和师资力量等。斯坦福大学校园环境特别美，有着加州特有的明媚阳光和清爽宜人的气候。学校不仅有最好的理工系，也有很棒的文学系，像这样在各个专业上都具有优势的学校是很少见的，对我来说很有吸引力。

斯坦福的校园文化是“推崇自由与创新，追求科学与进步”，这也是我选择斯坦福最重要的原因。美国历史悠久的几所常春藤名校都有自己的校徽，校徽上大都写有拉丁文，代表着这所学校的悠久历史，也反映着独特的校园文化。例如哈佛的校徽上就写有“Veritas”，意为“真理”。斯坦福大学非常特别，它的校训是用德文写的“Die Luft der Freiheit weht”（自由之风劲吹）。因为在 19 世纪学校初创时期，自由与创新之风席卷世界，当时的德国科技发达，德文被普遍视为代表科学的语言。于是在 1891 年斯坦福大学建校时，校徽上就用德文写下这句话，意味着推崇自由与创新，追求科学与进步。

斯坦福大学是一个创新圣地，针对创新有着一系列的激励措施。

首先，它提出了非常具有突破性的理念，那就是要把学术和企业进行融合。之前教育界一致认为：学校应该和企业保持一段距离，教育就是教育，不能受到商业的“污染”；而企业就是企业，和教育不应有关联；企业是实践和应用，学校是纯粹的研究，两者的差异很大。

斯坦福大学却在这方面完全打破了固有的传统模式。学校认为，大学就应该积极地去考虑如何将学术研究成果转化成商业上的实践和运用，企业也应该将实践中的一些问题放在学校研究的平台上来共同探讨，通过这样的结合发挥两者的优势，创造最大价值。今天大家都能接受这个理念，但在当时却是非常超前的理念，也非常具有争议性。

其次，斯坦福大学为了鼓励创新，在教育体制上也做了很多尝试。比如，美国很多大学并不希望老师在教学的同时又参与企业经营。但斯坦福大学很早就鼓励老师走出校园，去企业做顾问或参与企业经营，甚至允许教授可以暂时离开学校，在外面创业一段时间再回来教书。而学生如果愿意休学一段时间去创业，学校也非常支持。这在一定程度上是帮助学生将创业成本降到了最低。

斯坦福大学还开设了各种有关创新与创业的课程，而与此相关的学生组织也得到学校的大力支持。斯坦福大学很早就认识到创业和创新需要多方面的结合，就好比硬件和软件的结合、技术和设计的结合等，所以创造各种机会让学生打破专业隔阂，将不同学科的教授聚在一起，建立一些跨学科的课程，给学生更多的选择机会和融合机会，这些都为学生在将来创业和创新做了很好的支持和准备。比如当时学校设有 Symbolic Systems 的学位，有点类似计算机专业和哲学专业的结合，就让我觉得非常有意思。

在国内的大学，你选定自己想读的专业后，你的课程一般也就确定下来了。而在美国的大学，你可以根据个人喜好，选择自己想上的课程，跨专业的课程也没问题，甚至还可以定制自己想读的学位，这叫“独立专业”（Independent Major）。

斯坦福大学下设有设计学院，就叫“Design School”，简称“D School”。学院创始人是戴维·凯利（David Kelley）教授，他也是美国著名创新设计咨询公司 IDEO 的创始人。当年，他曾帮乔布斯设计了苹果公司的第一款鼠标，之后还设计了很多里程碑式的产品。

戴维·凯利教授认为高科技产品不应该是冷冰冰的，而是可以有温度、有生命地融入人们的生活中，比如我们所使用的电脑，它不仅仅只是一台电脑，还可以成为我们的装饰品，甚至是我们的奢侈品，成为我们生活中不可缺少的一部分。这些高科技产品表达了购买者的个人想法和生活态度。因此它们的设计过程一定不是枯燥的，而是要把设计、科技和生活结合起来。于是，斯坦福大学就邀请戴维·凯利来校设立了“D School”，后来 D School 培养了很多著名的人才。

提到斯坦福大学，绝对不能不提硅谷。

人们可以用脚步来丈量斯坦福大学与硅谷创业者或者科技公司的距离有多近。从学校四方形广场向外走，首先会到达 Facebook 以前设立的全球总部。其实 Facebook 诞生于哈佛大学，但在那里没找到合适的风险投资，后来硅谷的著名天使投资人肖恩·帕克（Sean Parker）出资入股，于是 Facebook 就搬到了硅谷。再往外开车一点儿就到达了谷歌总部。如果要去拜访苹果公司也很方便，开车不久就能到达。

斯坦福大学周围之所以聚集了那么多知名企业，其实最早是来自于一个“离经叛道”的想法。1951 年斯坦福大学工程学院院长、副校长弗里德里克·特曼（Frederick Terman）提出了一个构想：将八千多英亩校园中相当一部分，以只具象征性的、极低廉的租金，长期租给工商业界或毕业校友设立的公司，再由他们与学校合作，提供各种研究项目和学生实习机会。世界上第一个大学研究园区斯坦福研究园（Stanford Research Park）就这样诞生了，后来逐渐形成了现在闻名于世的硅谷。

当初硅谷得以建立，很大一部分原因就是依托斯坦福大学的学术以及人才优势，斯坦福大学的学生从一开始就在硅谷扮演了非常重要的角色，斯坦福大学也一直在向硅谷源源不断地输送新鲜血液。

在硅谷发展的早期，最成功的一家公司就是惠普公司。惠普公司的创始人是比尔·休利特（Bill Hewlett）和戴维·帕卡德（Dave Packard），惠普品牌的商标“HP”就是以他们姓氏的首字母命名的。这两位都是斯坦福大学的学生，当初他们毕业后准备创立公司，但苦于缺乏资金，就找当时的理工部主任弗里德里克·特曼借了 500 美元。在那个年代，500 美元可不是一笔小钱，但特曼很欣赏他们的创业想法，毫不犹豫就借了。凭借着这笔资金，两人在 1939 年创建了惠普公司，最终使其成为全球著名品牌。这就是斯坦福大学一个最经典的校企结合的优秀案例。

开放日的活动结束后，我真正了解到斯坦福大学独特的历史背景和文化传统，加上离家不远，气候宜人，环境优美，不论是理工学科还是人文学科都十分优秀，而且自身又有成熟的同企业相结合的发展经历，注重自由与创新的结合，这些都是我心目中的理想大学的标准。我已十分确信，就去斯坦福吧！

美国顶尖大学的招生秘密

我特别想分享一下我对美国顶尖大学招生的了解。在斯坦福大学，我完成了四年半的本科和硕士学习后，又在哈佛商学院获得了MBA的学位。通过自己读书择校的历程，以及之后成为哈佛大学校友面试官并与学校招生部的深入的交谈，我逐渐了解到很多人尤其是中国学生在申请大学时，都一门心思地考虑和强调“自己有多么优秀”。但优秀其实不是美国顶尖大学最看重的，往往只是入门门槛而已。那美国顶尖大学到底是要招什么样的学生，最看重什么，而且为什么要这样做呢？

以2015年的数据为例，美国传统的8所常春藤大学再加上麻省理工学院、斯坦福大学这10所顶尖大学一共录取学生26331名，其中大概20%是国际学生，也就是大约5200名。按照中国学生通常要占国际学生30%的比例，这5200名国际学生中大约有1500名来自中国。这1500名学生中还包括那些在其他国家读书的中国籍学生。这样算下来，分到中国大陆的名额是极其有限的。

我相信在申请中失败的那些学生也是非常优秀的，但最终落败的原因，我觉得除了美国名校的确只留了很少的名额给国际学生之外，就是这些申请人并不清楚美国的顶尖大学到底要招什么样的学生。

在美国，第一所成立的知名高等学校是创建于1636年的哈佛大学。哈佛大学校名的来历是为了感谢以及纪念约翰·哈佛牧师在创立初期对学院的慷慨捐助。其他大学也都类似，因此这些院校在创建之后的很长一段时间里，领导者都由神职人员担任，培养出来的人不是牧师就是律师。所以，美国的大学一般都非常强调自由、价值等哲学以及宗教方面的意义。

那个时候的大学是非常保守的，曾经有人提出不学拉丁文和希腊文，只学英文，被校方坚决拒绝了。在随后的200年间，尤其是南北战争之后，这些名校逐渐扩展出应用科学、自然科学等学科，同时也提出了“通识教育”（Liberal Arts Education）的概念，即学校在传授专业知识的同时，也应培养人文素质，也就是说，学校不只是教你一门学问，而是让你成为一个有独立思想、对社会有贡献的人。

第二次世界大战之后，美国政府出台新的政策——美国人只要服兵役，就可以减免读大学的费用，这个政策一直持续到现在。这样就增加了很多穷人子弟上大学的机会，也刺激了他们上大学的积极性，从而使美国人接受高等教育的普及率提高了很多。在最近的数十年里，由于全球化浪潮，美国顶尖名校的培养方向已经转变成为希望学生成长为全方位的、世界级的领导人（well-rounded world class leader）。

基于这个理念，美国顶尖名校想找到并培养的学生已经完全不再停留在审核考试成绩上，而是更希望看到学生能拥有积极乐观的心态和创造性思维，积极参与社会活动，最重要的是要勇于承担领袖的责任并对他人产生价值。

这一点对于中国学生非常重要，中国家长更是要明白这背后的深意，因为美国大学是不会把这些想法白纸黑字地写在招生说明里的。那么，在名校招生官眼中，有哪些素质是他想看到的呢？

TOEFL、SAT和ACT这些考试成绩当然很重要，但相信这也难不倒绝大多数中国学生。美国的顶尖名校都很清楚，学生的学习成绩是最基本的，每个敢于报考的人的分数都不会低，但学校却并不希望学生千篇一律，而是希望学生拥有自己的特点。这些特点可以是思想上的、技能上的、文化上的。这些有特点的学生进入大学后，可以帮助整个团体和学校的社区更为多元化。

招生官很希望看到学生在申请过程中展示出勇于承担责任的勇气和乐于合作分享的意愿。这背后的逻辑是在于学校希望学生在校园里的生活能过得自律，并对自己的行为负责，能够有更多的交流与沟通，最最重要的是对别人产生价值。

为什么要强调对别人产生价值？这里要讲到美国名校对“获取”（taking）和“给予”（giving）的看法。学校认为每个人成为优秀的个体很重要，而能够为别人提供什么价值，为学校、组织、社会做出什么贡献则更为重要。美国人认为领袖不应该只有领导和管理的能力，更重要的是他能为大众提供更好的服务。

在美国，现在有一句话被越来越多的人认可——“活着就是给予”（Living is giving），生命的意义在于不断地付出，不断地贡献。当你拿别人的东西时，你是没有自豪感的；而当你帮助和给予别人更多时，感觉就会很不同。所以巴菲特、比尔·盖茨那些已经功成名就的美国富豪都会设立慈善基金会，把基金会的收益拿去帮助有需要的人。

而对于学生来说，衡量“给予”的标准并不是捐款多少，而是他们在学习、生活和工作中为身边的人提供了哪些帮助，带来了什么价值。对别人帮助越大的学生，越能够得到美国名校的青睐。中国孩子在面对美国名校考察时，不要一味强调自己拿到过什么成绩和排名，有什么组织经验和管理成就，这些都是美国人认为的“获取”。中国孩子要多表现出自己在“给予”上的努力和结果，这样才能更好地被美国名校认可。

培养孩子成为全方位的优秀人才，光靠孩子自己的努力也是不够的，还需要家长一起努力。

在很多人的印象中，美国的教育体制相对宽松，美国学生比较自由和随性，作为家长更不用为孩子的教育和未来操什么心，也不需要做太多准备和规划……事实上真是如此吗？家长真的不用操心和介入吗？其实这种认知并不完全正确。虽然美国人不知道中国“未雨绸缪”“凡事预则立”的古话，但他们在对孩子未来的规划和引导这件事上，往往比很多中国家长做得更好。

有一次我回国，在机场用打车软件叫了一辆车。在车上，和司机天南地北地聊了起来。当谈到国内经济发展和孩子教育现状的时候，他告诉我，他家里因为拆迁分到了七套房，所以他并不苛求孩子必须取得很好的成绩。他笑呵呵地说：“我儿子就算考最后一名也没关系，反正家里的钱够我们花一辈子了。我现在兼职开车也是为了体验新事物，打发时间。”

听到他这么说，我沉默了很久。金钱不是生活的全部，拥有金钱和学习进取不应该是非此即彼的关系。更重要的是，金钱也不会是永恒的，而精神和文化才能传承千百年。

中国的改革开放成就了很多优秀的企业和企业家，最近 10 多年房地产的高速发展，也让不少普通人享受到了巨大的增值红利，随之而来的就是中国居民个人资产的几何级增长。瑞信研究院（Credit Suisse Research Institute）发布的“2019 全球财富报告”显示，净资产不低于 10 万美元的“富裕人口”中，中国占了 1 亿人，美国则占了 9900 万人。中国在“富裕人口”的数量上首次超越了美国。

然而在家庭财富增长的同时，很多人显然没有意识到我们的眼界和规划也需要相应地提高。近几年来，越来越多的中国人走出国门，去发达国家旅游、留学、工作甚至定居，然而我们常常看到的却是负面新闻，例如中国游客在当地把奢侈品抢购一空，留下各种不文明的行为。我在美国也经常看到一些华人“富二代”甚至“富三代”在当地留学或居住多年，却不能讲上一口流利的英语，对美国的主流文化知之甚少，反而对吃喝玩乐等消费却十分精通，这些都让我感到非常遗憾和惋惜。

把“拥有七套房，孩子读书好坏无所谓”的案例拿到美国主流人群中最精英的家庭里，他们又会怎么看待和处理这个问题呢？

在美国白手起家的“富一代”是最重视子女教育的一群人。我一直居住在美国西部，之前是在洛杉矶，后来在母校斯坦福大学附近，这里背靠硅谷，是著名的创业之城，吸引了很多人来这里创业。我很多大学同学的父母都是白手起家，不断创新，把企业一路发展壮大起来。他们经历过“从 0 到 1”的艰难，体验过创业的痛苦和挫折，尤其重视对子女的教育。他们觉得，留给子女最好的财富并不是金钱，而是精英文化的传承。

如前文提到那位追寻父亲的足迹考入耶鲁大学的高中女同学那样“名校世袭”的例子，在美国可谓比比皆是，可以说是美国精英文化中一个很普遍的现象。受父辈的影响，精英阶层的子女往往在很小的时候就走上了“名校之路”。在付出努力和汗水之前，父母会先给孩子“埋下一颗种子”。在他们很小的时候，父母会在假期里带他们去参观各类名校，让他们了解这些学校的历史和传统，逐渐熟悉并喜欢上这些大学。

孩子在这个过程中，会埋下一个很深的愿望：我很喜欢这所大学，这是我梦想中的学校，我一定要努力，一定要进这所大学！这就成了孩子学习过程中最大的一个动力，也是推动自己向前的一个最大的目标。孩子自己会觉得，如果没能进入这所大学，将是我生命中最遗憾的事情。每一个精英家庭的父母都很重视做这样的引导，成功的引导能让孩子的学习不再是为了完成父母的期望，而是认为这一切都是自己想要的。

在我就读的天才班里，和我同一届的学生中有三个进了哈佛大学，四个进了普林斯顿大学，八个进了耶鲁大学，十一个进了斯坦福大学，几乎所有的同学都考入了顶尖名校。在绝大多数同学很小的时候，父母就对他们展开了很好的规划和引导。

大家在过去总是认为，美国家长会给孩子很多自由，而中国家长则相对简单粗暴地对孩子说，你去把这些都做好。但真实的情况可能没那么简单。

我的很多美国同学的父母对他们都有一些很好的规划，但是这种规划和中国家长的规划有点不一样。中国的家长通常会告诉孩子，我知道哪些方法是对的，你就往这边走就可以了。但美国家长会想办法激发孩子对一些东西的热爱，并给他们提供一些具体的资源。比如说美国父母会让孩子从小就有机会见到各行各业里的资深人士，并与他们互动，甚至辩论。这样一来，孩子从小就会产生这样的认知体验：我可以和任何人有平等的互动，我可以在任何一个人群中发言。这其实是很重要的。

美国著名作家马尔科姆·格拉德威尔（Malcolm Gladwell）在“精英式教育”方面做了很多研究，发现一些精英家庭能一代代持续地进入最顶尖学校接受优质教育，持续在各个方面体现出优秀和成功，就是因为这些家庭从小就教导孩子要经常跟成年人，或者说成功的成年人沟通。慢慢地，这些孩子就觉得和成功人士沟通和分享是很自然的一件事情。他还发现，一些很聪明但是来自穷人家庭的孩子虽然成绩很好，但他们面临的一个很大障碍就是不敢分享自己的想法。当他们跟一些社会地位很高的人沟通时会紧张，担心自己说错什么和做错什么。这就会成为今后发展的一个障碍。我们可以通过这个例子，看到很多能力和素质的培养是需要家长从小给予指引和规划的。

毫无疑问，美国精英家庭的家长在这方面是很有优势的，他们知道应该怎样规划、准备并正确地引导孩子，而这对移民家庭来说却是一件不容易的事。以我的家庭为例，一方面父母比较传统，认为学习成绩好才是最重要的，很多事情按部就班就可以了；另一方面父母作为第一代移民，并没有机会真正融合美国的主流文化，也不太了解美国教育文化的特点，再加上后来家中出现变故，我不得不独自完成整个申请大学的流程。

如果有机会再来一次，或者将来我做了家长，我会告诉自己和我的孩子：首先你应该去了解那些大学的文化、传统和特色到底是怎样的，当你真正了解了，你才会发自内心地热爱其中的一所或几所大学，然后这份热爱便能转化成你内心的强大动力，让你不忘初心，砥砺前行。

我还想提醒家长不应该走向另一个极端，只想着怎样一味满足顶尖学校的各项要求，就好像在一张表格上不断地为孩子"打钩"，这是肤浅和表面的。

比如为了达到学校对体育运动的标准，大批亚裔学生鉴于自己的先天优势，会选择乒乓球、羽毛球或者网球，但这种只从成绩出发的考虑恰恰忽略了孩子真正的喜好。其实很多学校并不笨，在考察过程中一看报考的亚裔学生选择的全是这些项目，就会很自然地认为这又是一个"复制人"！

所谓“复制人”，是指从简历角度看上去，学生在各个方面表现都不错，在表格上可以打很多钩，但其实一旦面试沟通或者进入学校大家庭，既没有自己的思维，也没有自己的喜好。这一类学生近年来越来越不被美国顶尖学校所接受。

所以还是得说回我们的最终目的——想培养什么样的人才。我认为家长应该帮助孩子具备独立思考的能力和个性，不盲从别人的观点，甚至敢于挑战权威，追求更正确的答案，拥有杰出的领导力和团队协作能力，往往敢跟别人辩论、碰撞和磨合。如果孩子具备了这样的素质，就算因为各种原因进不了最好的大学，他以后的成功概率也会高出很多。

当然，并不是所有从小规划得很好的同学都能成功，有些时候恰恰是规划得太到位了，父母插手得太多了，替代了孩子的自主性，反而让孩子走向了另一个极端。

我也有一些这样的同学，他们从小就被家长规划得非常好，但这一切并不是他们自己想做的。于是当他们终于顺利进入大学后就卸下了所有压力，什么也不想做了，在大学里的成绩也不是很好，大多数时间都在享受生活。家长要有好的规划，而这个规划也是孩子自己想要、想做、想争取的，这样的学生在大学里才是最成功的，走向社会之后也是最成功的。

反思我自己，可能是比较另类的，也是比较幸运的。我的家庭对我报考大学之前没有任何规划，自己到了申请大学前的一段时间，才亡羊补牢地去做了好多事情。在面试的时候，面试官正好发现我独特的跨国经历、对东西方文化的融合理解及个人充分的自主思考，这些都误打误撞地符合了美国最优秀的大学对人才的一个期许——培养不同背景、不同理念、不同想法的人，最终使他们成为全方位的世界领袖。因为美国顶尖大学深信，多元化是最好的。

最后，我还想特别对中国学生强调，一定要格外珍惜那么好的教育机会和教育资源。

中国有句古话“寒门出贵子”，意思是一些出身普通甚至贫寒家庭的孩子，通过努力学习接受教育，在社会上升通道中获得属于自己的机会，逐渐改变自己和家庭的命运。在美国，你上了大学和没上大学，在职业生涯中所赚到的钱的差异是非常大的，有数据显示起码差 30% 左右。

当今社会有一个不争的事实：不论在中国还是在美国，优质教育资源越来越稀缺，获得优质教育的成本也越来越高，这个情况在美国甚至还更明显。在中国，学费在家庭支出中所占的比例还不是很高，而且很多好的大学是公立的；而美国不一样，美国大部分名校都是私立的，对学生来说，付不起学费就意味着上不了好的学校。在这种情况下，家境不好的孩子根本就付不起钱去读好的大学，甚至连读普通私立大学的钱都没有，很多人就只能选公立大学。但近年来公立大学也在不断地提高学费以应付日益增加的支出，我记得 1990 年加州大学伯克利分校针对加州州内学生的学费是 4000—5000 美元，但 30 年后已接近 2 万美元。对平民来说，这笔学费非常高昂。

美国家长倡导独立，一般在孩子 18 岁成年后就让其自行承担经济责任，所以美国学生经常背负沉重的学生贷款，毕业后再慢慢还款，经常有美国学生在毕业多年后都未还清大学贷款。

出身寒微的前总统奥巴马在 2012 年的一场演讲中就告诉北卡罗来纳大学教堂山分校的学生，他对学生的贷款负担有亲身体会，因为他在 8 年之前，也就是 43 岁的时候才想方设法还清了学生贷款。谈到自己和太太米歇尔时，奥巴马说："我们都不是来自富裕家庭。我们毕业的时候债务如山。我们结婚时依然还是穷人。我们把两人的财产加起来，但发现没有什么财产。我们把两人的债务加起来，发现有很多债务——主要是学生贷款。"

奥巴马和米歇尔曾分别就读于哈佛大学和普林斯顿大学，他们是美国"寒门出贵子"的典型例子，但现在的"奥巴马们"面临的挑战越来越大。对中国孩子来说也一样，所以应该格外珍惜入读美国名校的机会。

出国求学不应该被视为混个文凭的游戏，而应该视为开阔眼界、独立发展、提高能力的机会。一个人要拥有一种在任何陌生地方都能很好地发展下去的强大能力，也要拥有一种不被物质困缚梦想的平淡心态，这样的思维财富足以让一个人受益终身。

西方的教育原则是学术独立、人格尊重、理解宽容，强调个人在集体中的独立，这和中国的传统教育是有差异的。中国人更多强调个人在集体中的联系。如果用一种多数人的、集体的价值观去评判个人的对错，这可能会对创新和想象力造成一种扼杀。想要活得与众不同的人在美国的压力会比较小。

但不要误会，出国并不会彻底把你从一个东方人变成一个西方人，你反而会觉得中国的传统价值观有着特别感人的一面，尤其是中国文化中的人情味、对家庭和亲情的重视。由此看来，东西交融、兼容并蓄才是真正的、最好的教育之道。

1872年夏，"中国留学生之父"容闳组织第一批幼童30人赴美留学，这就是中国近代第一批出国的学生。从那时候开始，远赴重洋彼岸，成就一个更好的自己，就一直是中国父母培养孩子的美好愿望，也是很多中国孩子自己认可并为之付出的理想和目标。

对于有志成为国际化领袖的中国学生来说，赴美进入常春藤名校只是一个开始。我们不应该把心态放在获取上，不应该只把眼光停留在自己身上。生命的意义在于不断地付出，不断地贡献，真正的领袖都有善于给予的心态和慷慨付出的胸怀。莫只独善其身，应思兼济天下。

第四章

顶级资源

名校内外应抓重点

哈佛商学院的第一堂课

美国名校招收了全世界那么多优秀的学生，那他们到底想培养什么样的人才，又是怎么培养出来的呢？相信很多人都非常好奇，这也是我在求学期间不断寻找的答案。

哈佛商学院位于美国东部的波士顿。刚入学的时候，我特别抵受不了那里的寒冷。记得抵达波士顿的第一天，刚下飞机，扑面而来的寒意立刻让我招架不住。这个季节的加州依然气候宜人，每天清晨最冷的时候也只需穿一件薄外套，其余大部分时间穿 T 恤、短裤和拖鞋就可以了，所以在我行李箱里最厚的衣服就只是一件薄外套。而此时波士顿已经开始冷得出奇，无孔不入的寒冷令我措手不及。我只能赶紧到学校商店里买了几件最厚的衣服，一件套一件地裹在身上。于是，在入读哈佛商学院的第一年里，我身上里里外外穿的都是印着校徽的学生装。

但比第一天的寒冷更让我惊讶的是哈佛商学院的第一堂课。我原本以为哈佛商学院和斯坦福大学的教学方式差不多，来这里我就可以马上学习到各种先进的管理方式了，但在开学后的第一周，我的想法就被彻底颠覆了。

给我们上第一堂课的教授是克莱顿·克里斯坦森（Clayton Christensen，1952—2020），他在哈佛大学非常出名。早在20世纪90年代，他便凭借《创新者的窘境》一书奠定了在创新技术管理领域的权威地位。英特尔前CEO安迪·格鲁夫（Andy Grove，1936—2016）都曾经慕名邀请他去英特尔讲课。

他一进教室，就问了我们一个问题："你们来哈佛商学院学习的目的是什么呢？"

同学们纷纷举手回答。第一个同学说："我们来学习世界上最先进的管理方式。"我暗自点头，这和我的想法不谋而合。但克里斯坦森教授却说："不对！"另一个同学接着回答："我是来跟像您这样世界上最优秀的老师学习最好的思维方式的。"教授冲他笑了笑说："不错，但这还不是最重要的。"接着还有同学说："我来是因为在这里可以有机会认识下一代领袖，认识美国甚至全世界的商业巨头！"当他说完这句话时，全班同学都笑了，坐在他旁边的同学还笑着拍了拍他的肩膀。教授也朝他笑了笑说："好的，但这也不是最重要的。"

经过几轮发言，大家的手逐渐放了下来，课堂也变得安静了。因为每个人都在想，究竟什么才是这两年学习期间最为重要的事。最后，教授看到大家都沉默不语了，这才说："每年我都会向新来的学生提出这个问题。其实在这两年里，哈佛能教给你们的最重要的东西，就是帮助你们问'为什么'！如果这两年里你们学会了问'对'的问题，那你在哈佛的学习就非常有价值了。"当时我觉得很纳闷：每个人生来就会问问题，为什么还要学习问问题呢？教授接着说："只有当你问出'对'的问题，才有机会找到'对'的答案；如果连问题都没有问对，那就没有办法找到正确的解答方法，当然也就找不到正确的答案了。”

为什么哈佛商学院觉得这一点是非常有价值的？

试想一下，如果你是一家公司的管理者，面对问题你该怎样做决定？为什么会做这样的决定？要知道很多时候没有所谓的对或错，只有如何去做出你认为当下最好的抉择，而哈佛商学院就是教你怎样更全面地解读和分析问题，然后衡量你既有的情况，做出一个合适的决定的。这样的一个模式对我来说，尤其是对很多中国学生来说是非常陌生的。因为在大学里，哪怕是在斯坦福大学，最主要的学习方式还是老师在台上说，学生在台下听，你有问题可以向老师提问，老师那里一定会有标准答案。

但哈佛商学院完全打破了这个思维定式。在这里，老师对任何问题都不设标准答案，即便有答案，他也会告诉你这未必是唯一的答案。老师能做的是尽可能地将你放到各种各样的难题和挑战中，让你在这个过程中快速地学习，打破既有的思维定式，培养全面思考问题的能力，并尝试凝聚大家的智慧来提出更多可取的方案，从而获得解决实际问题的最佳思路。这就是哈佛商学院闻名于世的“案例教学法”（case method）。

刚开始，我对这种教学方法特别不适应。在案例课上，我总是觉得这个同学讲得不对，那个同学讲的也没有道理，为什么他们会有这样的想法？但是随着课程的深入，我逐渐认识到，其实到最后需要评判的不是一个方案的对错，而是了解不同的人为什么会有不同的思维方式和选择标准。

为什么他会做这个决定？他的观点是什么？他的出发点又是什么？通过对一个个问题的探究，你能充分认识到不同的人对同一件事情所形成的结论背后的原因到底是什么，由此才能更客观、更多维度地去思考和解决眼前的问题。

我后来逐渐适应了这种教学方式。可以说，这是我在哈佛商学院最大的收获。这时我才明白，为什么克里斯坦森教授在第一周就告诉我们要学会问对问题。因为只有问对问题，收集到不同的信息，有了很好的分析方式，才能适应这个不断变化的世界，解决层出不穷的新问题。很多时候，我们总是容易急急忙忙地采取行动，但如果缺乏足够的思考和提问，就可能会走错了方向。因此，从向自己提问的角度开始思考，有助于我们从一开始就走在通向成功的路上。

克里斯坦森教授还有一点令人赞赏，就是他对“幸福”这一课题的提问和钻研。他得过癌症，康复后便开始花时间思考很多人生问题，转而研究“幸福”这一课题，思考怎样才能给他和哈佛学子们带来真正的幸福，还写了不少关于幸福的著作。这在哈佛商学院是非常特别的，因为在这里，大家谈论最多的话题就是成功，例如如何让自己走向成功，如何让你的企业赚更多的钱，占据更大的市场份额。像克里斯坦森教授这样在创新管理领域早已经赫赫有名的人却勇于转变思维，去尝试另一个全新领域的研究，这是非常难得和特别的，令人景仰。

在哈佛商学院的第一周让我耳目一新，既颠覆了我对学习目的、学习方式的传统看法，也让我认识了很多持有不同观点、不同想法的老师和同学。没过几天，我又上了一堂令我印象特别深的课——“现代资本主义历史”，主要讲的是资本主义国家的发展历史，其中讲到了美国、日本和德国。

这些国家我都不陌生。老师在讲到德国时说：“第一次世界大战之后，德国在希特勒执政时期获得了迅速发展。”这时有个女同学举手说：“我不同意，德国是一个疯狂的国家，它当时是被一个疯子统治的，怎么会有好的发展！”

之前我在德国住过一段时期，和很多德国人聊过这个话题，所以我的观点和想法跟她很不一样。我举手说："也许我们不应该片面地将希特勒当成一个疯子，尤其不该因此就抹杀他对德国的贡献。当时德国的人口大约是 6000 万，其中相当一部分德国人很热爱希特勒。虽然第二次世界大战已经过去了几十年，但前几年我住在德国的那段时间，仍然听到不少德国人会提起哪条高速公路是希特勒时期修建的，哪些经济基础是当时打下的。一些年长的德国人还说到，第一次世界大战后，德国的失业率高达 25%，但希特勒给他们提供了工作机会，降低了失业率。所以我觉得，我们很应该了解一下德国人是怎么想的，他们的观点也很重要。我们不能脱离历史背景只讨论希特勒一个人，他的存在、他的所作所为要从多个方面去解读，这也是德国人亲口告诉我的观点和想法。"

那位女同学听完我的讲话后，非常生气。她调转矛头指责我说："你怎么能为希特勒辩护呢？你怎么能说出这样的话呢？你知道吗，我的祖辈就是在波兰被德国纳粹打死的！"

我见她情绪激动，解释说："听到你亲人的不幸遭遇，我感到非常遗憾。我不是在为希特勒辩护，我并没有这个意思。我只是觉得我们应该了解当时那些德国人的观点，因为如果不知道他们内部的想法，我们的认知就会很片面，很可能会在未来造成历史悲剧的重演。"

我在德国时，曾到一个纳粹集中营博物馆参观过。在那里，一个德国人的一段留言让我至今记忆犹新。他写道："我以前住在柏林，是一名医生，作为德国人我在当时过得非常艰难，因为越来越多的工作岗位被犹太人占据了，我们德国人根本竞争不过他们。希特勒来了以后，他把这些犹太人从医生群体里赶走了，我才有机会继续从事医生的工作。我心里充满了歉意，我知道这对犹太人来说是极端不公平的，但是对于德国人来说，这是我们在这个国家继续生存所需要的机会。”

先不论这段话的对和错，但的确很真实地反映出一部分德国人的视角和观点，我们只有多角度地看待问题，充分了解与我们不同的观点，才能知道为什么当年会有那么多德国人支持希特勒；也只有真正了解了他们支持的原因，才能更好地处理这个问题，从而避免历史悲剧的再次上演。

当我表达完我的观点，很多同学都站了出来，纷纷发表了各自的看法。那堂课之后，有两拨同学聚集在我周围和我探讨。一拨人对我说：“你真是不了解希特勒的罪恶，你怎么能说这样的话？这简直是在给罪恶做辩护！”而另一拨人则说：“你说出了很多我也想说的话，谢谢你让我们有机会在学术上就这件事有一个自由的争论，我也觉得如果只听到一种声音，那是不对的！”

这个话题居然会引发这么大的争议，当时完全出乎我的意料。同时，这也让我感觉到，在哈佛商学院的课堂上不一定要有所谓的标准答案，而是首先要独立思考，不能人云亦云，要敢于把不同的观点说出来，然后大家自由探讨。

每当有人问我，在哈佛商学院里学到的和在斯坦福大学里学到的到底有什么不同的时候，我通常会这么说：“在斯坦福，很多时候学习的目的是你要找到一个正确的答案。尤其是对理工科来说，你编一个程序，如果当中出了错，你就根本没有办法执行这个程序，直到你把程序编对了为止。考试也是这样，答案很分明，有正确的，就有错误的。但哈佛商学院最有名的，也是全世界顶尖商学院目前都通用的一个教学模式，就是每一节课都讲一个案例，要求你了解和分析一家实际存在的公司的真实情况，然后提出各种问题并解答它。老师扮演的角色不是告诉你正确答案的那个人，而是一个领路人，他将凝聚一个班上几十个同学的智慧，来探讨案例中的实际问题该如何解决。”

在信息大爆炸的今天，太多人被海量的、碎片化的信息所包围，很多人常常看到一些貌似合理的新闻、证据和推测，就迫不及待地表示同意。这样做其实属于被根深蒂固的观念所绑架，淹没在所谓想当然的“常识”中，对企业家、管理者和创新者来说是一个很大的陷阱。

哈佛商学院帮助学生们避开或者跳出这个陷阱，主要是靠两点：第一，通过海量的经典案例分析来拓展学生视野，见多识广之后，人的局限自然就少了。第二，打破既有的思维定式，懂得更好地发问，培养全方位思考问题的能力，不片面追求“绝对正确”的答案，而是因地制宜、与时俱进地发掘“更好的解决方式”。

不管是斯坦福大学商学院、宾夕法尼亚大学沃顿商学院，还是哈佛商学院等美国顶尖名校，近年来在培养人才方面都有一个共识，就是希望把学生培养为全方位的、世界级的领导者。对此，各名校又各有自己鲜明的个性和特色。比如，斯坦福大学商学院的特色是创新，有数据表明其毕业生有 15% 会去创业或为创业公司服务。沃顿商学院在全美最佳商学院排名中常年位居第一，尤其专注培养金融人才，如果对数字、金融和资本方面感兴趣，沃顿商学院一定是最好的选择。而哈佛商学院从来都是在顶级商学院中被人第一个提及的，美国教育界流传着这样一个说法，哈佛大学是美国大学中的一顶王冠，而哈佛商学院就是王冠上的那颗宝石。哈佛商学院的特色就在于培养“全方位的管理人”（General Manager）。

回想当时我在申请商学院的时候，已经是在英特尔公司工作的三年后了。几年的工作经历尤其是作为英特尔迅驰项目的产品经理工作的一年多里，让我对自己有了比较准确的预期和定位。我认为自己比较适合于创新和全方位管理这两方面。说到创新，斯坦福大学无疑是最好的，它的商学院在美国的排名也很靠前，但我之前已经在那里读了四年半的本科和研究生课程，而且我之前大部分的生活也都在西部度过，所以很想有机会去东部看看。对哈佛大学我是有情结的，当初申请大学时差点就被哈佛录取，去麦肯锡面试的时候也曾参观过哈佛大学校园，对那里优美的环境和深厚的历史积淀有着深刻的印象，所以最后决定申请哈佛商学院。

我还记得，给哈佛商学院的申请是这么写的："之所以申请哈佛，是因为我想深入学习企业管理知识，想成为一位全球化的管理人。而哈佛既可以让我学习到这些相关知识，也可以让我有机会能和未来的世界领袖们互相学习，密切沟通，并成为朋友。"

在申请中，我特地用打篮球来比喻我的诉求。在美国，去室外球场打篮球的一般都是之前不认识的陌生人，通常三到五个人组成一队打比赛。几个陌生人需要在很短的时间内培养出一定的默契，只有这样才会有赢的机会，大家必须快速地熟悉和协调。我喜欢担任控球后卫，有更多的机会去掌控篮球和队伍，从这个角度看，我就是一个领导，我必须快速了解我的队友，组织起有效的进攻，把原本素不相识的人快速打造成一支成功的团队。

如果你也在思考关于择校的问题，我的建议是不仅需要了解自己，还需要了解学校、了解学校想要培养什么人才。只有把两者结合起来，才能达到最理想的状态。我后来越来越能体会到，那些美国同学在他们小时候，就被父母带去不同的学校参观，其中最大的价值就在于能让孩子从小去感受并选择一所真正适合自己的学校。大学如此，研究生亦然。

中国留学生最易忽视的名校资源

如果在任何一个同学聚会上去问那些从大学毕业了几年的人：“之前学的专业知识你还能记得多少？”相信90%的人都会回答：“不记得什么了。”

我也一样。我在斯坦福大学选择了经济学、工业工程和计算机科学这三个专业，并获得了两个学士学位，一个硕士学位。选择这三个专业是因为我一直觉得需要用微观和宏观这两个视角去看世界。微观的着眼点可以是一家公司，因为企业在现代社会中扮演了一个很重要的角色，工业工程专业可以告诉我如何去管理一个企业；而推动企业成长最重要的因素就是科技，科技在现代社会最突出的分支就是计算机，所以从微观角度我选择了工业工程和计算机这两个专业。另外，我非常想了解企业之间是怎么互动和竞争的，这些互动和竞争又是怎么推动社会发展的，这些都属于经济学的范畴，是一个“宏观”的视角。但到现在，我已经记不清这些专业知识的细节了。既然如此，那为什么还要花几年或十几年的时间去学习，尤其是到顶尖大学去学习呢？

我认为，在名校就读的经历留给我最珍贵的东西是：思维方式的改变和名校资源的积累。之前我已经讲过思维方式，在这里想重点讲讲资源。美国的顶尖大学里有这几个资源是90%的中国留学生容易忽视和没有很好利用到的——教授的资源、海外的资源和社交的资源。

第一，美国的顶尖大学汇聚了世界上最优秀的教授资源，除了在学术上向他们讨教之外，学生更应该在课业之外跟他们进行积极互动，让教授们了解自己的个人情况和特点，这样才有机会为自己争取到未来更多的发展机会。

刚进斯坦福大学时，我就发觉这里有太多我从来不知道的知识领域，有太多我感兴趣但不太了解的专业，而庆幸的是，这些方面都会有世界顶级的教授可以教导我们。他们当中很多人是诺贝尔奖得主、美国国家科学院院士、美国国家工程院院士、美国文理科学院院士、普利策奖得主、美国国家科学奖得主等，代表着世界最顶尖的学术力量。

毫无疑问，名校教授的学术研究能力都是非常强的，但如果你以为这就是教授资源的全部的话，那就大错特错了。这些教授不仅仅教书育人，他们在社会上还有着极为丰富的人脉关系，不论是和企业还是和政府都保持着良好的合作，这才是教授资源中最为核心的价值。因此，学生与教授建立良好的关系，尤其是私人关系，就相当于获得了潜在的巨大人脉资源，这对于今后的发展是十分有帮助的。

最好的例子就是当时我们斯坦福大学的教务长康多莉扎·赖斯，她是一位黑人女性，后来成为小布什总统执政时期的国务卿。我在白宫任职的时候，对外事务委员会流传着这样的说法：小布什总统会听取副总统切尼的意见，对国务卿鲍威尔的提议也给予重视，但总是在和时任国家安全事务顾问赖斯（后来接替鲍威尔成为新一届国务卿）商量后，才做出最后决定。

赖斯 26 岁时获得了国际关系博士学位，并被斯坦福大学聘为助理教授，成为斯坦福大学历史上最年轻的教授之一。1993 年，也就是在赖斯 39 岁时，她被任命为教务长，地位仅次于校长。她是斯坦福大学历史上最年轻的教务长，也是第一位黑人教务长。

赖斯是外交事务尤其是俄罗斯问题的专家，她在斯坦福时期教授的一门课是“外交关系”。我的一个同学选修了这门课，并且学得还很不错，由此结识了赖斯，而赖斯也很喜欢我的这位同学。后来赖斯重返白宫的时候把他也一同带去了，毫不夸张地说，赖斯影响了他整个人生轨迹。

特别有意思的是，赖斯第一次进入白宫也和斯坦福大学有着不解之缘。她最初进入老布什的圈子是在 1987 年斯坦福大学的一次晚宴上，当时赖斯几句简短而有特色的致辞引起了曾任福特总统国家安全事务助理的布伦特·斯考克罗夫特（Brent Scowcroft）的兴趣。从赖斯的讲话中，斯考克罗夫特发现赖斯对苏联的看法与他不谋而合。1988 年大选之后，斯考克罗夫特成为老布什总统的国家安全事务助理，赖斯随后被任命为国家安全委员会苏联事务司司长，并很快成为老布什总统和其夫人芭芭拉的私人朋友。

获取教授资源不要只把目光放在课堂上，也不仅是上课认真、成绩好，老师就会喜欢你，就会主动给你资源。在美国，大学的教授一般都有固定的“办公室时间”（Office Hour）。学生可以在这个时间去办公室找教授，问自己想问的问题，哪怕只是课余闲聊。

我的很多美国同学都会充分利用每一个“办公室时间”去和教授们建立非常好的关系。在逐渐放松的交流中，很多教授会成为这些学生一辈子的良师益友，在学生今后的职业乃至人生中也会扮演一个非常重要的角色。但遗憾的是，我发现很多中国留学生好像从来不会去利用这个时间，这也是中美文化中一个很大的差异。

在中国，我们提倡“尊师重道”，老师是长辈，学生从没有想过和老师成为朋友。但在美国人看来，老师和学生之间是平等的关系，能成为朋友也是很平常的事。那些诺贝尔奖得主、政府高官、世界 500 强的企业家，他们可能随时出现在你的身边，成为你的教授或朋友，错过他们该多么可惜！要知道，往往他们的一封电邮就能改变你的未来，这一点在我后来哈佛商学院的经历中也得到了充分的验证。

第二，美国名校有着很好的海外资源，不要只把学习范围局限在美国，应该充分利用这些海外的资源，帮助自己拓展经历，增长见闻。近二三十年来，美国顶尖大学的目标就是培养世界级的领导人才，以此为前提，差不多所有一流大学都在世界各地建立了很好的海外资源平台。以斯坦福大学为例，它在我在读时已于海外建有八所分校，遍布亚欧拉多个国家。

这让我如鱼得水。除了第一年，我每年会都会选择去一个国家实习。比如大二的时候，我回到中国，在惠普中国上海分公司实习；第三年，我去了日本分校，其间在日立公司实习了一段时间；第四年，我去了德国分校，其间在博世公司实习。这些机会和经历对我后来发展的影响是不可忽视的。如果说，回中国实习是带有感情色彩的一个选择，那后来为什么选择去德国和日本呢？因为我了解到，当时美国模式是世界公认的领先模式，除此之外，欧洲最好的模式就是德国模式，而亚洲发展得最成功的则是日本模式，我选择了这两个国家的分校，希望以此了解世界最先进模式里有哪些共性或差异。

大学三年级时，我先在斯坦福大学日本分校学习了一个学期，暑假期间我去了日立公司实习。

在日立公司实习期间，令我感触最深的一点就是无处不在的“工匠精神”。第二次世界大战结束后的1950年，日本还只能生产廉价而简单的商品。此后的20年间，日本政府将传统手工业者的匠人精神传承于规模化制造中，极大提升了“日本制造”的品质。日本政府也注重保护民间手工业，于1955年设立了“人间国宝”制度，用以保护匠人和小型企业，并在全社会持续倡导工匠精神。很多研究者认为这是日本能够在战后迅速恢复并快速发展的重要原因之一。

那时，我在日立公司的生产线上做工程师。有一次，一位资深的日本前辈教我使用激光仪器刻字。我花了差不多两个小时学习，终于刻出了自己的名字。刻完之后仔细看了下，觉得还挺成功的。但就在我快下班的时候，这位前辈看了我刻的字后对我说："我再帮你重新刻一个吧……"

那天我是晚上 10 点半左右下班的，而他在我下班后又花了三四个小时帮我重新刻了一个。他刻字的水平无疑远远高出我数倍，成品相当漂亮！我当时觉得，他花那么长的时间重新刻字，无非想向我展示激光仪器的强大功能和他的精湛技艺，并没有太大实际意义。但后来，我发现我的想法并不正确，因为我看到他并不只是帮我一个人重刻，而是对于那些他接触到的新人，不管是不是他的徒弟或下属，都会给予耐心的辅导和细心的纠正，帮助他们尽可能地掌握正确的技艺，并且尽量减少瑕疵，做出更让人满意的产品。

这件小事已经足以让我充分认识到日本人对完美细节的重视，对品质的坚守也达到了令人敬畏的程度。他们会不断地对细节进行修正，在一步步不断改善的过程中逐步向完美靠近。

这种"改善主义"在日立的工厂里可以说是随处可见。比如，在某个生产区域，设计师可以规划出最合适的行进路线，准确丈量出员工从一个地方到另一个地方具体需要走多少步，并在地上印出一个个脚印，引导员工走这条最合适的线路。再比如，车间里的每扇门所在的地面都会画上一个半圆，标出门打开后的一个半弧形范围，目的在于提醒你不要走在这个半圆当中，不然就有可能被门撞到。

诸如此类的细节还有很多，可以说日立公司是“工匠精神”在企业方面的杰出代表，从想法到规划，再到执行，最后到实际效果，都有着近乎完美的演绎。可见，“工匠精神”在日本已经成为一种民族文化和国家特征，深植在每个日本人的心里。

在敬佩日本“工匠精神”的同时，我也发现，日本人虽然可以精益求精，但缺少颠覆性的创新。

我曾问过日本同事一个很简单的问题：“日本发展这么快，科技也很发达，到底有什么东西是日本人发明的？”当时他愣了一下，笑着说暂时想不出来，回去查一下明天再告诉我。而到了第二天，他还是没想出来。于是我就问了另一个日本同事，他也不知道。到了第三天，这位同事告诉我随身听是日本人发明的，我告诉他事实并非如此。1977 年，德国发明家安德烈亚斯·帕维尔以“便携式录音高保真小型再现系统”为名提出专利申请，次年 3 月在英国取得了专利。他虽然有些不爽，但后来还是承认了。

这件事让我感受到，日本虽然在工匠精神方面的确做到了极致，但是创新不足。我也和日本同事探讨了原因。他们认为日本人很畏惧创新带来的失败，因为失败对个人发展以及家庭幸福的影响都太大了。

很多日本人小时候的梦想就是能考入京都大学或东京大学，因为进了这些顶尖大学，命运就会得到改变。从这些大学毕业的学生，如果选择进入政府工作，生活会很稳定，只要自己努力一些，就会有很好的前途；如果选择进大公司，也会有不错的发展空间。但他们很少会选择去创业，因为一旦创业失败，他的履历上将会留下失败的记录，无论政府机构还是大企业就很难再接受他们，创业对日本人来说，失败成本非常高。

当时我读书的地点在京都，离京都大学不远，我在那里学柔道，有机会认识了很多京都大学的学生。我在与很多京都大学的学生交流时，发现几乎没有一个人对创业感兴趣，真的是没有一个人！对他们而言，进入一家大公司，有一个美好的、稳定的未来是最重要的。而创业的成本实在太高了，一旦失败就很难再获得那些大公司的青睐。这也让我充分认识到，虽然日本有着优秀的工匠精神和文化，在改善方面精益求精，但在创业层面显然有着很大的意识局限性。

在世界上能与日本相提并论的国家中，德国是一个。德国人极致的严谨常常被很多人调侃成刻板。但是全世界都承认，德国制造最值得信赖。他们对细节的执着早已成为习惯，除了奔驰、宝马、奥迪这些知名的汽车企业，闻名于世的还有莱卡相机、万宝龙钢笔、日默瓦行李箱等，无一不彰显着细腻的心思、独到的创意和恒久的品质。

或许很多人并不知道，1830 年德国还是一个农业国，1871 年德国制造还处在假货和仿冒横行的时代。1887 年，英国人通过了侮辱性的新《商标法》，规定从德国进口的商品必须标注“Made in Germany”，以此区分劣质的德国货和优质的英国货。但在之后的一百多年里，德国人知耻而后勇，不断调整和改进，终于跻身世界高品质制造的强国行列。

于是，我从日本归来之后的第二年，选择去德国实习，看到的又是另外一种模式的工匠精神。

在德国的博世公司实习的时候，我所在的业务板块是以生产汽车刹车器为主，主要合作方是宝马公司，这让我有机会经常去宝马的工厂考察。宝马的工厂规模很大，让我大开眼界，之前我从未见过几千辆宝马车一辆挨着一辆停在工厂里的场景。紧挨着工厂旁边的就是一座火车站，制造好的汽车在最短的时间内被装运到车厢内，然后运输到世界各地。

我发现，德国人没有日本人那么细致，但是他们的工作非常系统化。每一个德国工程师或者汽修师都有着非常丰富的工作经验。这些资深的师父们都会带徒弟，据我所知，徒弟跟师父要学习至少七年以上，才能通过认证成为正式的汽修师，这种师徒传承制度在德国已经存续了上百年。在精益求精和一丝不苟上，德国人虽然没有日本人那么极致，但他们的优点在于会非常系统地将这些传统的知识和技艺一代一代地传承下去。这种传承不只是简单地言传身教，而是将一切有价值的东西都用数据忠实地记录下来，并整理成数据库用于公司的长期发展。

这也让我认识到，工匠精神一时兴起或开始被重视并不难，难的是能坚持下去，更难的是如何有系统、有组织地传承下去。德国那么多好的公司之所以能存续上百年，正是因为他们能通过信息整合，将公司优秀的技术、经验和理念一代代地传承下去。在系统化传承方面，德国无疑是做得最出色的。

日本注重改善，他们在不停的、细微的改善中快速进步，而德国很擅长一代代的技艺和智慧的传承，这是他们各自突出的优势。两种风格不同的“工匠精神”都很值得中国借鉴和参考。

现在中国已经步入小康社会，出国旅游的人越来越多，但是去一个国家学习和工作与走马观花式的旅游有着天壤之别。实际上，这种学习和工作的机会在真正进入社会时是很难再度拥有的，在这方面很多中国留学生没有抓住机会。他们很多时候就觉得，报了某个专业，那就埋头读好这门专业，拿出一份不错的成绩单就可以了，其实学习远不止如此。在顶尖大学就读，学习专业课程是最基本的一方面，你还需要尽可能地去拓展自己的眼界，了解自己感兴趣的是什么，然后充分利用大学的资源，国际化资源就是其中很重要的一项。

第三，除了教授资源、海外资源，美国名校很重要的另一个资源是社交资源，也就是同学之间的朋友圈。

我们都知道大学里有很多学生组织，最传统的就是以国家或种族划分的团体，我就曾参加过中国留学生组织的一个学生会，这个学生会在组织形式和活动内容上相对传统，一般是迎接新生、节日聚会、毕业换届等，平时凑在一起也只是娱乐为主，局限性不小。而好的学生组织其实是一个优秀的平台，它是邀请、认识和聚集顶尖人才的最好方式。

美国最传统的学生组织是 Greek System，一般称为兄弟会（或者姐妹会）。在一些大学的校园里，兄弟会的历史甚至长达 200 多年，各个院校都有它的分会。兄弟会是美国主流文化的一种典型体现，学生入会是需要被挑选的，符合条件的成员将经过一系列的考验，通过所有环节的人才能成为其中一员。作为兄弟会的成员，大家很可能同吃、同住、同学习，由此产生深厚的友谊。经过这样的洗礼，哪怕毕业后几十年，也会永远是兄弟。

当小布什与约翰·克里激烈地竞争美国总统宝座时，美国人惊讶地发现，尽管这两位总统竞选人来自不同党派，拥有不同的政见，却不约而同地来自一个秘密的组织——骷髅会（Skulls and Bones）。这个神秘的组织就在那个时候开始浮出水面，它是美国最有名的兄弟会，于 19 世纪在耶鲁大学创立。骷髅会存续时间长，人数众多，背景强大，有些家庭甚至一代传一代。他们互相帮助，彼此支撑，也有通婚联姻，直到今天，他们在美国主流社会仍牢牢占据一席之地。

经过近两百年的发展，从骷髅会里走出了三位美国总统、两位最高法院大法官，还有无数美国议员以及内阁高官。从白宫、国会到最高法院等美国最高权力部门，骷髅会的成员几乎无所不在。在这样一个超级人脉圈里，成员们可以获得外人难以想象的帮助和支持。

2010 年 10 月的一个晚上，著名图片应用网站 Instagram 上线几小时后，由于太受欢迎，过于火爆，以致接收照片的服务器不断崩溃。两个创始人凯文·希斯特罗姆（Kevin Systrom）和迈克·克里格尔（Mike Krieger）都没见过这种场面，只好找人求救。希斯特罗姆毕业于斯坦福大学管理科学与工程系，他当时马上打开手机通讯录翻查能够帮忙的人。他觉得亚当·德安杰罗（Adam D'Angelo）是能找到的人中最聪明的，于是就拨通了他的电话。德安杰罗教他们对数据备份以应对系统的崩溃，半个小时就解决了问题。

亚当·德安杰罗是 Facebook 的第一任首席技术官，也是美国著名问答网站 Quora 的创始人，曾被《财富》杂志评为“科技界最聪明的人”之一。希斯特罗姆是怎么认识德安杰罗的呢？他在斯坦福大学演讲时这样说道：“在拨通那个电话的七年前，我们两人在斯坦福大学的一个兄弟会的聚会上相识，那时候我们用红色塑料杯子一起喝了点啤酒。”此后，德安杰罗一直给予希斯特罗姆帮助，还跟投了 Instagram。最终的结果大家应该都知道了，2012 年 4 月，Instagram 被 Facebook 以 10 亿美元的价格收购，那个时候这家公司创立 551 天，仅有 13 名员工，却是全球范围内发展得最好的图片滤镜服务提供商之一。德安杰罗和希斯特罗姆最初在斯坦福大学兄弟会建立的良好关系，对于这个巨大成功有着不可忽视的关系和贡献。

好的社交资源无疑是很强大的互助力量。凭个人能力在美国社会打拼不是不可以，华人也一直是艰苦拼搏的典范，但俗语说“一个好汉三个帮”，一个优秀的人如果能得到更多的辅助，无疑在未来发展上可以获得更大的空间和选择。

综上所述，教授资源、海外资源和社交资源是顶尖大学和普通大学之间最大的差别，而充分利用这些优质资源，也是入读名校最大的意义所在。

就像前面反复强调的，那些顶尖大学到底想培养什么样的人才？他们绝不想培养只会读书的人，因为能跨进这道门槛的学生，在成绩方面都是很优秀的。名校想要培养的是全方位的、对社会有贡献的、国际化的领袖精英。我们就不难理解，为什么学校会鼓励学生和教授建立良好的个人关系，会鼓励学生走出去，到不同的国家了解不同的文化，会鼓励学生建立属于自己的社交网络。

我常常看到中国留学生在学校里“两耳不闻窗外事，一心只读圣贤书”，真是大大浪费了那些最优质的资源。不管是中国家长还是中国留学生，首先应打破一个传统观念——进入顶尖大学不仅仅是读书。就我自身而言，如果再有一次这样的机会，我宁可在提高考试成绩方面少花一点时间，也要把时间更充分地利用在上述的三块资源上，去想清楚如何更好地把自己打造成为一个全方位的、国际化的领袖精英。要知道，成绩只能代表在学校的考试表现，而人脉、见识和能力却可以让自己受用一辈子。

名校教授的独特魅力

正如我之前所提到的，美国名校重要的组成部分之一就是师资。越是顶尖的大学，教授资源也越丰富。与本科相比，商学院的教授与政界、商界的结合也更为密切，他们既善于学术研究和理论探索，又在不断探索，推动着知识的应用和创新，然后在实际应用这些理论的过程中，收获的成败得失和经验教训又能帮助他们去修正自己的学术和理论。他们仿佛走在一个螺旋上升的楼梯上，不断在“理论联系实际”和“实际改进理论”中推动着社会的发展。

在斯坦福大学，有两位校长给我的印象特别深刻。他们既是校长，也是教授，而且机缘巧合，我创立学生组织的时候也请教过他们两位，多次和他们交流过不同的问题。

第一位校长叫格哈德·卡斯帕尔（Gerhard Casper），他是德国人，在斯坦福法学院教授宪法学，是一位非常有名望的教授。我在创立学生组织的时候，发了一封邮件给这位校长。起初，我只是抱着一个汇报的目的，压根儿没想过校长会回信，没想到他不但回了邮件，而且还约我见面。

我和他见过多次，每次和他聊的时候都能深深感受到他的学院派风格。后来，我有机会问他：“校长，您好像和我想象的不太一样。之前我认为校长应该是管理者，但是跟您聊了以后，发现您还是很有名的学者。那您认为，校长主要应该扮演什么样的角色？”他当时的回答很有趣。他说其实校长本身就应该是一名优秀的学者，当管理学校的时候，面对众多的终身制教授，如果他们有做得不好的地方，你又不能像在企业里那样解雇他们，很多时候更需要做的就是去说服和影响他们。他提醒我以后做学生组织工作的时候，也要践行这样的宗旨。

卡斯帕尔在斯坦福大学做了八年校长后离任，又重新执教法学院，之后校长一职由约翰·亨尼斯（John Hennessy）继任。亨尼斯很年轻时就做了教授，并且提出了 MIPS（单字长定点指令平均执行速度 Million Instructions Per Second 的缩写，代表每秒处理的百万级的机器语言指令数，这是衡量 CPU 速度的一个重要指标），现在大型计算机使用的技术平台就是在他一系列研究发明的基础上建立起来的。他也建立了自己的公司，就叫 MIPS。在运营了一段时间以后，他以 2 亿美元的价格出售了这家公司，然后又返回斯坦福大学教书。

他的经历很传奇，既是学识渊博的学者，又是成绩斐然的企业家，能将理论运用于实践中。而且他还有出色的管理才能。在他担任斯坦福大学校长的十五年中，斯坦福大学在很多领域都取得了优异的成绩。我创立学生组织的时候，他还是理工科的系主任，我也有机会和他深度合作。

校长可以是学者，也可以是政府官员。我就读哈佛商学院时，哈佛大学的校长劳伦斯·萨默斯（Lawrence Summers）曾在克林顿政府中担任财政部部长。2008 年金融危机之后，他又成为奥巴马政府里的国家经济委员会主席，主管金融工作。萨默斯既是哈佛大学的校长，也是一位非常优秀的经济学家和政治家。

记得有一次，他来商学院讲了一堂课，主题是在克林顿时期他参与制定的一个债券，叫通货膨胀保值债券（Treasury Inflation-Protected Securities，简称 TIPS），这是 1997 年美国财政部发行的与消费者价格指数（CPI）挂钩的债券。

简单来说，TIPS 跟通货膨胀是联动的，其本金可根据美国通货膨胀的情况进行相应调整，在一定程度上保证了投资者的本金不会随通胀而出现贬值。比如，债券的基本回报率是 2%，如果当前通货膨胀率是 3%，那么债券的总回报率就是 2% 再加上 3%，即 5%；如果通货膨胀率是 1%，那回报率就是 3%。也就是说，这其中有一个 2% 的绝对回报率，这样就保护了投资者在发生通货膨胀的情况下，保持资产不被贬值。这是一个很特别的创新尝试，给投资者带来很大的安全感。

当时，萨默斯校长问我们："你们觉得这个 TIPS 有什么优点和缺点？"有的同学就说这个产品非常好，因为它能保障投资者的资产不被贬值；有些同学说，这个产品发行之后买的人可能不多，因为绝大多数投资者还是愿意寻求更高的回报，而 TIPS 在通货膨胀率低时没人买，在通货膨胀率高时政府运作得不好就会赔钱，所以这并不是一个好产品。

当时我就觉得很有意思，像他这样一个制定国家财政政策的权威人士，居然会来到我们的课堂上和我们讨论政府的金融产品，而且整堂课他都微笑着听我们发表自己的看法。当我问他："萨默斯校长，当初政府在发行 TIPS 的时候，是怎么决定它的发行量的？10 亿，100 亿，还是 200 亿，是根据什么来决定的？"

他笑着说："你这个问题问得很好。当时我们做了很多研究，也预测了市场需求，但最后是根据自己的判断，决定了发行量。"意思是这个数字就是自己决定的。这让我深有感触，虽然我们在大学、商学院和机构里学到了很多理论和公式，但在最后的实际操作中，依然是要在客观的基础上做出主观的决策判断。

在萨默斯校长看似轻描淡写的回答背后，想要表达的是在尝试，在推动，如果没有这样一步步的尝试和推动，财政部的工作就只能继续停留在过去，历史问题终究无法解决。虽然推动的本身也存在失败的可能，存在着新的问题，但还是要尝试从发展的角度去解决问题。这就需要具备极大的勇气，这与身为教授时勇于钻研问题、提倡创新的作风是一脉相承的。

我在哈佛商学院还有一位非常敬佩的教授，后来也成为我的一位好朋友，他就是戴维·约菲（David Yoffie）。他在哈佛商学院非常出名，在商业战略和技术方面取得了丰硕的研究成果。

戴维·约菲曾经出版过一本书叫《柔道战略：小公司战胜大公司的秘密》。为此，他花了不少时间去研究柔道和相扑这两门很有名的日本功夫。他发现柔道的精髓在于借力打力，这正是小企业战胜大企业的有效途径之一；而相扑则与大企业威逼小企业屈服的办法很相似。把柔道的移动、平衡、杠杆借力三条原则运用到商战中，就会产生不同的战略内涵：移动使对手失去平衡并压制他们的最初优势；平衡帮你与对手交战并躲开攻击；杠杆借力能帮你将对手打倒。当三条原则一起发挥效用时，它们会帮你击败任何规模的对手。书里大多数的案例也都取材于高科技产业，约菲教授不断地把自己的理论研究与实例进行对比分析，逐步将研究推向一个新的高度。

约菲教授在很年轻的时候就出任了英特尔的独立董事。有一次闲聊的时候，他和我谈起了这段颇有戏剧性的经历。那是 1989 年，他刚刚在斯坦福大学拿到博士学位，来哈佛商学院教课，是一个初出茅庐的年轻教授。当时，他写了一篇关于高科技未来发展的文章发表在《哈佛商业评论》上。有一天，他接到时任英特尔 CEO 安迪·格鲁夫的电话，邀请他去英特尔总部聊聊他的想法。那时格鲁夫已经非常有名了。作为一个年轻教授，接到这样一位名人的电话，他感到非常兴奋，于是就欣然接受了邀请，去了英特尔的总部。

见面后约菲教授很兴奋地和英特尔的最高管理层分享他发表在《哈佛商业评论》上的观点。但是没讲多久，格鲁夫就突然打断了他，说：“胡说八道！这对我们来说一点意义都没有！”约菲教授有些震惊，没想到格鲁夫并不认同他的观点。但是，他依旧告诉格鲁夫：“我不同意你的观点。”然后他就将具体原因罗列了出来。格鲁夫很耐心地听他讲，但直到他讲完了，也没有再发表什么意见。约菲教授当时想，无论如何，我来过英特尔了，也见到了安迪，最重要的是我向他表达了我的观点，这一天过得并不坏。

“回到学校以后，我仔细琢磨了一下，感觉那天讲得并不成功。你知道，我完全可以做得更好的！”他朝我耸了耸肩。“我当时想，格鲁夫很可能仍然不认同我的观点，只是他不想再给我这个年轻的教授泼冷水罢了。”

没想到两周后，约菲教授突然收到格鲁夫写来的邮件，格鲁夫写道：“你讲的观点很有道理，我们决定采纳你的观点。同时，我还有一个小问题：你愿不愿意成为英特尔的独立董事？”一位年轻的哈佛教授直接面对英特尔最高管理层，在双方出现分歧时仍据理力争，最后得到英特尔 CEO 的认可和邀请，从而成为英特尔史上最年轻的独立董事，这成就了一段佳话。

当然，约菲教授坚持自己的观点，还是源于对自己研究的自信和对新事物坚持探索的精神。在美国，教授是很受人尊敬的职业，美国人认为大学是强大的国家资产，是美国经济发展的“真正引擎”，而教授则是美国创新的“坚实脊梁”，他们会不断探索知识和真理，不盲从他人观点，不受媒体、金钱和政治的影响，坚持自己认定正确的研究结果。

约菲教授在学术界声名远扬，还因为他在课堂上非常擅长追问，提出的问题既犀利又刁钻。在哈佛商学院至今还流传着一个他把同学问哭的故事，这让很多同学多少都有些怕他。

我当然也听过那则关于他的故事，但我觉得这样犀利的风格正是我喜欢的。当时，他教授我们一门“高科技战略与成长”的课程。那是我和他的第一次碰面。上课前，我有些小小的紧张，也很兴奋，情不自禁地主动走上前去，和他打了个招呼。

约菲教授打量了我一眼，问我之前在哪家公司工作。我说我在英特尔工作了三年。他笑着说："你知道吗？我是英特尔的独立董事，如果你在我的课上表现突出的话，说不定我会帮你在英特尔找一份更好的工作。"我朝他笑了笑，说声谢谢，然后走回了自己的座位。

经过一个学期的学习之后，我慢慢喜欢上了这位教授，尤其喜欢他独特的"追问式"上课方式。他是一个很会引导你去思考"为什么"的人，而且不只是问一个"为什么"，是连续地问好多个"为什么"。

这给了我很多的启发和思考。当你围绕着一件事情研究，往往不是只问一个"为什么"就能问明白的，连续的发问能让你保持连续的思考，步步推进，精益求精，由此你也会逐渐加深对事情本质的认识。

打个比方，被问到"为什么会下雨"这个问题时，我们通常会说，那是因为有云，所以才会下雨。但是，教授会继续问，那为什么会有云？这时，我们可能会说，那是因为有大气的流动，热空气上升，把地面上的水蒸气带到了天上，冷却后形成了云。教授再接着这个问题追问下去，你就会对这件事情越来越了解，直到对水循环的来龙去脉都有了一个系统化的认识。这个时候你会发觉，相比只问一个问题，几个连续性问题的答案会让你更能了解事情的本质。

约菲教授的理念就是，不要只问一个为什么，而应该连续发问，直到你觉得真正系统性地了解了这件事情，问不出问题为止。这也是后来对我思考事情非常有帮助的一种方式。因为在通常情况下，很多人习惯接受事情的现状，而不去深入了解为什么会这样，也有人问了一两个为什么就放弃了。而真正成功的人会在很多事情上不停地问为什么，问到他觉得自己真正了解了为止。

不要以为这样的思维方式只出现在校园里，正确的道理往往一通百通，约菲教授的理念和著名股神沃伦·巴菲特在投资界的实践不谋而合。

我第一次见到巴菲特是在哈佛商学院的一次演讲上，当时他拿着一瓶樱桃味的可乐站在讲台上，穿着很随意，根本感觉不出他有什么特别之处，完全不像我在华尔街见到的那些锋芒毕露的投资人，反而更像一位和善的祖父。他的语言也很简洁，风趣幽默。别人问他："你为什么投资这么成功，能成为投资之神？"他说："我只投资我知道的东西。这听起来非常简单，对不对？但其实一点儿都不简单，因为我们对很多东西都不是真正了解，而是要问很多个为什么才能知道。"

他继续说："我会针对一件事情不停地问为什么，直到我觉得我已经没有问题可问了。我还会去找很多对这个问题有不同观点的人，让他们给我解释这件事情。我会不停地挑战他们，问他们为什么会有这些观点，直到我已经问了所有能问的人，他们给了我所有能给的观点，而且我也真正思考过和考察过，并跟内心中的自己说：我了解了这件事情和这家公司。到这个时候，我才会认为我该投资了。"

看！这是不是与约菲教授的追问习惯惊人地一致？所以说成功是会留下痕迹的。巴菲特的演讲印证了哈佛商学院的教育、培养与学习理念是正确的，只要你做到了，就完全有机会能跟巴菲特一样，在自己的领域取得成功。

美国名校教授的探索和推进不是仅限于金融投资和科技创新，还非常重视企业的道德伦理和精神品质。讲到道德伦理，一定要提到哈佛商学院非常著名的林恩·夏普·佩恩（Lynn Sharp Paine）教授。这位女教授姓

“Paine”，发音和英语“Pain”（痛苦）相同，所以每次上课时我都想，“哇！痛苦老师又来了”。事实上，她讲的内容都是关于企业道德的，也确实是蛮令人痛苦的。我当时在想，我们未来都是要去企业做 CEO 的，你却来给我们讲道德，还告诉我们如果 CEO 做得不好是要进监牢的，这种感觉实在是太痛苦了。

佩恩教授的“企业道德课”很特别，哈佛商学院在 2005 年第一次将这门课程列为必修课。因为有数据表明，哈佛商学院培养出的《财富》500 强企业的 CEO 是美国所有商学院中数量最多的，但是出过大问题的美国企业的 CEO 中，在哈佛商学院读过 MBA 的也是最多的。

2001 年的安然公司（Enron Corporation）破产事件就是最典型的一例，当时安然公司被曝出持续多年精心策划，乃至制度化、系统化的财务造假丑闻，随即公司申请了破产保护。这在当时震惊了整个美国，也轰动了世界。

要知道，安然公司当时是世界上最大的能源、商品和服务公司之一，名列《财富》美国 500 强企业的第 7 名，“安然破产案”也成为美国历史上第二大企业破产案，重挫了美国经济，重创了投资者和社会公众的信心，也引起了美国政府和国会的高度重视。而安然公司时任 CEO 杰弗里·斯基林（Jeffrey Skilling）正是哈佛商学院的毕业生。在公司破产前，他还曾受邀在哈佛商学院做过公开演讲，并获得了哈佛商学院颁发的“卓越管理人奖”。

安然事件引发了哈佛商学院的反思。如果想要培养世界级的管理人，那他不仅要有全球化的视野和卓越的管理才能，更要有基本的职业道德。于是在我入读那年，哈佛商学院历史上第一次将企业道德列为必修课。

佩恩教授的教学风格很独特。在第一堂课上，她给我们播放了一段视频，那是杰弗里·斯基林当年在哈佛商学院领取奖项时说的一段话。他说："我认为最好的领袖也是最有职业道德的。安然之所以能取得今天的成绩，正是因为我们是最有职业道德的企业。"

紧接着，她又放了一段视频，这是杰弗里·斯基林在哈佛商学院发表演讲三个月后，电视报道安然公司正式宣布破产的片段。也就在那时候人们才发现，安然公司居然早在几年前就开始做假账了。两段视频形成了鲜明对比，包括我在内的所有同学都被震撼到了。

在佩恩教授的课程里，最重要的内容之一就是"滑坡理论"（Slippery Slope）。简单来说，就是很少有人无缘无故地去做那些不该做的错事，更多情况下是身不由己，甚至自己都不知道犯了错。这就像在斜坡上缓缓滑落一样，最初只是稍微往下滑了一点，但就因为滑了一点，觉得再往下滑一点也没什么问题。这样一点点地下滑，等过了一段时间之后再回看，就会发现当下状态已经和最初坚持的那个价值观相差很远了，再想回去已经来不及了。

她说："我相信每一个同学心中都有明确的价值观，但是你们千万要小心滑坡，很多人一开始都不注意这一点。杰弗里·斯基林真的是一个坏人吗？未必，他可能一开始发展得很好，但是后来有一两个项目投资失败了，比如当时他在印度的投资就失败了。而这时候周围的人告诉他，这些失败事件虽然小，但曝光后可能会损害他的形象。他衡量了一下，觉得这只是小事，那就稍微隐瞒一下吧。这的确是一件小事，但是小事被隐瞒了之后，又会有稍微大一点的事发生，他觉得既然前面的小事都被隐瞒了，那这件事更要隐瞒了。直到最后他发现已经回不去了，于是就一不做二不休，索性系统地造假了。”

佩恩教授说到这里，停了一下，神色凝重地扫视了一遍在座的同学们，接着说：“在刚开始，如果你问杰弗里·斯基林，你会不会做这些事情？他肯定不会说‘我就是要做假’。但正是因为不小心，一步一步走向滑坡，才一发不可收拾。在座的每一位同学，你们以后要常常回想自己当初设定的底线在哪里，不要轻易越过底线，也不要自欺欺人地说，我就只越过这一次，以后再也不会了。有了第一次，就会有第二次，要保证一次也没有，从来没有，这才是最好的。”

当时在课堂上，很多同学马上开始讨论“我的底线是什么，我怎么制定我的底线”这样的问题。因为我们来自不同的行业，以后会经营不同的企业，显然没有一个通行的标准来规定大家的底线具体是什么，讨论就显得相当有意义，也很有趣。

有个同学站起来说，他用 Excel 表格录入了他的相关数据，然后做出了自己的以金钱回报来计算的底线 NPV（Net Present Value，净现值）。当他说到这里时，大家都笑了。很显然，这位同学的财务知识和数据处理学得很好。有人说，宗教信仰会影响我的底线，我们要把这个因素也考虑进去。还有人说，底线可能会随着实际情况不停变动，我们也需要根据不同情况来不断调整。

那堂课上得非常生动有趣，虽然因为种种原因，每个人最后为自己制定的底线各不相同，但大家都花了很多时间去发现和探讨自己的底线到底是什么。每当我们要越过底线时，就要注意所谓的“滑坡效应”，滑坡效应是可怕的，底线不容逾越！

那堂课除了强调企业道德的重要性，更重要的是提出了一个鲜明的观点，即“成功不是对企业或企业家唯一的考量维度”。公司的收入可以通过数字来衡量，但是公司运营发展的对错、好坏以及给社会创造的无形价值，却是很难用数字来表现的。

不管是萨默斯校长在财政部推出新政，约菲教授在英特尔的据理力争，还是佩恩教授在企业道德伦理上的研究，这些都是美国名校教授们在社会发展、经济增长、科技创新和道德文化上的一种探索和推动。他们不仅仅是拥有丰富知识的学者，也是当仁不让的领路先锋，把学术研究与社会发展紧密地结合在一起，推动了美国甚至世界的进步。

大学是最佳的创新平台

什么是创新，什么是创业？为什么要在学校里大胆创新？在学校的时候该不该创业？毕业后是马上去创业，还是到企业里就业？创业是为了赚钱，还是为了别的目的？

美国学生常常会考虑这些问题。我有些同学在大学时期就开始创立模拟的投资机构，进行各种各样的投资演练，他们还会去找那些金融投资和企业管理方面的顶尖教授，帮忙分析、研究投资，到大学毕业时，他们已经纷纷成为投资高手。也有些同学从大学就开始创业。在硅谷最优秀的一些企业家中，很多都是大学没读完就开始创业的，比尔·盖茨和史蒂夫·乔布斯就不用说了，拉里·埃里森（Larry Ellison）大学没读完就创立了甲骨文公司，马克·扎克伯格（Mark Zuckerberg）也是大学没读完就创建了Facebook。

当然，这里并不是提倡辍学去创业。我只是想说在大学期间，创业几乎是没有失败成本的，或者说失败成本特别低，不仅如此，还能在一个良好的环境中获得成长。快速失败、快速学习、快速调整、快速成长，在这样的良性循环中收获宝贵经验，这对以后的职业生涯是非常有帮助的。

戴尔公司是一家在美国家喻户晓的电脑公司。它的创始人迈克尔·戴尔在 14 岁生日那天用自己挣来的钱买了一台苹果电脑。拿回家后，戴尔把它拆得七零八落，但他不是为了学技术，而是为了寻找商机。后来，戴尔又拆了一台 IBM 的个人电脑。在拆了很多电脑之后，他看到了一个巨大的商机：IBM 电脑的零件一共才值 600—700 美元，但电脑的市场价却高达 3000 美元。于是，戴尔到批发商那里将积压的电脑以批发价买回，再将这些机器进行升级，然后以低于市场零售价 10%—15% 的价格在校园里出售。几次尝试之后，戴尔尝到了甜头，他决定中止自己的大学生涯，那年他才 19 岁，刚刚入读大学一年级。对戴尔来说，大学里的学生可能都是自己的客户，这是一个非常值得尝试的机会，退一步来说如果当时创业失败，也只是损失了之前投入的成本，并没有什么别的大损失。

美国名校是一个实验和创新的基地，它允许学生犯错，更鼓励学生犯错后迅速成长起来，同时名校也是积累人脉关系、学习社交技巧和开拓国际化视野的最好平台。这也是那些顶尖大学真正扮演的角色和承担的社会责任。

Facebook 的创始人扎克伯格一开始就很好地利用了校园资源，找到了哈佛大学这么一块“试验田”，建立了一个面向学生的社交网络。后来，他还把这个产品推广到耶鲁大学、哥伦比亚大学和斯坦福大学等名校。通过校园这个创新平台给予的机会，Facebook 以疯狂的速度在美国各大校园铺开，最后蔓延到世界的各个角落。

要知道，做任何事情都需要先有一个开始，只有开始了，才有下一步的机会。而美国名校充分给予学生开始的机会和资源，即使失败，也不会失去太多。真正的失败是你怕冒险，不敢在大学里创新，或者说创新速度太慢，执行力太差。如果再次选择，我可能会花更多的时间去和一些志同道合的同学一起创新，创造一个属于自己的东西。

中国家长千万不要片面地觉得大学只是钻研学问的地方。在大学阶段，学习是必要的，但未必是最重要的。最重要的，也是我深信的，“开阔视野，拓展人脉，结识一批志同道合的人，去做一些具有创新性的事情”，这些会对今后的人生产生更重要的影响，而这才是入读美国一流大学的真正意义所在。

我曾在斯坦福大学创立过一个全球范围的学生组织，是得到了斯坦福大学校长和惠普公司高管的大力支持；从哈佛商学院毕业后的工作是商学院教授介绍的，他现在也成为我最好的精神导师之一；后来归国创业，合作的伙伴中有一个是斯坦福大学的校友，有两个是哈佛商学院的校友。这些资源和关系是在校园里获得的，也将一辈子伴随着我。

我从不担心会打扰或者麻烦到那些教授，其实他们是非常希望能够帮助学生、提供资源给学生的，而不仅限于去教室上课这样的状态。

我在斯坦福大学创办的学生组织叫亚太地区学生企业家协会（Asia-Pacific Student Entrepreneurship Society，简称 ASES）。这个故事要先从斯坦福大学理工科里一个叫美国工程荣誉学会（Tau Beta Pi）的学生组织说起。这是美国最有名的学术荣誉社团之一，对会员在学术方面的要求极高。一般来说，他们只会对成绩排名前 12.5% 的同学发出入会邀请。这个社团也算全美工科专业人士的“兄弟会”。我的成绩不错，得以成为会员。后来，由于在协会中的活跃表现，我被推举为会长，还代表斯坦福大学出席了全国性的协会论坛。也是在这一时期，我逐渐对创新与创业有了自己的一些想法。

在斯坦福大学的校园里，各种学生会组织会定期在某个区域进行集中展示，方便学生们了解各个组织的职能和方向。读大二的时候，我发现了不少有趣的学生组织，但是在那么多学生组织中，竟然没有一个是针对理工科的亚裔学生的。而据我所知，在理工科里至少有接近1/3的学生是亚裔。

那时正是20世纪90年代末，亚洲经济正处在飞速发展时期，中国日益强大起来，大家对有关亚洲的话题越来越感兴趣。斯坦福大学位于北加州，靠近太平洋，与亚洲的距离是最短的，很多人觉得斯坦福大学可以成为亚洲和美国在创新上的桥梁。

当时我就想，既然学校有这样一个使命和优势，而学生在这方面又需要有一个交流和发展的空间，那为什么不能有一个以亚裔学生为主要成员的学生会呢？我立即写了一封邮件给学校校长和理工系主任。很快，我就收到了面谈回复，也得到了他们非常肯定的答复和支持。亨尼斯当时就对我说："这个想法很棒！我们还没有这样的学生组织，既然有这样的需求，为什么你不创立一个呢？"

当他对我说那句"Why not（为什么不呢）"的时候，我第一次认识到，如果你有一个想法，就应该把它付诸实施。后来证明，创立这个学生组织是非常明智的选择。时至今日，ASES的发展远远超出我当时的设想，已经成为一个以团结和教育未来世界级商业和技术领袖为宗旨的国际大学生组织。

受到校长和系主任的鼓励后，我就马上着手创立了 ASES，并开展了一系列的项目和尝试。既然是一个以亚裔学生为主要成员的组织，那很自然地我便想到第一个项目是去亚洲做学生交流活动。第一年暑假，我们去了北京，跟当地一所重点中学合作，教导高中生如何创新。整个活动持续了两个月左右，收到学校很好的反馈。

后来我发现，这个项目虽然对中国学生很有帮助，但对斯坦福大学学生来说受益有限。于是第二年我们决定转变思路，考虑是不是可以组织亚裔学生去亚洲的企业实习。从最初的可行性探讨到后期的实施，我们做了大量的工作，但等到付诸实践时，面对资金问题，大家又犯了难。

这时候，我在大学期间建立起的人脉关系网发挥了重要作用。我通过与我关系不错的一位教授找到了当时惠普公司的全球销售高级副总裁，也是当时惠普公司亚裔员工中职位最高的一位高管，他叫李挺（音译）。因为有了教授的推荐，我很快和他见了面。

我跟李挺谈了组织亚裔学生去亚洲企业实习的构想。我问他："你觉得这个想法怎么样？我相信我们能把斯坦福大学包括硅谷的一些创新思维一起带去，加上我们组织成员都对亚洲有浓厚的兴趣，不管和那里的企业高管还是当地员工交流，双方都会有一些收获。"李挺有建立惠普中国方面的事务经验，听得非常认真，听完后就说："你这个想法特别好，有好的想法就要敢于去实践。我很支持你们，我赞助你们！"通过教授的推荐和积极分享共赢理念，与李挺的交谈十分愉快，我成功地拉到了这次项目的赞助经费，顺利解决了资金问题。惠普公司后来成了 ASES 最大的赞助商，我和李挺的友谊也从此建立起来。

完成了这一次的交流项目之后，我们又发现，这样的活动概念固然很好，但如果一直这样发展下去，会让我们变成一个负责安排实习工作的机构，缺乏同学之间的有效互动和创新交流，这与我最初设想的定位不太相符，因此，我们又尝试着进行新的改变。

1995—2001 年正值互联网快速发展阶段，当时的硅谷可谓是全球互联网行业精英汇聚最集中的一个地方。当时我就想，结合当前行业形势以及斯坦福大学、硅谷的资源优势，能不能组织一些相关的活动来达到创新交流的目的呢？这个想法很快得到了团队的认可和支持。

于是，我们根据当时硅谷的情况，做了一个有关科技创新论坛的方案。首先，我们去亚洲联系并筛选了很多优秀大学里对创新话题颇感兴趣的学生组织领袖，邀请他们来斯坦福大学，与这里最优秀、最有创新精神的学生组织领袖一起分享和交流。接着，我们邀请了硅谷最优秀、最成功的创业者和投资者以及学校里的教授，让他们和这些学生做互动和沟通。那次的论坛活动举办得非常成功，也奠定了 ASES 未来的发展方向。

如今，ASES 已经和亚洲十多个顶级高校建立了合作关系，主要职责就是在当地举办类似的创新交流和经验分享的论坛，同时，每年也会邀请一批最优秀的学生领袖来斯坦福大学，进行为期一周的交流和互动。

创办 ASES 的经历对我来说非常重要，也可以说是我人生中第一个创业经历：从最初产生想法，到获得市场认证；从自己设计项目，到通过人脉寻找资金；从产品投入市场，到得到反馈后再不断进行调整，直到最后找准自己的定位和模式，形成一个市场可以接受的产品，为自己也为别人创造价值。

扎克伯格曾说过，“人们不该担心自己会犯错，因为你在一生中总会犯一些错误。你应该克服困难，勇往直前，而不是垂头丧气”。扎克伯格犯的错误不比别人少，但是他认为他在大学时期的创新和创业的成本真的是很低，以至这些错误要么很快被改正，要么造成的损失并不大。从这个角度来看，大学绝对是人生最佳的创新平台。

成功企业家们的聚会

2012年，国内出了一本很畅销的书叫《哈佛凌晨四点半》。之后，很多人都向我求证，凌晨四点半的哈佛商学院真的是这样一派悬梁刺股、挑灯夜读的景象？学霸们真的是受到墙上那一条条励志校训的激励，狂啃书本后就成了社会精英？

事实上，在哈佛商学院读MBA的那两年里，我一次都没有在凌晨四点半去过哈佛大学的图书馆。而哈佛本科学院的所有图书馆里，好像也只有一两个是24小时全天候开放的。我想，要是那么多学生都挤进去通宵达旦地读书，图书馆也很难容纳得下吧。

那么可能会有人追问：哈佛大学的学生们是不熬夜的吗？不那么勤奋还能在社会上出类拔萃的话，真的个个都靠天赋？其实我想说，哈佛大学的学生们也熬夜，但熬夜不是为了啃那些纯理论的东西，而是为了钻研和实现更有意义的事情。

对于哈佛大学本科生，包括我所熟悉的斯坦福大学本科生而言，因为还没进入职场，很多人的确会在读书和做作业上花很多时间，但更多的熬夜是他们有些在做超前的自学，有些在做自己感兴趣的研究，有些在参加社会实践和课外活动，还有极少数人甚至已经启动创业项目，正在没日没夜地打磨自己的产品雏形。

美国的大学生往往和社会接轨得很好，很快就能把自己的技能用到社会和企业中去，因为单靠死记硬背是无法找到好工作的，孤军奋战也不可能解决大问题，更不能靠一张满分的答卷就改变世界。成功之路上需要的是独立思考能力和判断力，不盲从别人的观点，甚至敢于挑战权威，还需要杰出的领导力和团队协作能力。我们往往要跟别人辩论、碰撞和磨合才能获得这些能力，并让其真正成为自己的一部分。

对于哈佛商学院的学生而言，如果凌晨四点半还没睡觉，可能是参加了一场商学院的社交活动，跟相逢恨晚的知己促膝长谈到了凌晨。在美国，社交活动中小酌一杯是司空见惯的事情，也是一种社交礼仪。

美国的大学里有很多的社交平台会定期举办各类聚会，大家都是刚满18周岁的年轻人，正从思维上开始慢慢定型，很多人在进入大学校园之前，还没有真正地想清楚自己到底要做什么，所以有机会就聚在一起摸索和探讨自己想要做的事情。

但商学院的情况却截然不同。绝大部分人心里已经很清楚自己想要什么了，不管是想做一名政客，还是成为下一个华尔街巨头，或者担任《财富》500强公司的下一任CEO，很多人都已经对自己接下来的工作和人生有了很清晰的规划和想法。在哈佛商学院的学习，从获取知识的角度来说，其实是一种补充和加强。虽然可以从这里学到很多企业管理方面的知识，但更重要的还是和那些有着丰富阅历和创新想法的同学们分享各自的经验，充分拓展朋友圈，为接下来的人生打下一个坚实的基础。

我那一届有个非常有趣的组织叫“寿司联盟”。这个组织是由两位同学创立的，一位叫迈克·加福瑞（Mike Ghaffary），另一位叫纳迪姆·梅盖吉（Nadeem Meghji）。他们是我们那一届中年纪最小的两位同学。两人都同时攻读法学院和商学院的双学位，会在哈佛学习四年。他们俩还是寿司的狂热爱好者，当时由他们牵头，一群喜欢吃寿司的同学就组成了“寿司联盟”。每周总有那么一天，大家会聚在一起去各种地方寻找好吃的寿司。

有一次，我们和往常一样在一家寿司店聚会，有几位同学起哄说干脆搞一场“吃芥末比赛”，让两位创始人比赛吃芥末，看谁吃得多！比赛规则是一口气吃完一大碗芥末，中途不能喝水，不能吃别的东西，吃完芥末一小时内不能吐，谁赢了奖金就归谁。迈克和纳迪姆毫不犹豫地参加了这个比赛。很快，两人面前分别摆上了一碗芥末。我们高喊：“一，二，三，开始！”随后，两人就拼命地吃了起来。

我清楚地记得，当第一口吃进去的时候，他俩的眼睛都红了，鼻子也红了，嘴唇也慢慢地开始颤抖。刚开始两人还能一大口一大口地吃进嘴里，但没过两分钟就慢了下来。这两个大男生看上去表情非常痛苦，想哭但又不好意思哭出来。最终纳迪姆更胜一筹，最先吃完了一碗芥末，而且最后也没吐，惨烈地赢得了比赛。

比赛结果出来后，大家大声欢呼，气氛非常热烈。那一天，我们聚会到半夜，而所谓的赢家纳迪姆却一整晚都躲在洗手间，实在没有办法愉快地参与后半场的聚会，可想而知他有多么痛苦。这是我记忆最深刻的一次“凌晨四点半”。

如今，两位“吃芥末比赛”的同学已经在事业上取得了非常大的成功，迈克·加福瑞后来成为美国最大的点评网 YELP 的全球市场开发副总裁，纳迪姆·梅盖吉现在是黑石房地产高级董事总经理，也是黑石全球不动产投资委员会委员。每当我在媒体上看到他们的新闻报道，就会想起那两个为了赢得吃芥末比赛而满脸通红、眼睛里面泛着泪水的大男孩。

当然，能忍耐吃芥末跟他们后来的成就并没有什么直接关联，哈佛商学院的社交生活也绝不仅限于吃吃喝喝，但这样的活动和场合确实能让大家都放松下来，慢慢培养起感情来。在这点上，中国顶尖商学院跟美国是一样的。

在中国，我曾参加过长江商学院的资本班，进行了为期一年的学习。那是我第一次接触到大批中国本土企业家。这是一个非常独特的群体，我得以通过那次学习机会更加深入地了解了他们。

我的长江商学院同学大致可以分为三类。第一类是传统行业的企业家，平均年龄比较大，有着很丰富的创业和管理经验，对国内的行业领域及市场行情了解得非常透彻。尽管他们大多数都没有很高的学历，但都非常聪明，对于自己所在行业的形势抓得非常精准，同时也深谙挖掘及巩固商业人脉资源的重要性。第二类同学是来自新兴行业如信息科技等产业的企业家，所占比例和平均年龄都相对小一点。第三类是 20 多岁的年轻人，他们看上去几乎没有任何管理经验，可能是他们的父母派他们来上课的。

在长江商学院这一年的课程里，我们会去不同的城市上课。一般当地都有同学或同学的企业，每次课程结束后，总会有人一尽地主之谊，款待一下大家。这个时候，班长和班委会帮忙组织，通常是先安排一个饭局，大家互相敬酒，一个班有 30 多个人，全部敬完一圈后，每个人就差不多喝了一瓶半的酒。饭局结束之后进入下一场唱歌环节，唱歌的时候也会喝点酒。

在资本班这一年让我逐渐了解到，很多中国企业家尤其是男士平时比较难放下自己的面子和身份，往往到了一个比较放松的聚会场合，酒过三巡后，大家才会放松一些，所以这也可以看作是一种比较柔和的、拉近彼此距离的沟通方式。其实中国式酒桌文化和之前讲到的吃芥末比赛在一定程度上是类似的，无论中国人还是美国人都需要寻找一个非正式场合来建立关系和加深感情。

那么在社交活动方面，中美两国商学院的差异之处是什么呢？我发现，中国人更注重资源的整合，而美国人更注重想法的整合。在长江商学院的活动上，大家推杯换盏之际谈论的重点，往往是你有这个资源，我有那个资源，我们两人整合到一起就能实现资源共享或者整合了。而在美国商学院的活动上，大家更多的是分享彼此的行业经验和不同经历，探讨如何将不同想法进行融合，然后可以衍生出哪些创新点和商业机会。

探讨不同的想法，再整合彼此的想法，这点在美国商学院表现得尤为明显。在哈佛商学院，我曾和一位热衷时尚的女同学詹妮弗·海曼（Jennifer Hyman）畅谈过彼此对时尚的一些看法，她是一个思维敏捷、思路开阔的人。那次聚会上，我在想移动互联网将如何改变消费方式，而她则在想如何借助互联网的力量解决资源整合的问题。

当时，海曼发现有很多模特拥有满满一屋子的漂亮衣服，由于是定制款，很多衣服只穿一次就被处理掉了。还有很多女孩买下一大堆高贵奢侈的衣服，可能只有在少数场合才可以穿，而且穿过之后就不再喜欢，或者无法忍受反复穿同样一件衣服，于是把它们都束之高阁。既然如此，为什么不能把这些衣服拿来出租呢？隆重的婚纱可以租借，各式各样的漂亮衣服也可以出租，还可以让互联网和大数据帮助女生快速找到适合自己的衣服。

于是海曼将时尚和互联网结合，开设了一家出租时尚衣服给女性的网站 Rent the Runway，迅速风靡一时。想想看，你只需 30 美元就可租到

Vera Wang 标价 1295 美元的礼服，只需 70 美元就可穿上 Calvin Klein Collection 售价 2295 美元的礼服。是不是每个女生都会怦然心动呢？ Rent the Runway 现在在全美已经有几百万名会员，每日网站及其软件算法需要处理并向成员寄出近 10 万件服装和配饰。同一天里，还有 4 万件衣物会被会员装在回收袋里，通过快递寄回。

Rent the Runway 已迈过美国创业圈里人人都翘首期待的 10 亿美元估值门槛，成为一个“独角兽”。“独角兽”圈子里充斥着男性，一家由女性创办的企业能达到这个高度，实属罕见。毫无疑问，把时尚、分享经济、互联网科技三者挂钩的想法是这家公司的创新基础。

这个例子很好地说明了：美国商学院的学生会很乐意跟不同行业不同经历的人交流和分享自己的想法，他们会细心聆听别人对这个想法的反馈，不管是正面的还是负面的。如果你的切入点或者做法跟别人一样，那你的结果和成绩最多也就和别人一样，不会有多大的突破。想在市场上找到属于自己的突破口，就要勇于尝试特别的方式和做法，往往才会产生意想不到的收获。这些创新的想法绝对不是天马行空、随意编造的，而充满脑力碰撞的商学院同学聚会就是诞生这些想法的一个好地方。

哈佛商学院里的“中国风”

我进哈佛商学院的时候，“中国”一词已渐渐变得热门起来。但是，去过中国并对中国有所了解的美国学生仍然很少。

这让我想起了 1996 年夏天在惠普公司上海总部的实习经历。当时，公司就设在繁华的商业中心淮海路上。一到那儿，我就发现一个有趣的现象：

被惠普总部派到上海的高级经理人居然清一色都是美籍华裔，我的上司也是一位美籍华裔。

他见到我，感觉非常亲切，就主动告诉我说，惠普总部几乎没有一个美国人愿意来中国，都认为中国是一个去了要受苦的地方。虽然总部开出了很诱人的海外派遣福利——更高的薪水和职位，配房、配车、配司机，还会加上探亲休假等各种补贴，但是仍然不能吸引到他们。只有像他这种有心回祖国经历一番的人才愿意来中国。

讲完这些，他拍拍我的肩膀，笑着指指窗外，继续对我说："不过，我要感谢那些放弃的人。你看看，这哪里是一件苦差事？我在中国过得可比在美国好多了！"我顺着他指的方向从办公室窗户望出去，见到的是淮海路上车辆行人川流不息，一派现代都市热闹繁华的景象。

出生于上海的我当然比他更熟悉这里。20 世纪 90 年代的上海正处于经济发展的迅速起飞阶段，本就身处浦西传统繁华之地的淮海路、延安路和南京路有了更大的发展，浦东新区也在国家的大力推动下突飞猛进。外资尤其美资的注入，使得上海获得了更为强大的活力。

显然，远在大洋彼岸的美国企业敏锐地捕捉到了这个大时代的信号和商机，要不然也不会花这么大的成本，从本土派这么多人来这里。但是在 20 世纪 90 年代，绝大多数美国人并没有去过中国，对中国的印象主要是通过媒体报道、影视作品、书籍报刊形成的，也有的是通过与旅美华人的接触形成的。对很多美国人来说，刻在他们脑海里的那个中国还是一个贫穷的国度，是一个要吃苦的地方。

到了 2003 年，来哈佛商学院演讲的跨国公司 CEO 们却越来越多地提到中国。那一年，百事可乐的 CEO 来哈佛商学院演讲，他说在这个时代，任何一个国际企业的CEO如果没有中国战略的话，那他的公司肯定会失败。我强烈地感觉到：只是过去了七年时间，中国已经逐渐成为很多美国人尤其美国企业非常关注的焦点，它已经从一个吃苦的地方变成了人人都想去的地方。而那一年，哈佛商学院也招收了历史上数量最多的中国学生，一共15位，其中大多数人学成之后就回到了中国。他们毕业后的发展都非常不错，比如汽车之家的前CEO秦致。而在此之前，绝大多数中国留学生完成学业后都会选择留在美国发展。

进入21世纪后，随着中国经济的飞速发展，中国的民营企业也不断地成长和壮大起来。当这些公司发展到一定规模后，就需要专业的管理人去做一些更深层次的管理工作，比如，打造一个好的公司品牌，建立属于自己的企业文化，或是帮助公司融资、上市，等等。而那个时候，职业经理人在国内非常稀缺，这些顶着哈佛光环的管理人才瞬间就成了抢手货。

另一个回中国做得很好的同学叫考夫曼，曾在学而思担任CFO。他是一个地道的美国人，在进入哈佛学习之前曾在中国工作过，会讲中文，对中国也有一定的了解。他从哈佛商学院毕业后，仍然选择回到中国。

当越来越多的中国公司想走向国际市场，或是寻求国外上市及融资的时候，就非常需要一些对美国和中国都有所了解的、有名校背景的白人面孔，来帮助他们将企业推上一个更高的台阶。考夫曼无疑就是最佳的人选。他回到中国后，从一个企业的CFO做到另一个企业的CFO，每次都是帮助中国企业做海外IPO上市。当然，他自己也是赚得盆满钵满。

当时回国的同学们，不论是中国人还是美国人，都在中国找到了属于自己的不错的定位。在中国企业快速发展的背景下，中国企业对这些人才的需求也是非常巨大的，他们赶上了这一波历史的潮流与机会。

同时，国内的职业经理人也频繁地来哈佛商学院进修，学习世界级的管理理念。哈佛商学院也有面向跨国企业领导人开设的总裁班，学制通常是一年。我和总裁班的学生有过多次交流。对这些企业领袖来说，入读总裁班很有帮助，因为在这里他们可以以一个国际化领袖的视野来审视自己公司的架构和管理。

记得有一次，我们班有个姓孙的华裔同学告诉我说："我叔叔来了，他读的是哈佛的总裁班，你要不要跟他见个面？"于是我就和她一起去见了她的叔叔，并旁听了他们的课程。那时候我们班里基本都是二十多岁的年轻人，而总裁班里都是四五十岁的中年人，并且清一色都是大型企业的高管。

听完那节课我就发现，在总裁班里所学的知识以及老师教授知识的方法和我们是一模一样的，只是他们的讨论和发言跟我们有着很大的差异。因为他们都是大企业的领导人，谈论的都是自己几十年经验积累的心得，都是实实在在发生过的案例。比如，他们会说，收购一家市值几亿美元的公司要经过哪些实际的操作过程，结果会发现这样或那样的问题。他们给出的案例翔实，发言绘声绘色，实战性非常强。而我们在课上所讲的东西则基本都是凭空想象。他们不像我们谈案例的时候说，如果自己是案例里面的人会怎么样，而会直接说，自己就经历过类似的事情，自己当时怎么样做的。他们在很多未知答案的寻求上，显得更为迫切。

我还发现，很多时候他们在讨论意见中的差异比我们的更大，这么多经验丰富的优秀企业家和管理人员聚在一起，各有各的说法，而且因为在各自领域都有自己的一番成就，所以更加不会轻易改变看法。哈佛商学院的教授更多的工作就是引导，让他们意识到自己还需要懂得更多知识，去摸索更多解决方案，而不是故步自封。因为在他们那个位置上，视野和眼光更为重要，他们的决定往往会影响整个公司的发展。

在那之后又过了十年，中国风越吹越强劲，上文提到的佩恩教授已成为哈佛商学院中国高级管理人项目的总负责人。时任万科集团董事长的王石到哈佛商学院进修的那一年，佩恩教授也是他的老师。据说后来王石邀请佩恩教授来到中国，让她帮忙制定公司的企业文化。

这对中国企业来说，无疑是一种革命性的尝试和跨越，因为企业精神和道德准则光凭上课或停留在口头是不够的，只有融入企业文化中才能最终坚守下来。总裁班这个系列课程的开设，对中国当代企业家是非常迫切和必要的。中国经济要做到长期健康发展，不仅要考虑短期 GDP（国内生产总值）增长所带来的经济增速，更要注重长期的可持续发展。企业的基业长青需要坚守道德底线，不能为短期利益而粗制滥造，不能图一时之快而急功近利。每一个企业管理者都要考虑如何为企业打造工匠精神，帮助企业实现长期可持续发展。

其实从古至今，中国从来不缺少工匠精神，工匠精神不是舶来品。中国曾经是世界上最大的原创之国、精品出口国、匠人之国。从公元前 200 年至 18 世纪，在两千多年的农耕经济时代中，中国一直是全世界最大的产品输出国，中国的丝绸、瓷器、茶叶、漆器、金银器、书画等精美产品是世界各国王宫贵族和富裕阶层的宠儿。

改革开放四十多年，中国经济的高速发展有目共睹，但商业伦理问题也日渐凸显。部分企业为了牟取暴利而忽视商业道德，假冒伪劣、粗制滥造时有发生。一些企业还喜欢弄虚作假，明明败絮其中，却要包装成金玉其外，虽然获得了一时的利益，但失去的将是客户的信任和市场的机会。

中国正在日益崛起，但在快速发展的过程中，相比较而言还缺少美国勇于创新的思想、日本精益求精的精神和德国代代相传的理念。试想一下，一些随着经济迅速发展而日益扩张的中国公司，在经历了30年、50年、100年后，还能像日本、德国或美国的优秀企业那样很好地存续下去吗？

我觉得，对于中国企业而言，最核心的问题已不是快速占领市场或是追求业务扩张，而是需要有一个好的公司文化的内部传承。大胆引入美国顶尖商学院的理念无疑是一种非常不错的选择，而企业家自己则要不浮躁，不妥协，静心做事，踏实做人。因为文化和理念的建立绝不是一蹴而就的，也不像书面知识那样可以生搬硬套过来，而是需要耐心地进行系统化的培养和孵化，并且在企业里一代又一代地传承下去。

我相信，在越来越多的优秀中国企业涌现后，他们的发展史会更多地被作为优秀案例写进美国顶尖商学院的教材里。可以预计，在未来很长时间里，中国风将继续劲吹。

顶级商学院对成功的定义

我喜欢探究成功者背后的秘密，因为我相信，成功会留下痕迹。到底他们具备了怎样的特质，才会最终成为一个真正的成功者呢？

在哈佛商学院、白宫、华尔街，我碰到过各行各业的很多成功人士。随着和他们交流的深入，我慢慢发现，无论他们有什么背景，身处什么行业，做什么样的工作，作为一名成功者，他们往往都具备一些相同的特质。

2015年，我回到哈佛商学院参加毕业十周年校友聚会。十年的时间说长不长，说短也不短，但足以让我们发生很多的变化。哈佛商学院自身也发生了很多新的变化，而这些变化很多都源自新任院长尼廷·罗利亚（Nitin Nohria），一个印度裔美国人。

这位新任院长很有全球发展眼光。首先，他将哈佛商学院课堂上的案例进行了大幅调整，原先美国以外的企业案例只占5%，现在被大幅提升到30%以上，这一点在全球化背景下显得尤为重要。其次，他规定所有的商学院学生一定要在两年里至少去一个美国以外的国家的企业深入调研，帮助当地企业发现问题并提供解决方案。最后，在商学院附近新设了一个"哈佛创新实验室"（Harvard Innovation Lab），帮助学生在校期间进行创业实践，希望拉近在校学生和创业之间的距离。只要在校时期创业的学生，都可以得到哈佛创新实验室的帮助。

综合上述，这位新任的校长对哈佛商学院进行了自上而下的深入改革，把哈佛商学院从一个培养"美国模式"的企业领袖的基地变成了一个"国际化模式"的企业领袖的基地，最后还把创业直接和学校挂钩。这是我毕业十年回到母校后感受到的最大惊喜。

除此之外，校友们在聚会上还有一个更为关注的话题，那就是，为什么有的同学会比其他同学更成功。

以前我总认为聪明是成功的重要前提，但入读商学院后才发现，聪明只是成功的一个小小因素。那成功靠的是勤奋吗？是机遇吗？还是别的因素？聊到后来，大家一致认为，是良好的心态。

以创业为例，很多人在创业的最初阶段总是处于一种"匮乏心态"（scarcity mindset），总是说，我缺钱啊，缺人才啊，缺客户啊，可以罗列出一大堆缺乏的东西，甚至有一些人因为看到缺乏的东西太多就早早放弃了。但其实每个人心里都清楚，在创业初期，大部分东西肯定都是匮乏的。

《三国演义》中诸葛亮要去打赤壁之战，他从来没问刘备“为什么我们的箭那么少”，于是才有了经典的“草船借箭”；张飞在当阳桥前一人迎战十万曹兵，也从来没问刘备“为什么我们的兵那么少”，于是有了传颂千古的“喝断当阳桥”。放到今时今日，还有一句话叫“如若万事俱备，你的价值何在”。

真正优秀的创业者具备的是“丰盛心态”（abundance mindset），他们相信所有的资源都可以拿到，只是暂时没有想到拿到它的最好办法而已。他们对产品很自信，相信这是大部分人都喜欢的，只是他们还没想到最好的办法去告诉消费者，让消费者来用自己的产品。优秀的创业者甚至认为，正因为匮乏、限制和约束的存在，才有机会打造出更有趣的故事。假如没有这些困难，所有的资源唾手可得，也就不存在有意义的故事了。

两种心态一经对比，大家会很清楚地看到，丰盛心态是完全正面的心态，会激励创业者不断向前摸索，也决定了一开始就不抱怨外界，只会想着怎样去获取资源和解决问题。

我们还发现，成功者往往具有“无尽心态”。他们总是会说：“这样是远远不够的！我还需要怎么做……”他们心中通常会有一个很大的目标，而现在已经做到的东西只是这个目标的很小一部分，未来还有很漫长的路要走。当一个人具有无尽心态的时候，目标和使命会推动他不停地向前走。反过来，如果有人说，这个对我来说已经足够了，这样已经很令人满意了，只要保持这样就可以了。往往这时候他就已经停止了前进的步伐。

当年我在斯坦福大学快毕业的时候正值互联网泡沫时期，很多 IT 公司拿着聘用合同向我们承诺：“你就加入我们吧，我给你的是 10 万美元的基本年薪和哪怕你不久后退休也足够你过一辈子的股份。你就为我们工作 4

年，然后就计划 30 岁退休之后做什么吧！”

那时候，我们一群同学还真的讨论过 30 岁后退休的具体计划。这么多年过去了，这群人当中后来到底有没有人 30 岁就退休的呢？其实一个也没有。很多人得到第一桶金之后，就获得了财务自由，不再担心受生活所迫而做一些自己不感兴趣的事情了，但没有人选择退休。

真正的成功者在获得第一次成功后，很快就会设定下一个目标，从不会因为小有成就而轻易止步。他们现在积累的财富只是给了他们更好的基础，更多的自由，让他们未来可以去做自己更想做的事。看看 1928 年出生的李嘉诚、1930 年出生的巴菲特，他们跨入耄耋之年还在孜孜不倦地工作着，他们是为了拥有更多的财富吗？显然不全是。一个成功的人是没有真正的退休的，他只是把下一个目标设得更大，从而为那个更大的目标去拼搏。

这次哈佛商学院毕业十周年校友会也令我想起了毕业五周年校友会，当时我们又回到了熟悉的课堂上，教授和平时一样给我们上课，但这次不是上案例课，而是和我们一起分享五年、十年、二十年校友回校之前写的日记。我们看到，毕业五年的时候，绝大多数的校友都会写：我又升职了；我在工作中又碰到了哪些挑战；我正在想下一步到底该做些什么。再看十年的时候，一些人说，我的工作很顺利，这让我很开心，但更开心的是我有了两个孩子；另一些人说，我非常高兴跟太太一起学习了一门新的烹饪技术。而二十年的时候，基本上很少听到有人提事业了，绝大多数人都会说到家庭，说到健康，说到与朋友、家人的相处。

老实说，当时我并不太在意，心里想：哦，是不是这些人老了，他们变得雄心不再。但是，当毕业十周年校友会我们再聚在一起谈论成功的话题时，我才真正认识到，我之前对成功的定义太狭隘了。当时我只认为一个人事业做得很大，影响力很大，那就是成功，而忽略了成功的定义其实还包括其他内容。比如，同学们会说，我每周有五天都可以陪孩子和太太一起吃饭；每次孩子有棒球比赛、篮球比赛，我都可以到场助威；我为自己和家人制订的健康计划、旅游计划现在已经顺利地执行了几年……而不单单只是埋头事业。

我现在知道，不是这些校友老了，而是他们更成熟了，更深刻地认识到成功的全面定义。真正的成长和成功应该是全方位的，它不仅仅是财富的积累，也包括了拥有良好的人际关系、健康的身心和对他人及社会的贡献，这也是顶尖商学院对真正成功的定义。

第五章

跻身名企

成就卓越突破自我

机会总是留给有准备的人

每年，美国都有一百多万名大学生走出校园，走向社会，其中包括很多中国留学生和华裔学生。和当年的我一样，他们会面临各种就业问题，因此必须要有很好的应对策略，才能获得更好的发展机会。在我看来，应对策略里有三点是非常重要的。

第一点，世界在改变，自己也应该积极应变。

大学毕业时，绝大多数年轻人并不是很清楚自己到底要做什么。而老一辈的人会从他们的经验出发，告诉年轻人从事某些职业是非常稳妥的，比如当医生、律师、工程师，或是去华尔街从事金融工作。可是这些曾经被公认是最好的就业选择，现在却遇到了很大的挑战，归根结底是因为世界在变。

比如，律师是按小时收费的，现在很多美国公司都不愿意付钱聘请律师做常年法律顾问，这就造成了很多从普通法学院毕业的应届生找不到工作。如果你从顶尖法学院毕业，就业情况要相对好一些，刚起步的年薪差不多能有 16 万美元，但做到合伙人也可能只有 35 万美元。一个律师要坐到合伙人这个位置，一般都需要从顶尖法学院毕业，然后至少打拼 7—9 年，最后也只有小部分人能成为合伙人。国际化也是一个挑战，不少律师事务所为了节省成本，常常把工作外包或分包到美国以外的地方，例如将一些简单的法律文件传到印度，让那里的律师解决一部分基本的文案工作，然后再转回美国，由本土律师进行深入处理。

医学院毕业生的就业状况相对好一些，但也有两大挑战。一方面，他们担负着比别人更重的学业贷款压力。在美国，一名医学院的学生要在大学毕业后再读 4 年的医学院，实习 2—4 年后才能在医院开始正式工作，所以他们所背负的学业贷款也往往比其他专业的学生多。另一方面，医疗行业格局发生变革，医生面临巨大的挑战。在过去，很多医生都会开自己的私人诊所，赚钱不少，但现在医院联盟建立后，并购了很多中小型医院，与私人诊所形成了强烈的竞争，而绝大多数医生都成了受雇者，一名有经验的医生年薪能达到 20 万—30 万美元就已经非常不错了。

IT 工程师所面临的行业压力更大。首先，科技行业本身就变化很快，IT 工程师要面临技术的不断更新。其次，他们会面临来自更多同行的残酷竞争，在硅谷，来自中国和印度的优秀工程师比比皆是。即使你是一名从顶尖大学毕业的 IT 工程师，年薪也就 10 万—15 万美元，较低的只有 7.5 万美元。

综上所述，很多以前在父母眼中又好又稳的行业，现在都未必有那么保险。很多美国专家都认为，由于社会变化速度加快，行业交叉结合的机会增多，以后的经济应该被称为“零工经济”（ Gig Economy ）。这是一个什么概念呢？在中国，以前一个人在一个单位一干就是一辈子，美国之前也是如此，在一家大型企业连续工作 10 年以上的人比比皆是，但现在很少有人会在一个企业干一辈子了，而是在行业里的多个企业都有工作经历。

在未来，一个人在职业生涯中会有机会从事很多不同专业的工作，而且大多数人都会这样，例如可能做几年工程师，再做几年作家，接着再从事其他不同的工作。在美国，这样的人已经越来越多。

这意味着我们在大学里学到的硬知识会变得越来越不重要，而那些软性的技能会变得越来越重要；如果我们在大学只局限于一个专业的学习，忽视了与之相关的其他知识，就很难适应这个不断变化的社会。

第二点，充分尝试，找到自己的热爱。

首先，学生在求职之前要对工作机会有充分了解，这样才不容易错失一些好机会。我是学计算机的，在毕业之前收到过一家叫 D. E. Shaw 的基金公司的录用通知。当时用计算机技术运作基金的公司特别少，这家公司可能是最早也是最成功的一家，现在它已经成为世界上规模最大的、以复杂的数学模型及数据分析方式做投资的对冲基金之一。当时如果我选择 D. E. Shaw，成了它的第一批员工，那我可能早已是亿万富翁了，同时也可以推动技术、投资和数据分析做出最好的结合。比较遗憾的是，我当时并没有花很多时间去了解和研究这家公司，导致我和本可拥有的机会擦肩而过。

其次，大学阶段也是试着去寻找自己热爱、顺着热爱去寻找理想工作的最好时候。很多人认为到大四时再开始找工作也来得及，但其实这是完全错误的，应该更早开始规划。在大学期间除了学习和社交之外，还有一件非常重要的事情，就是找到自己热爱的工作或事业。

史蒂夫·乔布斯去世前在斯坦福大学的最后一场演讲广为人知，他在那场演讲中提到，每个人都要找到自己的所爱，并追随所爱。因为发自内心的热爱会陪伴你一辈子，支持你一辈子，能让你积极迎接挑战，坦然面对挫折和失败，成功之时也将获得特别强烈的成就感。

但是，真正的热爱是非常难找的，人的爱好往往有很多，未必知道自己真正的热爱是什么。很多学生找工作的传统做法无非两种，一种是受父母的影响，跟着父母的建议走；另一种就是看朋友正在做什么，就选择做什么。

跳出这两种传统的思维，不人云亦云，最好的办法就是在大学里多读一些课程，尤其是跟自己专业没什么关联的课程。美国的大学比国内的大学更多元化，往往鼓励学生多选修一些课程。乔布斯在那次演讲中也提到这两点，一是不断地尝试，找到你的所爱；二是多做一些自己喜欢做的事情，因为你不知道什么时候这些点会连在一起。

很多人都知道乔布斯上大学不久就主动辍学，但并不知道他在之后还选修了很多课，其中有一门课是“字体形状”。乔布斯一开始也不知道这门课会对他产生巨大的影响，后来他自己给苹果产品开发字体时，做得非常漂亮，和其他字体完全不一样，这让苹果产品推向市场后获得了一个意想不到的亮点。乔布斯把这些成绩都归功于当时选修了这样一门课。

还有一个很能说明问题的例子就是巴菲特，大家现在都觉得他已经成为一个神话，但很少有人看到他早期的投入和付出。他 8 岁时就喜欢看股票，13 岁就喜欢看上市公司年报，上大学就开始炒股票，大学毕业时已经有近 10 年的股票投资相关经验了。这么早就发现自己的爱好，并且比别人早投入更多的时间，这是股神巴菲特能取得巨大成功的重要原因之一。我已经没有机会重读一次大学了，但还在学校里的学生们应该充分尝试，了解社会、行业、公司和自己，让自己的就业选择建立在信息更充分、尝试更深入的基础上。

第三点，主动出击找圈子，找贵人，而不是被动等待。

当你读了自己很喜欢的课程后，可以选择和教授们聊聊，问问他们对职业发展的建议，还可以找一些相关行业内的校友，也就是所谓的过来人，问问他们每天的工作细节，以及对工作的感想。

大学往往都有一个校友会，很多学生都是毕业之后才会想起联系校友会，其实在学校时就可以联络校友会，进行互动。在美国有个词叫“信息性面试”（informational interview），就是指学弟学妹向校友们请教职场信息，就像我现在也会接到很多这样的电话，比如哈佛商学院的学生会问我：“我对跨国创业很感兴趣，能不能和你聊聊，听听你的一些经历？”不用担心你会打搅校友们，他们一般都会非常愿意分享自己的经验。

除了校友会，大学里还有很多兴趣协会非常值得参与。如果你对时尚很感兴趣，你可以加入关于时尚的协会，在那里你可以找到时尚方面的一些名人，请他们来学校演讲。很多时候就是“一回生，二回熟”，甚至可以为自己争取到一份实习的机会。

美国名校都有专门做投资的协会组织，有些学校甚至还有校友捐赠的基金去支持这些协会组织的发展，这笔基金可以帮助投资俱乐部的成员进行真正的投资。比如你想做股票分析员，就可以针对一支股票做一份分析报告，然后发给俱乐部的投资委员会，委员会将决定是否吸收你为会员，包括是否接受你的建议买入这支股票。而且这一买入不是模拟性质的，是用从基金里拿出来的真金白银去买的。

巴菲特的成功有一个很重要的原因，就是他找到了比尔·格雷厄姆（Bill Graham）这位名师。当时，格雷厄姆是哥伦比亚大学的教授，他在学校外有一家基金公司，这家公司也提供机会让学生学习和锻炼。巴菲特很钦佩这位老师，甚至跑到他那里请求为其免费工作，但一开始遭到了拒绝。虽然如此，巴菲特仍然坚持上格雷厄姆的课，直至格雷厄姆最后录用了他。

“找贵人”很重要，因为贵人能帮你打开更广阔的天地。如果按照一般的面试流程，你的老板是谁完全不由你选择，你只是选择了公司，选择了工作，选择了职位。跟的人对不对，你在一开始是完全不知道的，如果在此之前有了解情况的人能提点你几句，你会更清楚你将要入职的公司，更清楚公司里的文化和人脉。

在读大学四年级的时候，有一天我和一位同学闲聊。她好心地问我：“你想去英特尔看看吗？如果想去的话，我可以推荐你。”

我知道，这位同学曾经是“英特尔科学天才奖”的获奖者。在美国高中阶段就能获得这个奖项，那可是一件非常值得骄傲的事情。这项名叫“科学天才奖”（Science Talent Search）的竞赛始于1942年，英特尔于1998—2017年赞助并冠名该项竞赛。

“英特尔科学天才奖”是一个面向“STEM”领域——科学（Science）、技术（Technology）、工程（Engineering）和数学（Mathematics）研究成果所颁发的奖项，是全美公认要求最高、最精英的高中科学研究竞赛。迄今为止，有7位诺贝尔奖获得者在人生履历中曾提到获得过这一奖项，所以它也有“小诺贝尔奖”之称。它吸引了那些出类拔萃的、拥有远大理想的年轻科学家们，经常受到全国媒体的关注。它也是一个重要的风向标，标志着美国教育的竞争力。

每一年都有非常多的中学生申请参加这项竞赛，但只有40名决赛入围选手可以来到华盛顿，与包括总统在内的政府高官和企业高管会面。正是因为我这位同学得到过这个奖项，表现如此杰出，所以英特尔一直和她保持着联络，多次邀请她加入公司工作，并且表示将安排她参加英特尔管理人培训项目（Intel Rotation Program）。可惜她对此好像没什么兴趣，但很乐意帮我做这样的桥梁。当她问我这个问题的时候，我感觉机会来得真是快，告诉她说我很感兴趣。

找圈子、找贵人、找机会、问信息这些事情都不需要等到找工作时才去做，而是越早开始越好，越主动越好。对毕业生而言，好的工作都是靠自己找出来的。如果在学校“坐等”那些进校招人的职位，往往不是最好的选择。现在很多学生都是等到大学四年级的时候才去求职，那已经很晚了，因为绝大多数名企最终录用的人都是大三就已经进入这些公司实习的人，拥有丰富实践经验的学生尤其受到青睐。

在职业上获得成功，有人归功于勤奋，有人归功于有想法，有人归功于幸运，但不管成功的原因是什么，做足准备可以让你成功的概率最大化。人生能否成功就是看一些机会来临时你能否抓住，为了有能力去抓住机会，你要下意识地提前做好准备，而这些基础都是在上大学期间就可以逐步打好的。

总而言之，在大学时候规划职业生涯最好的方式和方法应该是：你意识到社会是存在着很多变化的，你要时刻准备着应变；你要开始利用很多时间不断尝试，找到你的热爱；你要主动出击，找到能帮助你的人，甚至在这个行业里面积累出实战经验和人脉网络。这样的话，等你到了大学毕业，工作机会已经是唾手可得了，因为你已经知道你要什么，也知道谁会给你，然后你也认识那些贵人，甚至会有公司来抢你。

顶级企业面试的通关要点

和在中国找工作一样，美国毕业生也要拿出自己的大学成绩，准备好简历，通过自己投递或者别人推荐，寻找合适的工作机会。而企业会通过电话或当面的形式对候选人进行面试，最终确定是否给予录取机会。

在求职的一系列环节中，面试可谓是重中之重，这一点和申请大学的情况有异曲同工之处。美国企业认为学术成绩和专业知识是硬技能，个人简历也只是文字描述，而一个人的性格特点、逻辑思维、沟通能力、管理能力、团队精神这些软技能更为重要，都需要通过面试交流来做出判断。往往越是优秀的美国企业，越重视面试。如果要进入顶级企业，面试是必须认真准备和好好对待的。面试者首先要思考以下几点：

- 我是否真的适合这份工作？
- 我是否了解这家企业？
- 我是否了解这份工作？
- 我为什么想要这份工作？
- 我为什么能胜任这份工作？
- 我的优势和劣势是什么？

在美国，行业可谓五花八门，其中最受中国学生关注的是金融、咨询和科技这三个行业，这也是美国在世界上比较领先的三个领域。

在金融行业里，华尔街的投行最受求职者追捧，例如高盛、摩根大通等。投行是投资银行的简称，它是和商业银行相对应的一个概念，主要开展证券发行、承销与交易，企业重组、兼并与收购，投资分析、风险投资、项目融资等一系列业务的非银行金融机构，简单说它就是资本市场上的金融中介。投行是发达证券市场和成熟金融体系里的重要角色，很多在华尔街经营金融业务的机构都可以归入投行这个类别。由于属于金融投资范畴，又从事巨额资本运作，每分每秒都在面对瞬息万变的全球资本市场，机会多，收入高，很多名校毕业生都对其趋之若鹜。

投行的面试问题通常是分析一家公司的业务发展或者股票趋势，比如我就曾被问道："你觉得哪一家公司的业绩 / 股票是你看好的，为什么？"我此前曾对著名的宠物服务公司 Petco 进行了研究和准备，因此在回答中提供了很多数据上的分析推理，例如他们推出了宠物旅馆（Pets Motel）这么一个新服务，专门针对那些经常出差导致无法照顾宠物的顾客，让他们的宠物得到更好的服务，从而获得了很多新的用户和订单；我也从对用户的感性认知上做了回答，"我注意到顾客对宠物的称呼是拟人化的（称呼他 / 她，而不是它），说明宠物在顾客心目中的地位很高，即使经济条件变差，他们也不会削减在宠物方面的开销"。

我有一些同学很喜欢也很合适去投行工作，面对那些问题得心应手。但当我仔细了解了这个行业后，我发现自己并不喜欢它。首先，它高负荷的工作量是出了名的，对新员工而言，每周工作累计超过 100 小时的情况相当普遍，但充分的睡眠对我来说很重要。其次，我从进入投行的学长和朋友那里了解到，哪怕你是一个名校毕业生，每天 60%—70% 的工作时间也都是在做一些很琐碎的事情，比如统计数据、核对数据、优化表格、起草和修改各种演示文稿等。而对于新晋的分析师来说，做得最多的工作就是"融资演讲稿"（pitch deck），帮助各式各样的公司做募资引资、债券发行、投融资并购一类的投资建议。过程很烦琐，很多时候也未必能体现你真正的价值。只有当客户最终认可了你的想法和计划，你才有机会跟进整个项目，但更多的是无功而返。

很多人都说咨询公司有点像一个迷你的MBA，你会有机会接触到很多不同的公司，也有机会跟世界上最聪明的人在一起探讨和解决一些战略上的问题。在美国，最有名的咨询公司就是麦肯锡公司。当时我对咨询这行很感兴趣，也向麦肯锡发出了工作申请，一路顺利通过，直到最后一轮面试。

当时这轮面试被安排在麦肯锡位于波士顿的办公室。波士顿在美国东部，那里跟美国西部有着截然不同的文化风格。我从小在美国加州长大，那里的人更多是着眼于未来，更关注的是如何去创造未来。而波士顿则给人更多的感受是历史底蕴深厚，当地人会津津乐道于自己的家族在历史中所扮演的重要角色。比如，有人会说自己的祖辈曾经是“五月花号”上的一员，也就是说他们祖先是最早从英国出发到达美国，并在波士顿建立第一块殖民地的人；也有人会说自己的祖辈曾经参与过“波士顿倾茶事件”，开启了殖民地人民对当时英国统治的正式反抗。历史厚重感是我对波士顿这个城市的最深记忆。很多时候，我们选择在哪个企业工作，也会对其所在的城市做一些考量，因为城市风格往往也影响着我们的决定。

我对麦肯锡那次最终面试的记忆非常深刻。他们的面试流程特别长，候选人一般要见六七个不同的公司合伙人，其中会穿插很多不同的测验，在智力、逻辑、判断等方面对候选人进行综合考察。“案例面试”（case interview）是麦肯锡最经典的考察套路，他们会设定很多情境，问你怎么去解决情景中的问题。

在某一个测试中，他们问我：“你觉得美国每年会卖出多少个高尔夫球？”然后我只有 5 分钟左右的时间去估测。这样的测试往往没有任何标准答案，而且问题随时可以从“美国市场”切换成“印度市场”之类，它主要考核申请者的逻辑思维能力，你的逻辑推理是否合理、严谨和紧密是最重要的。企业想聘用什么样的员工，就会在面试中考察相应的关键点。学生很容易犯的错误就是太在意最后的答案是否正确，而轻视了对过程的周密推理。

每一次面试经历对求职者都是很重要的学习过程，在投资银行那里我学习到的是“适不适合很重要”，在咨询公司这里我学习到的是“热不热爱更重要”。为什么有这种体会？其实是来自麦肯锡一位合伙人跟我的交流和建议。

面试结束后，我有机会和麦肯锡的一位合伙人一起吃饭。我们从麦肯锡的工作一直聊到各自的爱好，然后发现，高科技和创新是我们最津津乐道的话题。当时这位合伙人看着我，说了一句：“你是不是应该认真考虑一下，直接加入这些高科技公司呢？毫无疑问，麦肯锡是一个很棒的平台，但与其加入麦肯锡为它们提供咨询，还不如直接加入它们，那样可能更符合你的内心。”

这位合伙人对我的仔细观察和犀利分析，让我从一个新的角度更清楚地看到了自己的内心：从能力上讲，我应该能胜任咨询行业的工作，但我更希望在企业里直接从事一些针对性强、实操性强的工作，而不是作为一个分析师或指导者的角度，建议客户去做一些事情。所以，不管求职结果如何，求职者要在过程中跟“过来人”多沟通，他们会告诉你怎么发掘自己内心真正热爱的东西。

从麦肯锡面试回到加州后没多久，我就遇到了前文所提到的那位获得英特尔天才科学奖的同学，在她的推荐下，我很快就收到了英特尔的面试通知。

知道哪些工作不合适自己，判断哪些工作还不是最热爱，就像用排除法解题，一路排除下来，往往能够帮助求职者找到更适合自己的答案。那对企业而言，除了问一些跟自己业务最相关的问题（像之前的投行推理题、咨询案例题）之外，他们还会用什么方法找到自己觉得最合适的员工呢？

答案是“是否愿意和对方一起共事”，这是我整个求职面试经历中最重要、最有价值的总结，其实也是那些美国500强企业的招聘秘密。企业每年都要面对那么多优秀的候选者，他们会在当中挑选最愿意和对方共事的人，而候选者如何跟面试官进行互动，就是决定面试成败的关键。

和麦肯锡一样，英特尔也安排了6轮面试，差不多要花费一整天的时间，颇费脑力和体力。这些面试大致分两个类别，一类是关于技术的，一类是关于候选者本人的，两者也会有所交叉，而领导力又是面试重点中的重点。为此，我当时就在思考如何与面试官在这方面进行很好的互动，面试官也是普通人，他们有自己的爱好和个人生活。他们会想，这个人入职后与包括我在内的同事们可不可以愉快地一起工作呢？

这一点显然不可能直接问，那怎么测试呢？我和一位面试官从技术问题一路聊到个人爱好，然后发现我们都喜欢打篮球。我就介绍说我喜欢打篮球，因为除了锻炼身体之外，还能培养领导力。面试官非常同意我的观点，他说英特尔公司有上万名员工，平时内部打球的时候也往往互相不熟悉，但好的领导者就是能快速磨合和打造出一支优秀的团队。

面试官还问我有没有兴趣一起打一场篮球，如果在以前我可能不会接受这个邀请，我会觉得这只是一句客气话，但那次我却跟他说：“好啊！我非常感兴趣。”面试官也是认真的，那一天正好是周二，每周二晚上英特尔内部都有一场比赛，于是等他下班之后，我们就在球场见面了。一场比赛结束后，大家就更加熟悉了，也成了朋友。他对我说：“我觉得你很不错，你会进英特尔，我也会大力推荐你。”

找到和面试官的共同点，找到那种共鸣的感觉，让他觉得和你这样的人成为同事是一件令人期待的事情，那么你就很有机会从一群优秀的竞争者当中脱颖而出。

总的来说，获得一份称心如意的工作的确要付出很多的努力，这里有课内的努力，例如基本能力和专业成绩过硬，在大学期间有突出的创新实践经历；也有课外的努力，不断地尝试社会上的行业和工作，找到好的圈子和贵人；最后再加上自己对该行业的热爱，并且跟心仪企业的面试官进行良好的互动，把天时地利人和结合在一起，一定能够让自己获得最好的工作机会。

如何在职场中脱颖而出

谷歌和英特尔的员工人数超过 10 万，微软在全球有 15 万多名员工，传统行业里像摩根大通这样的企业则拥有更多员工。应聘进入顶级企业只是第一步，在这样的企业中如何抓住机会从众多员工中脱颖而出，是一个更有挑战性的难题。需要特别重视以下三点。

第一，合理规划，做好选择。

美国大企业里的员工一般会有两种发展路线，一种是专业路线，另一种是管理路线。企业往往不会强制员工立刻做出选择，而是让员工在职业生涯起步阶段就对这两种岗位都有所接触。不管走哪一条路线，员工都有机会得到好的发展。

专业路线在高科技公司体现得尤为明显。在谷歌，你可以选择成为软件开发专家、网络专家、数据分析专家、人工智能专家、系统工程专家等，可以从初级的技术人员成长为高级技术人员，除了收入不菲，也很受人尊敬。同样，英特尔为了激励员工在专业上的发展及技术创新，在戈登·摩尔（Gordon Moore）任首席执行官的时代专门设立了一个“英特尔学者”（Intel fellow，也称英特尔院士）的荣誉奖项，这是英特尔公司技术人员在内部可以获得的最高荣誉。英特尔公司还专门为技术人才提供了一个独立的、系统完善的技术职业发展体系和制度，旨在激发员工的创新激情，并保持其创造力长盛不衰。“英特尔学者”等内部奖项和相应的员工职业发展制度极富特色，为英特尔技术人员提供了一条与管理人员并行的职业发展道路，让他们可以将产品技术研发视作终身事业，不必非得从技术岗位转向管理岗位才能获得晋升的机会。

针对应届生员工，大公司往往会有一个叫“管理培训生”的计划，为还没有工作经验的新员工提供很好的培训体系，安排不同的轮岗机会，最后择其长处，并与公司的需求相结合，帮助他们快速发展，以得到晋升到更高层的机会。参加类似计划的员工能从宏观上了解和参与公司跨部门的业务推进，这些是公司长远规划的重要组成部分，也成为培养精英管理者战略意识的好机会。

我入职英特尔后，加入了英特尔管理人培训项目。这是一个旨在培养下一代精英管理人的项目，使我在入职第一年，就可以选择去三个不同的部门工作。在这样的机遇下，我在短短的一年半里做过软件工程师，在投资部待过，去了创新部，也在无线部做了几个月的产品经理。

我算是技术出身，在轮岗做软件工程师的时候，我一整天有 8—10 个小时要对着电脑，时间长了，自己都有点错乱，甚至给自己的电脑取了一个名字，编程的时候还会和电脑讲几句话。我逐渐意识到这不是一件好事，怎么开始和电脑讲话了？应该和人讲话才对。当我意识到自己还是比较喜欢和人打交道，也就认识到纯技术这条路可能不太适合我。

关于岗位轮转项目，中国其实也有类似的机制，但在轮岗结束后，员工一般都是等待公司进一步的分配。在美国企业，公司不会主动帮你分配。公司认为：既然你有机会去接触不同的部门，你就应该有能力和公司内部多个部门的同事建立关系，了解他们的需求，也明确自己的长处，然后找到自己喜欢的职位，最终“接收”你的部门应该热情邀请并欢迎你，而你也真心想去那个部门，这是一种双向选择。

通过在多个部门的轮岗和体验，我发现产品经理是我最喜欢的工作。英特尔的产品经理主要负责好几方面的工作。第一块是建立市场需求档案（Market Requirement Document，简称 MRD），这需要产品经理去研究产品并定义其市场位置，而且要充分论证产品的市场需求；第二块是建立产品需求档案（Product Requirement Document，简称 PRD），这需要产品经理将市场所需的产品功能都一一规划和描述出来，以求最后研发出来的产品能够满足市场对其要求；第三块就是把这两份方案规划交到相应的部门去设计、研发和生产，协调整体进度；第四块，产品经理也要配合市场部，进行产品上市后的市场推广。因为有轮岗的体验，我很清晰地了解这一工作的内容，我热爱并愿意全身心投入这一工作。这也为我后来在公司内部抓住发展机会埋下了伏笔。

但是总的来说，没有一条发展路线是完美的，走专业路线需要一定时间的沉淀，还需要在自己的领域不断钻研和创新，而管理路线则需要学习和培养综合统筹的能力，会面对很多方面层出不穷的挑战。但不管选择了哪条路线，都需要抓住发展机会。

第二，做好准备，抓住机会。

有人总说“我觉得机会很少”，其实不然，世界每天都在变化，我们每天都有新的机会。比如每天都有股票会涨，同样也有很多股票会跌，涨跌都是机会，最重要的是看你在机会来临之前有没有培养好自己的能力。

有一次我和一位英特尔高管聊起来，他告诉我，职业生涯并不是每天都很精彩，你可能有一段时间非常平淡，然后突然有一个机会可以突破现状，如果你没有做好准备，那个机会就稍纵即逝，但如果你做好了充分准备，你很有可能利用这个机会更上一层楼。

在平时准备的时候，还需要注意选择一些有挑战性的任务和方向，这样能让自己更有机会成长起来。如果只是机械地重复自己已经熟练掌握的工作，这不叫很好的准备，一定要为自己创造一些难度，设置一些“跳一跳才够得着”的目标。

当时在英特尔各个岗位流转的过程中，我经常会把自己的一些想法和在不同部门学到的东西做一个结合。比如，我觉得，未来应该是“无线 + 电脑 + 市场推广”的一个结合。为什么我会有这样的观点？因为我反复在思考：为什么消费者会花两三倍的钱，去买一个在功能上还不如台式机的移动产品？原因就是他们觉得从这个产品中可以获得新的工作方式。

稍微有点年纪的人应该都记得，在 2000 年以前，每个人的电脑基本都是台式机，大家应该都对这台机器留有很深刻的印象：家里或公司里摆着一张电脑桌，桌上放着一个像电视机一样的显示器，而桌子底下有一个很大的电脑主机箱子。

虽然这时第一代笔记本电脑也已经出现，但是又大又笨重，带着它出门就好像背了块石头，力气小一点的人很快就会累得气喘吁吁。然而最大的问题并不止如此，就算体积再进一步缩小，能被拿到更远的地方，但如果没有网线的连接，每台笔记本还是仿佛一座独立的孤岛，无法连接上当时已经快速发展并迅速改变全世界的互联网。

那个时候，英特尔就已经开始研发新的技术了，也就是我们现在都知道的无线网络技术 WIFI。英特尔将这款产品命名为“迅驰”（Centrino）。它的名字来源于“Center”（中央）和“Neutrino”（微中子）的结合。如名称所表达的那样，这一技术的伟大之处在于第一次以一个组合（笔记本电脑处理器 + 芯片组 + 无线网卡）的方式，来推动建立一个新的工作模式，这不仅仅是一个新产品的概念了，更代表着一种全新的生活方式。后来，广告团队对它的诠释也非常生动——切断你的网线，带上你的笔记本，去自由地生活。

英特尔决定把迅驰项目列为公司的重点项目之一，当时这个项目罕见地设置了三个产品经理，其中两个产品经理都是资历很深的老将，他们主要负责笔记本方面的产品研发和市场推广，而第三个产品经理则负责推动除笔记本市场以外的其他领域，比如通信行业和移动游戏等。

正因为我有机会进入英特尔的管理培训项目，又因为我经常把不同想法和业务进行融会贯通，大胆提出自己的创新想法，我得到了一个在当时年龄所不太有的机会——担任英特尔迅驰项目的第三个产品经理。当然，这在一定程度上是基于幸运，因为如果当时的上司觉得有比我更好的人选，他就不会考虑我。我也很清楚地认识到，自己能做到的事情就是充分地锻炼自己和展示自己，当机会来临的时候，就可以紧紧抓住，让看似偶然的机会变成属于自己的好机会。

第三，快速学习，在迭代中壮大自身。

一开始不懂不要紧，一回生二回熟，只要勇于接受自己的不足，就能迎头赶上。在美国有一句话叫“fake it until you make it”，意思就是“假装到你真的搞定它为止”。这个“假装”不代表你不够诚恳，而是很多时候情况变化很快，公司或市场的需求也在不断提高，用过往的成功经验也很难保证一定能解决眼前的问题，而在新问题、新任务的面前，首先需要体现的是你的勇气和担当。美国人认为如果连解决问题的决心也没有，那最终成功的机会也大不到哪里去。

我进入英特尔仅一年半之后，就被派到上述的迅驰项目中，并成为其中一位负责人。这是一个有几千人参与的大型创新项目，当时的市场价值大约有几十亿美元，我负责的这块业务市值虽然是最小的，但也在好几亿美元以上。

它可以说决定了英特尔的未来，当时笔记本只有不到5%的市场占有率，笔记本代表着个人电脑发展的未来，如何打开笔记本市场对英特尔至关重要。

想让迅驰项目获得成功，不仅仅是要在笔记本电脑里植入无线网络芯片，还要保证有足够高的无线网络覆盖率。而当时美国市场的无线网络覆盖率还很低，因此英特尔之后又投入了一亿美元，与AT&T（美国电话电报公司）合作，加强建设美国的无线网络基础设施。当然，英特尔也知道，一亿美元对于提高全美的无线网络覆盖率来说简直就是杯水车薪，就是一个启动工程而已，要实现真正的全覆盖，需要持续投入大量的人力、资金和资源，所以，说这个项目对公司未来发展来说是一场豪赌也并不过分。

刚开始的时候，我觉得每样东西都十分新鲜且充满挑战。第一次开电话会议的时候，大概有三四十人参与，他们是英特尔在世界各地的项目团队的代表，有来自马来西亚的芯片生产团队，来自以色列的芯片研发团队，也有美国各州的市场部人员。几乎所有人都比我经验丰富，也比我年纪大，绝大多数人我都不认识。我是新手，第一句开场白的声音都有点发抖。同时，我也有太多的“不知道”，需要快速地学习。

那时候，大部分时间我都在“装”——要装得很懂的样子，直到我真的懂了；或者装着很会做的样子，直到我真的能做了。很多时候我表面上都很镇定，心里其实直打鼓。还好我知道即使是其他两位产品经理、经验更丰富的前辈，他们也面临着同样的挑战，因为这是一个史无前例的大项目，整个英特尔公司也在摸着石头过河。我没有必要自乱阵脚，因为每一次挑战都是新的；没有经验也不太要紧，可以在项目实施过程中快速地学习和积累。

当慢慢习惯了这样的情况之后，我发现我本来就不可能是一个天生的熟手，现实只能是：第一次我可能什么都不知道，第二次会好很多，第三次发现自己已经完全适应了，第四次我能给别人提建议了，到了第五次，别人就会主动来问我的意见了，我甚至成了专家。在这样一次次螺旋式循环上升中，自己的能力和声望就建立起来了。

这其中面临的最大难题是人与人之间的协调和沟通。作为一个年轻的产品经理，我没有直接权力去指挥那些比我经验丰富的人和职位比我高很多的人，有些时候即使我有绝对权力，也未必就能让他们完全认同我。在这一点上，中美差异很大，中国有句话叫“官大一级压死人”，级别在美国也很重要，但光靠级别，很难获得绝对权力。

为了解决这个问题，我花了很多时间去和同事们沟通。最后我发现找准定位很重要，我需要快速地理解他们的优点和难处，帮助他们做到他们想做的。因为我知道我们的目标是一致的，那就是做出这个产品，做出一个前所未有的、足以影响世界的伟大产品。如果在这个过程中，我让他们感觉到我是真心实意地帮助和领导他们，那他们也会积极地帮助我，做到我想让他们所做的事情。这样的一个共赢心态是我在英特尔收获到的，也主导了我以后的工作风格。

如果把建立共同目标这件事情放到整个企业层面上，它就变成了建立企业愿景。在美国，很多优秀的企业领袖都是这方面的高手，最好的例子之一就是乔布斯。在管理级别上，乔布斯作为苹果公司的首席执行官已经是级别最高的了，可是在 iPhone 问世之前，他并没有打造手机产品的历史经验。那么乔布斯是如何完成“fake it until you make it”这项挑战的呢？就是靠伟大的愿景。他树立了做出这个伟大的新产品的愿景，并带领整个公司都相信了这个目标，从而互相协作并共同完成了历史性的创举。

乔布斯在一次次产品设计中投入的精力、专注的精神和极致的要求，足以使得这种愿景感染到每一个参与者。他曾经对产品里的一个螺丝，向员工提出更换的要求，原因是这个螺丝的质量不够好。员工就很费解，这个螺丝是安装在产品里面，消费者平时又看不到，就算打开了，看到的人也就是负责维修的工程师，谁会在意这个？但乔布斯斩钉截铁地说：“不行，别人虽然看不到，但我知道。”他还曾以“丑陋”为由拒用某块电路板，他坚持要求：哪怕消费者看不到，苹果产品的内部也必须美观和完美。

在乔布斯看来，产品的一切细节都反映出企业的精神与品质，他为团队制定的目标就是向客户提供最完美的产品和服务。

当迅驰产品终于要上市的时候，我极其激动，因为这个产品对我们的意义不亚于 iPhone 对乔布斯的意义。那时候，我们花了很大的力气进行宣传和推广，为迅驰设计了一款像彩色蝴蝶一样的标记，也在媒体上花了上亿美元去诠释这一产品带来的全新理念。

大家都知道，英特尔主要是做芯片的，芯片藏在电脑里头，这是一个看不到、摸不着而且还相对枯燥的科技产品。一般来说，没有人会关注到它。为了打破这个思维，英特尔很早就推出了“Intel Inside”的广告，告诉人们当笔记本里有了英特尔芯片，就有了更大的价值。而随着迅驰产品的上市，人们可以开启一种新的工作模式，当你拿着配备迅驰产品的笔记本，就可以到处走动，而且可以随时连接互联网，随时连接世界上的其他人。

时至今日，我还能看到周围各种各样的笔记本装有英特尔移动处理器、芯片组和无线网络技术，还看到更多已经超出我想象的后续新产品。我有幸见证了一个创新产品从想法萌芽到实际落地，并成为影响全世界亿万人的整个过程，心中涌起的那种满足感与自豪感是难以用语言来形容的。

在美国顶级企业工作过程中如何抓住机会，的确是一件很有挑战的事情，而完成这个挑战要做的就是上述三点：合理规划和做好选择；充分准备；主动迎接挑战，在快速学习和不断迭代中，做到你之前做不到的事情。

美国顶级企业的核心竞争力

翻开近代经济发展史，尤其是在《财富》500 强企业排名出现以后，很多人会发现美国企业几乎占据了500强企业的一半以上。就算在当今瞬息万变的经济大环境下，美国企业还是保持着世界领先的竞争力。

很多人已经总结过美国大企业的核心竞争力，包括企业文化、管理体系、创新机制、品牌价值等。但在我看来，最重要的两点莫过于优秀的企业文化和持之以恒的创新。

说起文化，可能很多人都觉得看不见也摸不着，但其实工作中的点点滴滴都是企业文化的直观表现，更深入的表现则是存在于每个员工的思想里，进而又转化成他们平时的一言一行。在进入一家公司的第一天，你就可以感受到它的企业文化。

我在英特尔一共工作了7年，对它的企业文化感受极深，同时我也认为它的企业文化非常优秀，而且更重要的是这个文化感染了一代代英特尔的员工，并且一直传承下去。我想，优秀的企业文化莫过于此。

我在英特尔参加第一个会议的时候，便充分感受到了英特尔人的创新精神。会上，同事们各抒己见，时不时蹦出的英文单词让我懵在当场，因为这些单词都是我从来都没听过的。一场会开下来，我感觉自己好像不属于这个星球了。明明大家都在讲英文，但为什么他们讲的话，我都听不懂呢？

后来我才发现，他们使用的都是英特尔的“专有名词”，一般是几个单词组合在一起，代表了某种特定的含义，然后这些单词的首字母组合在一起产生了一个缩写，而大家已经约定俗成地只会念这个缩写。比如，同事们把“你要做的事”也就是Action Required说成AR，如果想表达“你的任务是什么”，他们会说“你的AR是什么”。类似这样的专有名词在英特尔非常多，以至有一个同事花了大量的业余时间，把这些专有名词整理成了一本“字典”，放到网上共享。不过这本字典很快就过时了，因为新鲜的词仍在不断冒出来，而他也没有精力和时间去不停地更新。在英特尔这样的大公司，很多东西有书面规定，但文化其实更多地体现在员工的言行举止上，尤其是那些口口相传的语句中。

如果你问这样的企业文化是怎么来的，几乎每个员工回答时都会提到安迪·格鲁夫。领导者的风格直接影响了公司的风格。格鲁夫是英特尔最著名的 CEO，是他打造了英特尔的企业文化，而他鲜明的性格如烙印一般，刻在每个英特尔人的心里。

格鲁夫是一名犹太人，小时候生活在匈牙利，20 世纪 50 年代匈牙利局势动荡，他便逃到了美国。在英特尔，大家都会说他是一个细致严谨、很有远见但又很偏执的人。在英特尔，也随处可见具有他鲜明特色的印记。

很多英特尔老员工都给我讲述了一些最能反映格鲁夫这些特点的故事。比如，公司之前规定所有员工可以在某些固定区域借笔，但借的时候要登记自己的姓名和所在部门，还笔时再把名字划掉；上下班都要签到，而且每次进出公司，保安都会要求打开包进行检查，确保没有从公司拿走任何东西。这种管理风格对美国人尤其在硅谷工作的美国人而言，是非常不习惯的，甚至是不能接受的。大家都觉得他保留了典型的东欧文化特征，那种提倡节约、管理严谨的文化。

此外，格鲁夫在英特尔是出了名的固执和严厉，甚至有人评价他说：“如果他母亲妨碍了他，那他也一样会把她解雇掉。”他曾写过一本非常有名的书，名叫《只有偏执狂才能生存》（*Only the Paranoid Survive*）。“Paranoid”这个单词其实有过分猜疑和焦虑的意思，而在这本书中，格鲁夫也讲到了他自己的经历和每一段经历中的焦虑。因为经历过第二次世界大战和从种族屠杀中幸存，以致在创立英特尔之后，他也一直充满着紧迫感，觉得英特尔随时会死掉。高科技行业发展的速度非常快，每天都在更新换代，不管企业在初创期还是成熟期都要不断去突破自己，因为一旦懈怠下来，觉得安全了，很可能就会被别人超越，或者遭到市场的残酷淘汰。他的这种焦虑反而帮助他取得了最后的成功。

英特尔独特的企业文化“建设性对抗”（constructive confrontation）就是格鲁夫提出的。格鲁夫强调，不同的人因为所处的环境和所持的立场不同，会产生不同的意见，这很正常。在会议上，任何级别的员工都有权利说出自己的意见，而且相互之间可以就事论事地展开辩论。

在英特尔参加会议，我经常遇到不同级别、不同部门的同事为了某个问题争得面红耳赤，而且级别的高低差异并没有影响到他们在表达意愿上的强弱。这也让我学习到了这种企业文化的优点，在讨论阶段，你的级别并不重要，重要的是你能否有的放矢地提出自己的意见，并且充分地说服对方。不过，无论讨论期间存在多大的差异、多激烈的争辩，只要公司最终做出了决定，员工就必须服从，这就有点像我们所说的“民主讨论，集中执行”的概念。

除了“建设性对抗”之外，格鲁夫也是一个非常有远见的管理者，他在关键时刻做出的决定往往是很有前瞻性的，这一特质对处于高科技行业的英特尔来说是非常重要的，也慢慢成为企业文化之一。

我经常会听同事说起关于他的故事，其中有一个非常有名。大家都知道，现在英特尔最核心的产品是处理器，但在 20 世纪 80 年代，处理器还只是英特尔旗下众多产品之一。当时，英特尔有 10 个核心产品，处理器仅仅排在第 11 位，连核心圈都进不去。那时公司的主要业务是生产一款叫 EEPROM（Electrically Erasable Programmable Read-Only Memory）的存储器，销量很好，公司凭借这一拳头产品也发展得很不错。但好景不长，日本企业和产品开始进入市场，通过压低价格抢走了大部分市场份额，使英特尔面临困境。

格鲁夫和另外两个创始人罗伯特·诺伊斯（Robert Noyce）、戈登·摩尔就此开始讨论下一步该怎么办。那时英特尔还只是一家小公司，资源有限，无法花大力气同时投入几个项目。如果坚持做 EEPROM，打赢这场仗，那其他业务就得暂时放一放，反之则 EEPROM 可能就要被搁置。他们为这个问题争执了很久，但一直没有结论。这时候格鲁夫对另外两位说："我们三个现在走出这个房间，重新回来的时候，就当自己是刚刚来到这家公司，第一次看这件事情。我们再看看，是继续做 EEPROM，还是放弃它做其他产品。"

于是大家就开始了这个"模拟游戏"。重新返回办公室以后，其实他们三个人都已经站在公司未来的角度思考过了，大家一致表示，放弃 EEPROM，做其他更有前景的项目。于是格鲁夫说："那我们为什么不现在就行动呢？"就此，英特尔放弃了 EEPROM，认真思考之后，把当时排名第 11、与 IBM 合作的 X86 微处理器放到了最优先发展的位置。就是这个重要的决定，使英特尔顺利逃脱了存储器市场的死亡劫难，并最终成为全球最大的半导体制造商。

在中国，可能因为很多公司的历史还不是很久，企业文化其实就是老板文化，老板是怎样的性格，企业就有怎样的文化，或者嘴巴说有一套所谓的文化，其实最后还是对老板唯命是从的。但是在美国，包括英特尔在内的很多大企业几乎都不是由创始人来管理公司了，而且不少创始人在还在世时就逐渐把企业交给职业经理人来管理。这些职业经理人能让企业持续发展下去，把最初的理念一代代地传承下去，很重要的就是靠企业文化。

比如，强生公司制定了“强生信条”（Johnson & Johnson Credo），创始人把对公司最重要的那些价值观都写下来，放在每间会议室里。其实光写下来是没用的，因为每家公司都可以把这些写得很漂亮，但强生公司与其他公司的最大差异就是，员工会照着信条去做。

畅销书《人类简史：从动物到上帝》（*Sapiens: A Brief History of Humankind*）是一部历史学著作，从 2012 年出版以来，已经被翻译成 20 多种文字版本。我觉得这本书把人类历史讲得特别有趣，例如人和动物的差异是什么？一方面，人能进行大规模、长时间的协作，动物最多只能聚集几十到上百只，聚集时间也比较短；另一方面，书里提到当人聚集达到 150 个以上数量之后，单独个体彼此之间的影响就不明显了。

那为什么大公司可以有几万人，可以遍布全球，可以在不同环境、不同背景下凝聚在一起做一些很复杂的工作，成就一些很伟大的事情呢？最根本的原因就是人会相信某一种“理念”，在宗教里称为“信仰”，在公司里称为“企业价值观”“企业文化”。比如强生公司的企业理念是“为健康造福”；在英特尔，企业理念是要成为电脑革命的引擎，成为技术领袖。

英特尔的文化始于格鲁夫这样的创始人，也被优秀的职业经理人很好地传承下去，而且不只是停留在嘴巴和书面上，已经贯彻到每一个行动中去，成为英特尔员工大脑和血液中的一部分。我当时作为新人最深刻的感受就是英特尔的文化，我来英特尔公司工作，就该按这个价值观来做事。拥有优秀的企业文化并贯彻到底，这点在美国其他优秀的大企业都是一样的，也是他们成就卓越的核心竞争力之一。

除了优秀的企业文化，美国大企业的核心竞争力还体现在重视创新和坚持创新上。它们用不断的创新来保持自己的优势，这不仅体现在高科技行业，即使在传统行业中也不乏鲜活的例子。

3M 公司出品的胶带、保护膜、记事贴想必大家都不陌生。但是可能你并不了解 3M 其实是一家成立于 1902 年、拥有超过 100 多年历史的老牌加工制造公司，它的企业全称是明尼苏达矿业及机器制造公司（Minnesota Mining and Manufacturing）。作为一个从生产砂纸、砂轮这种研磨产品起家的小作坊，3M 的创新能力并不逊色于苹果和谷歌类别的高科技企业，公司 100 多年来共开发出 6 万种创新产品，平均每两天 3 个。而且创新机器的生命力依然非常旺盛，它拥有将近 10 万名员工，年收入高达 320 亿美元。

投入大量资金进行研发，可能是 3M 重视创新的最好证明之一，公司每年的研发投入占到收益的 6% 以上。对于一个加工制造企业来说，这样的投入无疑是一个巨额数字。在研发资金的分配上，相当一部分用在了基础研究上，甚至包括一些在近期并无直接应用的研究。

从高层管理者到最基层员工，整个 3M 公司都致力于创新，不轻易扼杀任何一个设想。传奇领袖威廉·麦克奈特（William McKnight）早在 1948 年就规定：如果一个设想在 3M 各部门暂时找不到归宿，设想者可以利用 15% 的工作时间，来证明自己的设想是正确的。允许员工用一定的工作时间来发展个人感兴趣的项目并不是谷歌的首创，谷歌的学习样板就是 3M 公司。

3M 公司还认为失败是孵化创新的机会，失败可以被容忍。“只有容忍错误，才能进行革新。过于苛求，只会扼杀人们的创造性。”这些是 3M 公司的座右铭。成功者将得到奖励，失败者也不会受罚。跟英特尔一样，3M公司设置了职业升迁的双轨制，那些在专业上有所成就的员工可以获得很好的职业发展，即使不进入管理层也能拿到很高的薪水。

3M 公司也一直坚持以客户需求为出发点，不断倾听市场声音。不是所有的好点子都产生于实验室，客户的抱怨、麻烦和苦恼也是创新的动力和源泉。3M 公司历史上最成功的产品是记事贴，开发者亚瑟尔 · 福莱（Arthur Fry）是教堂唱诗班的成员，唱诗班里的人一直为快速标识乐谱缺乏有效方法而烦恼，直到他研发出一款胶水可以让小纸片容易粘上去又容易取下来，最终打造出 3M 最广为人知也是最畅销的产品。

3M 公司另一款明星产品遮蔽胶带的灵感也来自一个员工。当他到一家油漆店送货时，听到店员抱怨报纸上的胶水损坏了油漆颜色。另外，了解到医生和护士长期以来不满意影像扫描效果，3M 生产了医用激光影像机，为医护人员提供了非常清晰的画面质量。

一家有着庞大组织架构和众多员工的大企业，在运营的同时还要兼顾效率和创新，这是非常不容易的。这也是一个管理上的悖论，因为实现高效率会要求纪律、精确、稳定和重复，而实现创新则要求自由、含糊、变异和随机。有些人认为公司越强调效率和质量，就越易扼杀创新的激情，尤其是颠覆式创新。也有些人说，过于自由的文化会带来散漫、缓慢和低效。3M 公司也遇到过同样的问题，它不断在自由和纪律、创新和效率之间游走，寻找属于自己最好的节奏。

在创新方面，英特尔被外界看上去是体量庞大、行动缓慢的恐龙企业，但真正做起创新来可不容小觑。就像前英特尔行政副总裁肖恩 · 马洛尼（Sean Maloney）形容的那样：英特尔就像一头大象，平时走路很慢，你戳一下或是拍一下，它都没什么感觉。但如果哪天你将大象激怒了，它回过头来朝你狂奔时，那你只有赶紧逃跑的份儿，否则会被它撞得很惨。

我刚进英特尔工作的时候，有四个月是在一个叫“新商业组”（New Business Group）的部门。这个部门很有趣，鼓励任何有想法的员工去做商业尝试，英特尔内部会提供一些资源和人力，让你在公司内部孵化这些新的商业想法，就像公司内部设立了一个小的风险投资机构，以此来推动员工的创新。当时我也做了一些尝试，是做旅游方面的智能推荐，帮助顾客找到最好、最便宜的旅游产品，提供最有价值的旅游信息，还帮他们预订房间、机票和餐厅等。那时还是2000年，英特尔就已经在鼓励这些超前的商业创新，可见企业对创新非常看重。

创新有两种，上面讲的一种是鼓励员工内部创新，另一种是投资或收购外部企业。

我曾经轮岗去了英特尔资本（Intel Capital），英特尔资本现在规模已经超过41亿美元，作为一个企业风投机构，规模是世界上最大的，而且它还很赚钱。设立英特尔资本的原因就是英特尔不可能在公司内部创造出所有的高科技，必须要有机会去投资一些最好的外部团队、产品或者公司。英特尔资本可以以投资者的身份介入，也可以是直接全盘收购，通过资本的力量把外部好的东西引入到英特尔，整合之后能打开更为广阔的市场。

互联网行业崛起后，美国一些大企业如谷歌、微软都把外部投资做得非常好，成立了自己的风投部门或基金，投资了各式各样的新技术。谷歌在智能手机上的操作系统安卓，就是谷歌收购的一家公司开发的。类似的例子还有苹果的语音操作系统Siri，它也是由苹果收购的一家公司开发的，而不是苹果自己内部研发的。

在硅谷，很多人认为在外部投资方面做得非常好的是思科（Cisco），它一直靠收购来实现创新。收购说起来很容易，但操作起来非常难。一家小企业被大企业收购后很容易就被“杀死”了，因为一家公司最重要的还是人才，而那些人才在公司被收购的时候往往很容易流失掉。思科公司在收购上有一个规定叫“金手铐”（golden handcuff），具体是规定被收购公司的核心员工在一定期限内不能离职，预防和避免这些人没到期限就走，或者在规定期内没有动力进行工作。为此，思科成立了一个部门叫“整合团队”（integration team），专门负责公司收购以后的整合问题，是思科在“收购创新”这方面的秘密武器。

美国名企的核心竞争力是文化和创新。它们都不是靠短期的投入就能快速见效的，它们是企业的基因，需要长期关注、重视和建设。这恰恰也是值得中国企业家们学习的。

近年来，中国经济快速发展，中国企业也变得越来越强势。以前是把外国资本和外国企业请进国门做投资和合作，现在更多考虑到的是去国外收购企业，去获得那些最好的技术。但是除了做硬件方面的改进，更重要的需要是尊重彼此文化和相互借鉴，还要想办法把人才留住，建设好企业文化和创新机制，这才是真正的成功。

自企业诞生开始，创始人就把个人风格灌输进了企业文化里，又在一代代员工的薪火相传中得以延续。优秀的企业文化能够让数以万计的员工在行为和理念上保持高度一致，这是无可比拟的力量。另一方面，很多美国企业的创新意识在一开始也成为其灵魂，一直深深根植在企业基因中，虽经百年也毫不褪色。对普通企业而言，创新只是一种企业战略，而对于优秀企业而言，创新就是它的商业模式，让它们立足于不败之地。任何企业只要拥有优秀的文化和强大的创新能力，都将有机会成为世界顶级企业。

我的职场贵人：肖恩 · 马洛尼

每个人在职业生涯中，往往会有一段印象深刻的记忆和一个值得感谢的贵人。对我而言，这两者都出现在英特尔。

我和英特尔的缘分是非常深的。在哈佛商学院的第二个学年快要结束时，有一次我在约菲教授的办公室和他聊天，他突然对我说："你还记不记得刚开学的时候我跟你说的话？"但我的确不记得了。他说："你在英特尔有任何想做的工作吗？有的话我会帮你争取。"

听他这么说，我才想起来他开学时对我说过的话："你知道吗？我是英特尔的独立董事，如果你在我的课上表现突出的话，说不定我会帮你在英特尔找一份更好的工作。"当时我还以为他是开玩笑的。原来他是认真的。我仔细地想了想，说："我之前在英特尔工作的时候，见过一个我特别敬佩的人，他的名字叫肖恩 · 马洛尼。如果真的有一个职位我特别想做的话，我就想成为肖恩 · 马洛尼的特别助理。"

马洛尼在英特尔非常出名。一方面，他是做市场出身的高管，这在英特尔这种高科技公司是很少见的；另一方面，他是英国人，却在以美国人为主的美国企业里一路晋升，最终加入最高管理层。而我非常钦佩他是因为他身上拥有杰出领导者的四个重要特质：战略眼光、全球布局、善于用人和极具亲和力。

这四个特质中最容易被人感受到的是亲和力。虽然已身居高位，但他对任何人都非常亲切。我记得在英特尔的第一年，亚裔员工协会组织了一个中国春节的庆祝晚会，坐在我旁边的就是马洛尼。当时他的职位比我高四级，管理英特尔整个市场部门，却丝毫没有架子，对我这个刚进英特尔的“菜鸟”像朋友一样友好。

在晚会上，我和他聊得很开心。虽然之前我没见过他，但早已经听过他在英特尔的名声，大家都说他非常具有个人魅力和领导气质。在此之前，我并不是很在意，但是经过和他的交流，我才真正意识到，原来有个人魅力的领导就应该是马洛尼这样的，不让人感觉高高在上，相反他很亲切温和，但同时也让你敬佩他，愿意跟随他去尝试一些新的东西。

因此当约菲教授问我工作打算的时候，我第一个想到的就是马洛尼，我非常想在他身边工作，更重要的是，我也想成为他那样的人。很多时候，我们观察一个领袖、一个榜样的机会只是听他演讲，或者看有关他的报道，阅读他的有关书籍，但很少有机会可以跟随他在他身边学习。如果成为他的特别助理，那就不一样了。

我把我的想法直截了当地告诉了约菲教授。他静静地看了我一眼，然后坐到电脑前，飞速地在键盘上打字。大约两分钟以后，他转过身来对我说：“OK，办好了。”原来他是马上帮我写了一封电子邮件推荐信，发给了马洛尼。

当天我回到宿舍的时候，就收到了一封电子邮件，是马洛尼写来的：“约菲教授向我推荐了你。不知道你是否有时间，我们可以聊一下。”

约菲教授发出推荐信的一周后，我就如约乘机飞到了英特尔总部，跟马洛尼见面了。从我第一次见他到现在已过去了四年，但他看上去并没什么太大变化，高高的额头，一笑起来露出两颗大门牙，看起来非常亲切。

而他也记得我这个当年的产品经理。我们聊了约菲教授和哈佛商学院，也聊到了英特尔这两年的变化。他说迅驰已经被事实证明是一个成功的、划时代的产品，目前互联网行业的发展也已经非常成功了，接下来应该会发生很多意想不到的事情。

他跟我谈起了自己对即将到来的时代，也就是“移动互联网”的看法。在未来，行业的发展格局将会更加开放，电脑将会越变越小，其他便携式的移动设备也会出现，性能也会随着移动网络科技的进步而提高。他极具战略眼光地表示，英特尔的战略目标就是成为移动互联网时代的设备及终端的主要提供商和服务商。就像之前结合了无线网络技术的迅驰项目大获成功一样，他认为，移动互联网的下一代发展将会向无线宽带，而且是在长距离无线宽带的方向继续延伸，未来的明星项目肯定会诞生在这个方向上。

大家都知道，在 2005 年以前，用手机上网是非常痛苦的事，各种条件都不成熟，不仅网速很慢，手机通信格式五花八门，不同国家和地区的运营商之间也存在很大的差异。而马洛尼想要做的，是把英特尔过去已经成功开发并推广的无线网络技术，成功融合到传统的通信行业中去。从技术角度上来看，无线网络并不是传统通信行业的技术，而是 IT 与通信相结合的交叉技术。马洛尼的目标就在于利用长距离无线宽带技术，来推动移动互联网的发展，推动笔记本电脑和智能手机的发展。这在当时是非常超前的想法，也是以苹果手机为典型代表的智能手机出现之前很少有人能想到的发展方向。

那天，我们就这个话题越聊越深入，他的这些想法令我非常兴奋。因为早在 20 世纪 70 年代就已经有人提出过“3C 结合”理论——第一个是 Content（内容），第二个是 Computing（计算），第三个就是

Communication（通信），这三个“C”的结合是真正高科技的结合。我听完马洛尼给我描述他对移动互联网未来发展的宏观想法，激动不已。

我能感觉到这是一个即将发生的未来，而且马洛尼和我在谈论这一切的时候，我觉得他并不是一个试验家，也不是一个分析家，而是站在一个真正的策划者和推动者的角度上，去推动科技融合并造福世界的实干家。

当我们交谈正欢的时候，他突然停顿了一下说：“你知道吗，中国在这波浪潮中将会扮演非常重要的角色！”我愣了一下，然后很快明白了他的想法。

2005年之前，通信技术还没有一个全球性的标准，我们通常可以看到，一个人买了一部手机，到另一个国家就不能用了，必须要换新手机才能解决通信问题。而英特尔未来发展的目标是建立一个全球性的技术和标准，就像装有英特尔处理器及无线网卡的笔记本电脑在全世界都可以用一样，也用同样的方式来统一解决这些问题。此时中国不管是从人口数量还是经济发展抑或是市场需求方面，都在世界范围内开始扮演着越来越重要的角色。我理解了他的意思，也很认同他的全球眼光。

这时候，他盯着我的眼睛，问：“那你有没有兴趣去中国，去帮英特尔开发这个市场？”我又愣了一下。毕竟我之所以愿意再次回到英特尔，只是出于想做他的助理，通过近距离向他学习，让自己更有机会成为一名优秀的CEO。听了他的想法，我的确非常想协助他一起推动这样一个“全球移动网络战略”，但在此之前，我从没想过要回中国。

马洛尼看到我沉默不语，以为我在犹豫，就鼓励我说：“你可以去试试。如果真的不喜欢，可以回来，然后我再帮你找你喜欢做的工作。当然，你也可以回来做我的助理。”

当时我虽然没有当场应允，但确实在想，为什么不呢？我即将从哈佛商学院毕业了，我才 28 岁，可以做很多事情，我有能力也有信心帮助马洛尼实现他的移动互联网梦想。如果能够成功，我们就可以把移动互联网带到世界的每个角落了。为什么不去尝试一下呢？

第二天，我就给马洛尼发了一封邮件。在信尾，我写了一句："I am all in！"意思就是我全部押上了。之后的一切，对我来说都将是全新的挑战。而此时的我还未年满 30 岁，马洛尼把如此重要的全球开拓任务交到我手上，也可以看出他愿意提携新人和培养人才的胆识。

之后，就是我再次回到英特尔，着手推动和中国合作的项目。马洛尼一直坚定地支持着我。当然，英特尔内部也不乏反对的声音，我明白他每做一个决定的背后都承受着一定的压力。在项目推动过程中，我们逐渐成为谈得来的朋友，他也给我讲述了一些他的经历。

马洛尼早年读书并不用功，想法也有些激进。但来到美国后，在英特尔从最基层的销售职位开始做起，很努力也很好强的他没多久就崭露头角。他很有领导能力，深受公司员工的喜爱和支持，于是一路升职，做到了高级管理人。

他工作起来雷厉风行，作风干练。在中国，我常常和他一起开会，我印象最深的是他走起路来就像一阵风。我自己走路的速度就已经很快了，但是每次与他同行，我就得一路小跑着才能跟上他的步伐。他处理各种事务时驾轻就熟，高效快捷，如同他走路一样利落。

马洛尼曾担任过格鲁夫的特别助理。要知道，英特尔好几位 CEO 都曾是格鲁夫的特别助理，一般当某人做到格鲁夫的特别助理，大家都知道，那就是"准 CEO"了，可见他当时特别受到格鲁夫的重视。

格鲁夫派他到亚洲地区做亚太区的销售副总裁。当时英特尔亚太区的总部设在香港，马洛尼就是在那时爱上了中国。有一个特别有趣的花絮，是说他的香港秘书帮他请了一位风水师看风水，而他也听取风水师的建议，调整了办公室的布置。他觉得这对他的职业生涯有很大的帮助，让他一路发展顺利。他还起了一个中文名字叫马宏升，后来娶了一位中美混血的妻子。

正因为他对中国的认识和热爱，以及在亚太地区的工作经历，他和英特尔内部的其他高级管理人有着很大区别，这也是为什么他特别支持我去推动英特尔和中国政府合作的重要原因。

讲到马洛尼在亚太地区的经历，有一点必须提醒大家：一般来说，美国企业高管的升迁之路通常还是扎根在总部。如果你有在欧洲工作的经历，那是锦上添花；但如果是在发展中国家工作过，回美国之后就不一定有帮助。因为很多美国人认为，你在发展中国家的工作经验对于回到美国总部的工作基本毫无意义，除非你在总部继续管理那些地区。这也是美国企业的高管层对去发展中国家包括去中国工作的一些实际想法，虽然近年来也有一些改变，但主流看法仍是如此。

绝大多数美国企业高管常常来中国出差，但是很少有人在中国长期工作过，这就造成他们对中国的认识是很片面的，而且出于在美国的成长背景，在潜意识里或多或少都对中国有一些看法和偏见。有些人会觉得中国的技术相对落后，而且对知识产权的尊重和保护也不到位，没必要跟中国谈这方面的合作；有些人会觉得中国市场虽然增长快，但很多政策、规则和习惯做法跟美国差异很大，很多合作到了深层次就推进不下去，没必要对合作抱有太高期望。

美国这么多年来的累积、成功和全球领先，让美国的企业高管滋生了骄傲情绪，觉得产品按照美国的需求做好之后，就可以在全球范围内推广售卖，就像牛仔裤风靡全球一样，套用一个简单的模式就是“美国研发，卖遍全球”。但是很显然，美国人已经在这方面吃过大亏。比如以福特公司为首的美国汽车在20世纪50年代开始风靡全球，因此对后起的日本公司推出的价廉物美且更省油的汽车并不在意。但70年代爆发了石油危机，油价涨得很高，这就促进了日本车的畅销，在美国本土的销量甚至超过了50%。这就让美国人大吃一惊，居然连本土市场都失守了。后来美国公司也开始注意全球化和本土化相结合，但又做得并不彻底，很多时候就是做一些小的修改，最简单的则是在产品里增加一些当地的语言，又或者像牛仔裤、汽车等产品根据当地人的体型和喜好做一些修改。

马洛尼看到的不只是产品需要针对当地市场特点去改变，更重要的是认识到美国公司还需跟其他国家的公司及当地人才一起合作，携手发展全球的市场。因为其他国家也想在国际市场上获得自己的份额，而美国公司又不可能把他们都并购过来，所以要以合作的方式共同开发全球市场。

例如，用这种方式与中国通信行业的公司合作，会有什么好处？美国跟中国合作共同研发一项技术，可以打开中国市场，同时也可以在非洲、其他亚洲地区等类似的市场做推进，这是一个很好的策略。又比如美国通用和上海汽车合作研发了一款针对中国市场的面包车，不仅在中国的销量不错，在印度以及其他一些发展中国家的销售情况也很好。因为他们发现适合中国市场的车型，在其他发展中国家也一样适合。这就是很好的先例。

综上种种，马洛尼在英特尔是一种尤为可贵的存在。他极具战略眼光，很早就预测到移动互联网时代的到来，提早很多时候推动英特尔把发展思路放在这个创新方向上；他善于全球布局，发现了中国这个很有潜力的大市场，并且在合作模式上敢于创新，向中国提供了很有诚意的合作模式和切实建议，希望和中国一起分享国际市场；他乐于提携新人，帮助我在英特尔内部大力推进这个跨国合作项目；他极具亲和力，对任何级别的员工都没有架子，但又很有威信。拥有这四种特质于一身的大企业高管是很少的，他也是我一直钦佩和学习的人。我能够向他直接汇报工作，接受他的直接领导调度这也是我的职业生涯中的一件幸事。

英特尔与中国合作的起起伏伏

2006 年 12 月 5 日，香港还不是很冷，天气也不错，清凉干爽。当天晚上，我陪同马洛尼，与时任中国信息产业部副部长娄勤俭先生及其随从官员，一起来到香港太平山顶的一家餐厅。餐厅依山傍海，景色怡人，在露台上可以远眺到美丽的维多利亚港，能感受到湿润的海风拂面而来。双方的洽谈就是从这么美丽的海港景色开始的，还说到香港是一个东西方文化交流融汇的国际化大都市，作为我们此次合作磋商的地点是再合适不过了。在这么愉快的氛围里，双方进入了正式的洽谈。

“娄部长，请允许我向您介绍一下英特尔在中国的规划”，我当时一边听，一边翻译，“英特尔明年在中国预计发展到 50 亿美元的市场规模。我们的目标是和中国共同成长。英特尔具有革命性的互联网技术在中国会有广阔的应用，而它和中国自主创新的无线技术之间的结合，会让双方都有长期的成长和成功。更重要的是，这次合作会让中国有机会在下一代高科技发展中，在世界占据领导地位。”

中国早就规划想成为一个高科技强国，曾经尝试过获得海外的先进技术。英特尔的竞争对手 AMD 曾经向中国转让过一项半导体处理器的相关核心技术，以表达对中国的友好合作态度，但这项技术已经过时起码一二十年了。一旦谈论到当前的核心技术时，一些美国大公司往往会说："你把市场打开，我就给你提供技术或知识产权。"这就有点像"先有鸡，还是先有蛋"的问题，因为中国也可以说："你愿意分享或转让知识产权的话，我打开市场是没问题的。"

我很清楚马洛尼刚才话里说的"革命性的互联网技术"其实是英特尔当时的核心技术，这可是一个价值几亿美元的世界领先的技术，而且英特尔还会花大量人力物力和中国一起合作开发，并制定下一代国际通信标准，帮助中国在世界上占据领导地位。这样的合作方式和态度是崭新且具有诚意的，对中美之间的合作发展具有很大的意义。

我坐在那里陪同着，翻译着，也很开心地笑着。其实我在克制着身上的轻微颤抖，有些颤抖是因为我内心难以抑制的激动。一年多前，我刚从哈佛商学院毕业回到英特尔，就迅速成为这个项目的策划人和主导人。如果我们洽谈成功的话，可能会为中美在高科技合作和知识产权合作方面开辟一条新的道路，也会直接影响到整个行业的格局。这个未来是无法想象的。

我记得双方谈到尾声的时候，马洛尼问到了娄部长关于他家里的事情。他告诉我们，他的一个女儿也在读理工科，他非常希望女儿以后能够拥有较好的创新思维与创造力。马洛尼还分享了自己过去作为英特尔亚太区总负责人在香港工作的经历。

大家都知道，一般是在大问题解决之后，心情比较放松的情况下，高层领导才会谈到相对私人一点的话题。当我坐在旁边，看着这两位如此开心地交流着，心里顿时轻松了很多。想想这一年来，经历了很多大大小小的事，这些付出还是值得的。

在此之前，我对中国通信行业的发展一无所知。刚到中国的那段时间，我只带着一位助手，几乎跑遍了全中国。那时我所做的，就如同巴菲特曾说过的那样，不停地去问为什么，问不同的人对同一件事的看法，不停地取长补短，完善自己的认识。对方来自中国企业也好，来自地方政府也好，是在中国发展了很长时间的外国人也好，或者是英特尔内部有这方面经验的人也好，我都会去了解他们对中国通信行业的看法和认知。同时，我也翻阅了大量的资料、书籍和杂志，逐渐摸清了中国通信行业几十年的发展演变历程。

2005 年，中国通信行业的重心已经逐渐从有线业务过渡到无线业务了，几大通信运营商之间在这方面的竞争非常激烈。从技术层面来说，中国那时还相对比较薄弱，核心技术都掌握在外国企业手里，比如基站设备不是选择欧洲的爱立信、诺基亚就是选择美国的摩托罗拉。当时中国通信业略有点尴尬的现状是：中国已成为世界上数一数二的通信大国，行业每年能创造上千亿的 GDP，但核心技术基本都掌握在外国企业手中，需要从国外引进相关技术，同时缴纳高昂的知识产权购买费用或授权费用。

那时中国的无线通信业务在技术层面做得最好的是中国移动，我们经过联络之后，和当时中国移动的首席技术官李默芳女士见了面。李默芳在中国的通信行业非常有声望，曾推动了中国通信业很多的历史性变革。

李默芳告诉我们："目前中国的无线通信网络规模是全世界最大的，国家每年都要投入上百亿元来扩大通信网络建设。现在我们虽然只有 35% 的手机覆盖率，但已经是世界最大的通信运营商了。”

她紧接着说：“但我们现在面临一个很大的问题，就是在通信领域的技术层面上，几乎所有的设备和标准都是从国外引进。这不只代表着每年中国要为此花费大量金钱，标准都由别人来制定，我们还要为知识产权埋单。我们做得越大，用得越多，这方面的付出就越多。”

从她的话里我们很快了解到，从中国的角度来看，这是一件非常不公平的事。中国市场这么大，为国外企业制造了这么多机会，提供了那么大一个市场，但是在知识产权上却没有任何发言权，非但如此，还要付出很多金钱。从另一个角度看，中国政府和企业在国际行业标准协会中也没有任何重要地位，这对于中国的未来发展是很不利的。

我们当时已经知道无线通信技术即将发展到第四代，也就是 4G 网络。每一代网络的升级都意味着网络速度以及通信体验的提升。曾经有人对中国的 2G 网络技术做过调研，数据显示中国政府光在 2G 网络使用的知识产权上就付出了 200 亿美元，到了 3G 时代，中国还要付出近 1000 亿美元的知识产权费用，这是一笔不小的数目。对于中国政府来说，市场越做越大，付出的代价也会越大。

问题的背后往往意味着机会。

中国政府在 1998 年就已经尝试开辟一条自主创新的道路，大举投入并自主研发了一项无线通信技术——TD-SCDMA（即 Time Division-Synchronous Code Division Multiple Access，时分同步码分多址的简称，是中国提出的 3G 移动通信标准）。这一技术在 1999 年就获得了国际标准协会的通过，成为一个国际认可的 3G 技术。但是国际上都知道，这只是中国自己一家提出并坚持发展的技术。在 2005 年底至 2006 年初我刚回国时，这项技术在国内的推广都还没有取得太大的进展。中国政府认识到，如果没有一个很强的国际合作伙伴帮助一起推动这个技术的发展并走向全球化的话，这个技术就永远只能局限在国内市场。

中国通信业走到了一个节点处，开始面临一个关键问题——到底如何与国际接轨？是坚持走自己的路，让别人接受自己的标准，还是选择开始跟外部开放合作？

面对这个话题，我自己有着清楚的认识。通信行业有一个最大的特点，它并不局限于小范围的你我他，而是一个全球一体化的概念，这将是一个越来越国际化的市场。中国通信业一定要走国内和国际结合的发展道路，既要坚持自主研发，又要寻求国际合作，中国一定要加入世界合作的圈子中，通过庞大的市场容量和积极的调整变化，把自身的利益和别人的利益结合起来，获得共赢。

同样的道理，对非常看重中国市场的英特尔公司来说也是一样的。我们最大的机会是能不能把美国技术 WiMAX（即 Worldwide Interoperability for Microwave Access，全球微波互联接入技术）跟中国 3G 技术结合，从而打破当时欧洲传统移动通信技术对中国市场的垄断，既帮助美国企业逐渐打开中国的通信市场，又帮助中国技术更好地实现全球化。

WiMAX 是当时英特尔研发的一个领先项目，可视为另一个已被广泛使用的无线网络 WiFi 技术的加强版。WiFi 网络可以提供高达 54Mbps 的无线接入速度，但是它的传输距离比较有限，仅限于半径约为 100 米的范围。移动电话系统可以提供非常广阔的传输范围，往往覆盖整个城市，但是它的网络接入速度却十分缓慢。WiMAX 刚好结合二者的优处，既能在更大范围提供通信传输，也能保证更高的接入速度。

在和英特尔总部多次沟通后，总部决定推动这件事情取得更大进展。我们联系到了中国信息产业部主管相关事务的司长，由我和英特尔的一位副总裁前去和他商谈这件事。

这个会面的层次已经相当高了，一般来说英特尔通常都会配备专业的翻译人员，但经历了之前多次会议以后，我干脆自己充当了翻译这个角色。首先，在语言方面我不存在什么问题；其次，每当涉及专业技术领域，翻译往往还是有些欠缺，易造成沟通上的障碍。既然已经作为这一项目的负责人，那由我来兼任翻译角色，显然能让沟通更专业、更及时和更顺畅。

当天的见面情形至今我仍记忆犹新。那天，我和副总裁一起去了中国信息产业部的会议室，在桌子对面是一位资深的中国政府官员。双方握手寒暄以后，他不紧不慢地坐下来，往杯子里倒了一些热水，开始给我们细说为什么中国打算做自己的技术，为什么中国政府感觉到在国际通信领域，尤其在知识产权上受到了不公平的待遇。

他不温不火地说了很长时间，对于已经和中国政府和企业打了不少交道的我来说，已经习以为常，也很理解他想表达的观点。但我明显感觉到，坐在我旁边的副总裁开始有些不耐烦了，在他看来，这不像是一次商谈，更像是来接受一次历史讲解，甚至有点像接受教育，而且是基于中方观点的教育。他慢慢地失去了耐心，当他的手机响了两次之后，索性悄悄地放在桌子底下开始看邮件。

说实话，当时的气氛有点僵，我们之间的商谈角色仿佛也从“合作”变成了“对立”。在我们的商谈还没有进入正题时，就已经进入了僵局。这种氛围让我有些尴尬，我觉得或许我该做点什么，试着去打破这个局面。

这位官员也很明显地感受到了这一点。他喝了一口茶，眼睛转向我，说："我跟你说，你们美国人就是不太了解我们中国人的立场。"我没有向副总裁翻译这一句，而是朝这位官员微笑了一下，直接回答说："其实我们完全了解！您可能也知道，英特尔在电脑以及网络通信领域要创立全球标准。为了做到这一点，我们一直在寻求合作，分享利益。您也可以看到，这么多年来英特尔在电脑的相关技术上没有收过任何人一分钱的专利费。对我们来说，最重要的是要从市场出发，搭建一个公平和开放的平台，容纳更多的合作者，而不是制造妨碍大家一起进步的障碍和壁垒。"

表达清楚两者之间没有矛盾且能够互相理解之后，我继续说下去："我们非常理解您的出发点，也觉得中国只有将下一代高科技研发与通信领域结合起来，实现突破与创新，才能让属于中国的技术真正走向世界，打入国际市场。而实现这一目标最好的方式，就是寻求一个志同道合的国际伙伴，共同合作和开发。之前我也走访了全国很多地方，做了系统的调研，与各方政府、企业做了良好的沟通。我们觉得美国技术与中国市场存在一个很好的融合点，我们可以以无线通信领域为核心，真正打造一个属于中国的国际化标准，并通过这个标准给中国企业应有的知识产权，也可以为他们在国际标准组织里取得应有的领导地位和发言权。"

当我说完这些话时，这位官员眼前一亮，面带微笑地对我说："对，你是中国人，你就知道我们的出发点是什么，你也理解我们到底想要什么嘛！"

因为语言不通，坐在我身边的副总裁根本不知道我们在说什么，他只是感觉到原本阴沉着脸坐在我们对面的中国官员，脸上突然乌云散开，眉头舒展，露出了笑容。我当时认识到，我和几分钟前的我相比并没有差异，但几分钟前这位官员认为我是美国人，现在他称我是中国人，其中一个最重要的改变就是，他感觉到我们之间有了真正的沟通，也有了互相了解的基础。

我将这个过程翻译给副总裁听时，他非常兴奋地不断点头表示称赞，也迅速进入了他准备好的沟通状态。他将美国技术的优势与特点向信息产业部做了一个详细的介绍，包括针对中国市场的一系列特别而周到的考虑。会议最终有了一个轻松和友好的结尾。

这次见面在立场与思维层面的差异所带来的隔阂，让我印象尤为深刻，整个见面的开始、过程和结尾也是跌宕起伏的。

在刚开始时，我们尤其是那位副总裁并没有真正认识到中方的需求，中方也只是在讲自己的故事，没有让美国人清楚了解到讲这个故事背后的目的。其实中方的目的并不是指责对方，更不是想把之前的结果归咎于美国人，只是想告诉我们，“我们有这样的痛苦存在，我们也很想与你们合作来解决这样的痛苦”。只不过国人的表达方式似乎让美国人感觉到，中国人怎么总在抱怨，这明明是其他外国公司带给他们的问题，这些不公平的待遇又不是我们造成的！

在僵局之下，我们逐渐找到了双方各自的需求点，把双方真正想表达的东西表达出来。美国企业来中国是想找一个长期战略合作的伙伴，共同实现技术的搭建、推广以及开拓未来移动互联网的广袤市场。同时，美国企业也很清楚中国有这个市场，也有能力做到这一切。中国的想法也不只是局限于在国内使用自己的技术，而是试着打开国门，走向国际市场，在国际舞台上树立一个属于中国的技术标准，获得一定的市场地位和发言权。从根本上来说，两方的想法其实是完全一致的，只是沟通切入点上没找准罢了。

英特尔折戟中国背后的故事

在之后的一年时间里，信息产业部的电信研究院，还有中国移动、中兴、华为，再加上摩托罗拉和三星等企业，和我们英特尔共同研究开发这一新技术。当时我们共同指定了国内的展讯通信公司作为接受核心芯片技术的受益人。

展迅的创始人叫武平，他是当初第一代去美国的留学生，毕业之后曾在硅谷工作过一段时间，后来回国创业。在2001年的时候，武平建立了当时在通信方面唯一真正有自主知识产权的展讯公司。我和武平谈得非常投机，当畅想着如何能在这一具有跨时代意义的战略合作中扮演重要角色时，他和我一样都非常兴奋。

然而，实际工作的进展并不像我们计划中那样顺畅。众所周知，知识产权的转让并不只是局限于纸质文件上的签订转让，而是要涉及很多实实在在的技术工作。当展讯派员工来到美国，到英特尔具体部门学习和接受这些技术的时候，我发现随着工作的推进，武平脸上的笑容越来越少。

我问他工作中遇到什么问题，他告诉我，展讯和英特尔在技术层面上产生了很多矛盾。比如根据美国一些法案的规定，没有绿卡的外国员工是不能接触某些技术的。一些当初在跟中国合作时就有反对声音的英特尔经理们以此为由，拒绝沟通与分享，这也使得技术层面的工作迟迟得不到进展。

我们找到英特尔驻华盛顿特区的负责人，委托他去跟美国政府交涉，之后得到的反馈却是美国政府表示“保持中立，不能参与”。这让我非常疑惑，这次合作不仅对英特尔来说意义重大，对于美国政府也会有很大利好，为什么美国政府会拒绝出面跟中国政府在这方面展开直接合作？

而就在这个时候，我们又收到了新的消息。当时英特尔最大的竞争对手、欧洲老牌通信公司诺基亚和爱立信得知我们正在和中国合作，开始加快同中国政府间的沟通。

大家都知道，市场竞争是极其激烈的，每一方都存在各种各样的选择。当时国内采取的策略是“两手抓”，一方面以现行的方式和英特尔开展合作，另一方面和以爱立信公司为代表的欧洲公司进行接洽。国内也在考虑究竟和哪一方合作会更好一些。

于是，英特尔总部的争论声音开始层出不穷。恰恰在这个时候，双方的合作又遇到了一个巨大的难题。

对于 WiMAX 技术，英特尔当时的目标是想尽快得到国际认定。因此在 2007 年，英特尔向国际电信联盟（简称 ITU）正式提出申请，要求 ITU 将其认证为标准的 3G 技术。此时英特尔和国内的合作正在如火如荼地开展，如果这一技术被认定，那对中国来说，再与英特尔谈融合就变得没什么意义了。国内在得知这一消息后，就和我们商谈：“认证是否可以缓一缓？我们双方技术是互补的，我们也正在合作，不如等到双方技术融合之后，再一起申请。”

其实英特尔也认识到，当时美国技术在世界范围内并没有打开市场，获得标准认证固然好，但别的国家会不会使用你的技术，你能否赢得相应的市场，这和认证与否并没有直接关系。

我向英特尔总部建议，能不能先暂缓申请？但此时英特尔内部对这件事情的看法已经“一面倒”了。他们觉得，这项申请工作已经进展很多年，箭已离弦，想突然停下来会带来很大的损失。而且，欧洲一些公司也在和中国接触，这让英特尔内部原本就不看好合作的人更有理由不断发出反对声音。

最典型的一个例子就是英特尔内部的一位高层的言论。他在标准申请上很有发言权，他年轻的时候参加过越战，曾是一位空军飞行员。他听到因为跟中国的合作而可能暂缓申请时，马上表示反对，他带着“有色眼镜”说：“我们怎么能跟越南一样的共产主义国家合作？”最终，英特尔还是按计划在 ITU 正式提出了自己的申请。

在申请表决大会的第一次投票上，几乎所有国家都投了赞成票，只有中国投了反对票。我也非常理解，这个事情对中国而言的确非常尴尬：只有通过投反对票这个方式来表达自己的立场。当时中国代表找到我们说：“我们原本以为可以找一个比较好的缓冲方案，没想到还是发展到现在这个局面。”两边都有各自的立场和想法，当时我夹在中间十分为难。在第二次投票时，中国投了弃权票。最后，英特尔的申请顺利通过了。

不难想象，这件事由于双方没能达成一致，对彼此之间的合作特别是对我们的诚意产生了很大的质疑。我们同国内政府部门的沟通，从最初的一周几次，逐渐变成几周一次，最后变成了几个月一次。直到有一天我们被告知，爱立信公司已经在国内达成了最终的合作。

当英特尔内部还在为要不要和中国合作争论时，当我的同事们还以消极的方式抵触跟中国的合作时，我们的欧洲对手却在快马加鞭积极地同中国合作。他们本来就已经进入了中国市场，跟国内政府和企业都有较长时间的合作，英特尔的合作模式虽然很有竞争力，但信任需要经受考验。爱立信公司以比我们小得多的付出，在我们的眼皮子底下将我们本已到手的胜利给抢走了。英特尔酝酿了两年多的合作计划就这样宣告失败。

耗费了很多时间和精力，却最终换来了这样一个失败的结局，不免令人大为失望。后来，我和哈佛商学院的约菲教授也探讨了这个事情，我们都认为，失去中国市场对于美国企业来说，无疑是一个致命的痛，如果当时能赢得中国的信任和合作，这背后将是数千亿美元的庞大市场。

为什么这次合作会失败？我静下心来仔细推敲，总结出一些原因，其中最核心的一个就是“缺乏信任”。这次合作失败并不是因为技术问题，从根本上来说是由于双方没能很好地建立信任关系，没有充分进行换位思考，在遇到利益冲突等问题的时候就很难达成共识。

为什么不能建立信任？是观念和认识太陈旧了，我发现现在中国对外面世界的学习程度明显高于其他国家，而美国人还在抱残守缺。

当时在英特尔，我们不断跟抱有旧观念的高管强调，我们应该积极同中国合作，虽然当时中国的技术相对落后，但我们还是应该与国内企业一起对等地研发新技术。但我们的想法英特尔的高管层很难接受，因为他们根深蒂固地认为中国不但落后，而且国内的企业还不值得信任。另一方面，向来自负的美国人给国内的印象就是霸道，不会为别人考虑，后来还出现了像武平当时在遇到法律和政策层面的问题时，美国政府又不肯出面协调，这些具体的事情给双方本就薄弱的信任又蒙上一层阴影。

不仅是英特尔，很多美国企业对国内的认识实际上都停留在很多年前，甚至一些新的认识可能比之前更糟。近年来，中国经济发展迅猛，中国企业的态度也由“引进”转成了“国外并购”，通过收购企业来获得新技术。但很少听到国内的友人说：我们要怎么跟美国人建立信任度，怎么一起做事情。

以前，美国人对国内企业的认识是落后，不值得信任和合作，国人认为美国人自大，不愿意了解别人的想法。有意思的是，现在很多美国人觉得中国企业“只有钱”，从来不关心美国人的想法，以为有钱就可以把我们的房地产炒热，把我们的技术买过去，把我们最好的东西买走，那留给我们什么东西呢？

虽然像英特尔这样的美国企业至今仍然存在各种对中国的误解和抵触，但我必须明确和清晰地指出：在美国，最能帮助中国说话的仍是美国企业。为什么？

首先，在美国主流社会中，华裔的声音很弱，而且华裔中愿意帮国内说话的很少，愿意帮国内政府说话的更少，美国的华裔不想让人感觉自己是外国人的想法非常强烈。其次，美国政客也不会帮中国说话，这样做对他们没有什么好处。而美国民众因为媒体的误导和渲染，对中国的印象还停留在错误的想象中。在美国主流社会中，唯一能帮中国说话的就只有这些美国企业了，事实上他们中的开明人士也是最为了解中国，最愿意亲近中国的，他们都很看好中国，看好中国市场，很清楚地知道中国市场存在很大的商机，他们拥有非常强烈的同中国合作的动力。

不过，即使如此，美国企业在考虑为进入中国市场究竟付出多少代价面前，也是有很多顾虑和考虑的。众所周知，现在国内市场的竞争越来越激烈，中国本土的企业也越来越优秀，甚至已经成为某些领域里的世界领跑者。如果没有十足的把握和绝对的机会，美国企业不愿或者说不敢放手一搏。那么，在两国事务面前，没有机会在中国发展的美国企业很自然地会保持一个中立的态度，而这对改变美国社会固有的对中国的形象其实是不利的。当有反对的声音却没有人站出来说话的时候，其实是最危险的。

在国内的企业界有一句比较流行的话，就是“双赢”或者“共赢”。这些字眼都很好，但其实在定义上还分不同层面，我看到很多时候这其实说的还是一种相对短期的合作，而且合作形式也只停留在资源交换和操作配合上。

要知道，资源会变，操作更容易变，那什么是更长久、更不易变的呢？那就是共同的目标和相通的思维。其中思维尤其重要，包括人与人之间是否相互了解，是否可以转变差异，是否可以求同存异，是否可以换位思考。

在企业这个角度，我看得尤其清楚：很多时候，企业合并或收购的失败往往是因为双方的文化或思维方式无法融合，而取得成功的往往正是因为双方下定决心，花时间和精力去互相了解，互相学习。基于这一角度，我想到了国内的企业——联想。

之前我曾提到过，当初在斯坦福大学创立学生组织 ASES 时，有一位惠普的高级管理人，也是惠普职位最高的华裔——李挺，他曾赞助过 ASES。我和他的关系一直很好，他也是我一个很好的人生导师。他后来成为联想公司的董事。他曾经给我讲了一个故事，是他当时去联想公司的真实经历。

他第一次去联想参加董事会时，虽然自己长了一张中国人的脸，但中文并不是很好，他从小就在国外长大，接受的是外国文化，在美国生活和工作平时几乎不再用中文沟通。在那天的董事会上，他可能是会场里唯一一个中文不好的人。他发现董事会上所有的报告和文件都是中文，于是在会议结束之后，他就找到联想总裁杨元庆说："我很想帮你，但能不能再国际化一点，至少给我准备一套英文的文件？如果我看不懂的话，我是没办法帮你的。"

于是在接下来的董事会上，他发现所有的文件都准备了英文材料，而且是人手一份，这让他感受到了联想企业文化中关于合作共赢的深层理念。

这种理念也充分体现在后来2005年联想收购IBM的案例上，这也是中国企业成功收购跨国企业业务的一个优秀案例。

李挺说：“今天的联想之所以会如此成功，和它企业文化中根植的合作共赢理念有很大关系，从它收购IBM后的一系列变化就能看出来。联想收购IBM前后，联想花了很多心思去了解IBM，并学习IBM的优点，联想甚至将新业务的总部搬到了纽约，把公司的通用语言也改成了英文，杨元庆先生更是常驻美国，他把在中国总部很多好的企业文化也带了过来。”

听他说了这些，我就思考：联想从IBM那里学到了很多东西，那么IBM又从联想身上学到了什么呢？李挺告诉我：“联想的核心竞争力是说到做到。这是它最突出的企业文化之一。比如，联想公司计划在这个日期前要做到一件事情，那它无论如何都会做到，不管其中有多大困难，它也一定要完成。这样的文化彻底震撼到了IBM的美国同事，给他们带来很多启发。”

从联想这个正面例子可以看到，真正的共赢是两种文化间更好的融合，互相吸纳对方优秀的特质，以达到真正长期的共赢。而联想正是这样一个典范，因此也成真正国际化的大公司。

类似的公司还有华为。当时英特尔跟国内谈合作，华为就扮演了一个很重要的角色。当时在通信领域，国内还没有对美国形成一定的竞争力。但英特尔是对多家国内科技公司做了认真的调研之后，就发现华为是一家有干劲、有发展潜力、有竞争力的公司。

肖恩私下跟我说，华为在很早的时候就找过英特尔，询问英特尔愿不愿意给华为投资五千万美元。为此，英特尔也考虑过，但由于当时缺乏沟通以及保守的囿见，所以最后并没有投资。在技术转让的过程中，英特尔同样做了很多深度的调研，发现那时在芯片方面具有创新能力的公司就有华为旗下的海思。

正因为这层层关系，我当时和华为的沟通非常多，华为的眼光一直是非常国际化的。我去深圳开了很多次会议，第一次去华为就很明显感觉到华为和其他我接触过的国内技术公司都不一样。最直观的感受是他们的重心就在技术，而不是说把精力投入市场和销售，也并不依赖政府资源来促进自身发展。

我观察到两个细节：如果一项技术问题没解决，公司的传统就是员工即使是不回家，在公司打地铺也要继续做！我们参观华为的时候，电脑和手机都不能带，华为员工未经允许也不能擅自把电脑带回家，保密工作做得非常好。

WIMAX 最基本的技术叫正交频分复用技术（Orthogonal Frequency-division Multiplexing，简称 OFDM）。这项技术在当时是比较新的，华为做了很多工作来深入了解，比如组织和参加国际技术领域的各种研讨会。这么多年以来，华为凭着高瞻远瞩的战略、坚韧不拔的意志力、不断创新的技术能力，以及对整个通信市场的深度认知，发展得又快又好。尤其从5G 时代开始，5G 的开发基于 OFDM 这项技术，华为在基站方面已经在全球占据了绝对优势，同时在终端设备上也有不错的发展。

试想，如果美国在通信领域都使用了华为的 5G 技术，如果华为在 5G 领域占领了美国绝大多数的市场，那么不管是在基础建设，还是在终端产品，美国的通信都将依托甚至依赖于一家国外公司。美国政府认为华为已经变成了国家安全层面的一个威胁。中国企业成功的崛起，似乎让原本存在于两国之间的误解进一步加剧。

现在看来，这当中有很多的遗憾和惋惜。如果当年中美之间有一个基于 OFDM 技术的合作开端，双方携手一起开拓国际市场，这将成为一个很好的合作共赢的典范。

过去已经不可改变，但经验依然值得总结。展望未来，两国还可以做得更好，也肯定可以做得更好。国内企业可以描绘出一个很好的蓝图，不但可以和外国企业一起合作开拓国内市场，还有可能携手开拓整个世界市场。这个吸引力对双方来说就非常大了，也更有机会产生国家层面的合作和共赢。从企业和个人角度来看，我们还需要一些有全球化视野的国际性领袖，带领双方突破这样的瓶颈，从而帮助中国在国际舞台上建立良好的多边关系，尤其是跟美国企业和美国人民。

现在中美之间合作和冲突的机会比以前更多了，我亲身经历的这个中美通信合作故事已经过去十多年了，但从今天的角度看依然具有参考价值。未来的中美关系发展，值得我们拭目以待。

成功者应有的职场价值观

中国人有一种传统思维就是：只要埋头苦干，到时候肯定会有人赏识我，主动认可我。然而，在美国，埋头苦干未必保证你会被发掘和重视，而升职加薪的原因也不仅仅出于你的勤劳能干。别人的确会敬佩你工作勤奋，但如果你想获得良好的声誉，更重要的是你拥有自己的想法，并且表达出来影响到了周围的人。当你能和大家分享好的经验、独特的看法以及对某个产品或某个项目很好的规划，让别人能真正受到你的影响和启发的时候，你的上司就会为你搭建更大的发展空间。

我代表英特尔和中国政府部门进行合作洽谈的时候，刚刚 29 岁。那一年里我连升了三级，成为当时英特尔最年轻的董事总经理。这也完全打破了英特尔内部正常的员工晋升制度，一般人需要五到十年奋斗才能做到的事，我在一年之内就实现了。

当有人对我说："在大公司里你只能做一颗螺丝钉。公司只会把你安排在一个位置上，于是你就只能做一件事情。"这样的想法我是完全不能认同的，因为你一旦这么想了，其实就已经把自己限定在一个框架里了。

曾经有人和我讲过一则故事，对我的启发很大。在印度，驯象师会在幼象脖子上套一根很粗的绳子，绳子另一端系在一根很长的铁钉上，钉子则被牢牢钉在地面上。小象喜欢到处玩，但被拴住之后不管怎么晃动都挣脱不开，时间久了也就接受了被拴住的命运，一动不动地站在原地，不再挣扎了。等到小象长大之后，驯象师就不需要再真的把钉子钉在地上，只需把绳子套在大象的脖子上，大象就会一动不动地站在那里。大象一开始是被绳子固定住了，但形成习惯之后，其实是被自己的惯性思维固定住了。

同样的道理，很多人在职业规划方面早早就对自己在企业里扮演的角色下了定义，认为自己只能做这件事情。这其实就像被驯化的大象一样，用"惯性思维"这根绳子把自己给框住了。

我在哈佛商学院学习时，有位教授在谈到如何规划职业生涯时，说到了以下三个观点。

第一，思考一下，如果你是公司的老板，你会怎么看待问题。这是一个比较宏观的角度，如果你是老板的话，你会怎么做这件事？如果你的最终目标是做老板，为什么现在只把自己定义为一名普通员工？要知道，注册一家公司，成为一个老板，并不是什么难事，但如果等到你成为老板的那一天，才正儿八经地去想老板会怎么解决问题，那已经来不及了。不管你现在处于企业里的哪个位置，你都应该像老板那样去思考解决问题的方法。

第二，思考一下，如果你是你自己的上司，你会怎样工作。这个时候你可能会发现，上司也有自己的压力和烦恼，如果你都能理解，你会更尽力做好自己的工作，尽可能帮助上司承担更多的责任，把整件事情做得更好。如果能做到这样，不管在什么岗位上，你都是受欢迎的人，也可以获得比别人更多的机会。

第三，既然你已经接受前面两点了，那么你能不能现在就自主规划你的工作？既然你有老板一样的眼光，也能从上司的角度去管理团队和工作，你就能想清楚自己的工作，知道自己哪里有欠缺，进而不断去改进；你还会知道怎么做就能帮助公司和团队实现目标。

那堂课的内容对我影响非常大。我也一直深信，自己从来都不只是一个普通员工，我不觉得有些事是我晋升之后才应该做的，没有晋升我就不该去做。我只知道，如果这是公司的目标，那我能做什么来帮助公司达成目标呢？如果我是CEO，我是我的上司，我会怎样做这件事，怎样去将公司的利益最大化呢？我一直深信很多事都是我应该做的，而从来不是我的职位决定我应该做什么。

从另一个角度来看，普通员工很多时候只看到上级手中的权力或他的优缺点，很少能看到他们的另一面。领导的职级越高，要处理的问题就越棘手。与上司的真正沟通取决于你是否了解到他们最大的痛处。怎样才能最好地帮助他们去解决问题呢？恐怕很少有员工会想到这点。如果你能顺着这个思路与对方沟通，不论他们级别多高，都会非常愿意听取你的意见，因为你能真正帮助他们解决问题。

事实上绝大多数员工从未想过自己的上司关心的是哪些事情，也没有想过“如果我是他，我会觉得什么事情是最难处理的，是最需要帮助的”这些问题。因而他们在和上司沟通的时候，总是不断地诉说自己碰到的问题，自己需要哪些帮助，而没有真正触摸到高层管理者的需求和难题。

说得通俗一点，很多人都抱有“先谈回报，再谈付出”的思想：没有我认可的回报，那就别谈我的付出。这种想法当然对公司有害，但最大的受害者是自己。

这就好比小时候打篮球，你会幻想自己是迈克尔·乔丹，会思考该怎样在球场上进攻，怎么灌篮得分。我相信没有人会幻想自己是个三流球员。每个人都会有自己的偶像，而那个人一定是非常厉害的人。就算你成不了乔丹，只要这样想，也能提升打球的乐趣，并增长球技。

但可悲的是，我们长大以后反而失去了这个很重要的思维角度。在公司里，我们总是盯着自己的职位，然后决定自己只做什么，不做什么。如果我现在是个小职员，那做小职员该做的事情就好了，我们不会把自己当成企业里的“乔丹”去考虑问题，不会去想怎么带领其他球员进步，不会去想怎么打出更好的战术，不会去想怎么破解对手的招数，不会去冲击更多的奖项和纪录。因为我们从一开始就用“小职员”这根“大象的绳子”把自己死死地钉在了地上。

有些人可能会提出：“取得了一定成绩之后，你可以去指点甚至批评别人，但不是每一个人都能复制成功者的足迹，很多事情无法重演，尤其是历史和环境。”甚至有人会觉得我在英特尔的工作经历太特殊，不可复制。或者认为正因为我有之前斯坦福大学与哈佛商学院的学习经历，有之前在英特尔的工作经验，才让我有今天这样的发展。

我一点都不这么认为。我觉得每个人有什么样的经历，完全是个人选择的结果，关键在于你能不能坚持自己想要的，是不是敢想敢做。

在我看来，如果敢于坚持自我，敢于突破的话，所有人都可以有一条属于自己的成功轨迹。每个人最初的人生设定都是要成为一个成功人士，没有人在年轻的时候就说自己不想成功的，正如每一个打篮球的人都想成为篮球之神一样。但为什么只有少数人最后获得了成功呢？

那是因为，有很多人在困难面前渐渐忘记了自己的目标，放弃了自己的努力，于是逐渐走向平凡。只有少数人一直坚持自己的目标，选择挑战更难的事情，敢于突破自己那根“大象的绳子”，在一次一次地经历失败和调整后，才有机会逐渐走向成功。

第六章

华人崛起

政坛发声路遥奋行

华人的自我认知

ABC（American Born Chinese）指的是在美国出生和长大的华裔美国人。他们常自嘲为“香蕉人”，这个比喻非常形象，他们外表是黄皮肤的华人，但内在的思想已经美国化了。

我在斯坦福大学遇到的华人学生，基本都是ABC。我有五位要好的华人朋友，他们小时候都学过中文，但也都非常不喜欢学中文，长大以后唯一唱得很好的中文歌就是《两只老虎》。除了基本不说中文之外，他们的思维方式也非常本土化，甚至会刻意表现得更加美国化，因为他们认为那样才算更加融入美国社会。当时的中国给美国人的印象还是比较落后的，如果你被认为是中国人，那就代表着你是落后的，所以绝大多数ABC都不愿意提及自己会讲中文。

有一次，我和一位ABC同学、几位白人同学一起去中餐厅吃饭。当时这位ABC同学竟然用叉子吃中餐，我很诧异，就问他为什么不用筷子吃饭。他说自己他不会使筷子，我就更惊讶了：“不会吧？你怎么可能不会用筷子呢？”他就赶紧改口说自己不喜欢用筷子。有意思的是，那几位白人同学在开开心心地学习用筷子吃中餐的时候，这位ABC同学还坚持拿着叉子吃。当时我猜想，可能他从小生活在白人区，在这个比较中国化的场合中很想用更美国化的行动，体现出他是真正的美国人。

另外一位 ABC 朋友在这方面也给我留下了很深刻的印象。他是我的同班同学，我们私交不错。某次，我和他在课堂上产生了争论，他突然说了一句："嘿！你这个观点是错的，因为你是中国人，你不懂美国人的观点。"我根本没料到他会说出这样毫无逻辑的话来。其实当时大家只是在讨论一道理工科的练习题而已，跟自己是哪一个国家的人有什么关系！

从 ABC 同学的名字上，也能觉察出他们的心理状态。每个 ABC 基本上都有自己的中文名，也都有其英文名，但大多数连自己的中文名都不会写。我一直都没有英文名。刚去美国的时候，叔叔给我起了一个英文名"Raymond"，但是我不喜欢，用了几天就放弃了，后来就一直用我中文名字"黄征宇"中的"Zheng"作为我的英文名字。说实在的，这挺难为美国人的，因为他们不会发"Zheng"这个音，但他们不会叫我改用英文名，而通常会很友好地说："Zheng 这个发音，我不一定发得准，你教我一下吧。"而我的 ABC 朋友们则会直接跟我说："你为什么不取一个英文名？"大多数时候，我都会反问他们："哎，你明明也有中文名，为什么不用？"他们听到我这个问题，反而会觉得很惊讶，因为他们从来没有想过用中文名称呼自己。

每当有白人问我："你是中国人吗？"我向来都会直接回答："是的，我出生在中国，十岁来到美国。"但面对这样的问题，有一部分 ABC 会极力证明自己是美国人。或许因为在那个年代，中国还没有现在这么强大，他们如果不证明自己是土生土长的美国人，怕受到歧视；或许因为他们觉得自己从来都没去过中国，也不会说中文，和这个国家可以说毫无关系。

他们会很认真地回答："不，我不是中国人，我出生在美国，我是美国人。"我能理解他们的想法，但我也觉得尽量撇清自己与中国的关系，其实是一件很可惜的事情。

近年来，我也在ABC的身上看到了很大的变化。现在很多ABC朋友都会抱怨说："为什么我的父母当初没有坚持让我学中文？你看，现在中文多么重要！"随着中国的崛起，他们对中国的看法发生很大改变，有的人还会以自己是一个华人而感到自豪。越来越多的ABC朋友对我说："我也想去中国学习和工作一段时间，去中国寻找我的根。"

ABC这类群体其实是一个特别适合帮助建立中美桥梁的人群。他们非常熟悉美国，拥有典型的美国人思维，在美国做事情更为得心应手；同时，他们又和中国有着千丝万缕的血缘关系和感情联系，比其他美国人更能够理解中国、认同中国。

这样的例子在其他族裔也是存在的。在美国有不少爱尔兰裔，他们为自己是爱尔兰裔而感到非常自豪，虽然他们都是美国人，但会为爱尔兰的存在和利益在美国乃至世界范围内积极发声。

爱尔兰在1922年独立前都被美国最亲密的盟友英国所统治，爱尔兰人没有能力同英国进行军事对抗，就不停地以恐怖主义的方式来袭击英国。其中最有名的是爱尔兰共和军（Irish Republican Army），对英国人来说就是一个恐怖主义组织。当时支持爱尔兰实现独立的最大资金源就来自爱尔兰裔美国人。美国政界和商界的爱尔兰裔领袖一直在积极帮助自己的同胞争取独立。这就是为什么美国政府虽然同英国关系紧密，但在爱尔兰问题上一直尽量保持中立态度的原因所在。

在华人的自我认知方面，美国前商务部部长骆家辉的观点非常值得尊敬。他是华人移民家庭的第三代，祖父曾在一位白人家里做佣工，父亲曾经参过军，退役后经营餐馆和杂货店。骆家辉出生在美国，童年时期和家人挤在为第二次世界大战退役军人而建的低收入公共房屋里。他靠着自己的努力，从一名佣人的后代起步，后来成为华盛顿州州长。他常常会说："100 年前，我的祖父乘蒸汽船到了美国华盛顿州，他在一个白人家庭当佣工，这户人家距离州长官邸不到一英里路程。100 年后，我宣誓就任华盛顿州州长。从当年打工的厨房到州长官邸的大厅只有一英里，但我的家族整整走了一百年。"

他这番幽默但又饱含励志意义的话流传很广，可能很多人都听到过。近距离接触骆家辉后，他给我留下的深刻印象之一，就是他对自己的华人身份有着很好的认知和融合。在认知方面，他从不回避自己的华人身份，他会说，"父辈从小就教育我，要勤奋笃学，重视家庭，要为自己的出身自豪"。在融合方面，他会很自豪地告诉别人，他是一个美国人，会为美国的利益而奋斗，但他同时也会说到，他非常看重自己的中国血脉，为自己是一名华人感到骄傲。这些话从他的嘴里说出，你不会觉得有任何矛盾或突兀。

克林顿在 1997 年的国情咨文中，特别提到了骆家辉的名字。克林顿说："骆家辉是数百万美国亚裔移民中的两位所养育的值得骄傲的儿子。这些亚裔移民用他们的辛勤劳动、他们的家庭价值观和他们作为公民的良好表现，增强了美国的力量。他代表着我们大家都能够实现的未来。"

奥巴马总统在正式提名骆家辉任美国驻华大使的讲话中提到："我所能想到代替洪博培大使的最佳人选非骆家辉莫属。中美两国之间的持续合作对美国有利，对中国有利，也会使全世界受益。骆家辉的祖父曾是追寻美

国梦的中国移民，因此骆家辉是继续这项合作的不二人选。“

骆家辉的亲身经历让我深刻感受到，中国和美国之间是可以实现融合的，是不需要做出所谓“非此即彼”的选择的，我可以作为一个美国人，非常自豪；也可以作为一个华人、一个炎黄子孙，非常自豪。

第一代移民需要面对最多的困难和挑战，正如骆家辉的祖父；而第二代、第三代移民已经成为一个真正的美国人，但同时也可以延续和传承从原先族裔带来的独特优点，正如骆家辉。

在我看来，越来越多的华人尤其包括 ABC 对中国看法的逐渐转变，对中国的发展是很有帮助的。我相信，未来华人一定会在美国社会扮演一个很重要的角色，不断增进美国社会对中国的认识和了解，同时也能作为桥梁和纽带让中美双方有更好的机会进行交流与合作。

华人的身份冲突

我并不是纯粹的第二代移民，10 岁以前我都生活在上海，之后才到美国。同时，我在中国接受了几年的中式教育，这让我无论在思维方式还是文化背景上都留下了深刻的烙印。我特别感谢父母的一点是，他们到了美国后还是继续给我以良好的中式教育，因而我的中文水平保持得不错，一直能保持着阅读中文的习惯。在家里，我们也一直用中文尤其是上海话进行交流，这一点在现在看来非常重要，想想还真多亏了我妈妈的坚持。

当时作为新移民，我父母认为文化融合很重要，既要积极进入美国主流圈，不能只待在华人圈子里，又绝对不能放弃中国文化。而在身份及文化的问题上，很多在美国出生的华人的最大问题就是纯美国化，甚至比美国人更为本土化。他们在家里都是用英语交流，很少再接受中式教育。这让他们失去了一个学习和融合的机会，少了一种竞争力。正因为有这样的对比，我更感谢父母的明智选择和耐心坚持，使我在成年后有了更多的机遇和选择。

另外，父亲当时在美国留学，有机会接触到美国主流社会的一些想法，所以他常常向我指出两种文化的差异在哪里，哪些好的东西应该吸收，哪些不好的东西应该摒弃。我母亲也非常勤奋，退休之后还去考了税务和会计方面的证书，义务为新移民尤其老年人在租房、交通、医疗保险和申请社会福利等方面提供资讯和帮助，这些都给我起到了很好的表率作用。

如果希望孩子将来能获得真正成功，中国家长要认识到自己其实也需要做出更多的努力，继续扮演很重要的桥梁角色。尤其当孩子在年龄很小的时候到美国，那家长就更应该在家里营造一个很好的中国文化环境，让他们可以继续学习一些中文或者其他和中国相关的知识，同时在家庭之外给孩子提供一些好的机会，可以真正学习到美国的主流文化，而不是只跟中国朋友们待在一起。家长自己也很有必要了解一些美国文化，从而可以和孩子们有更好的沟通，别让孩子感觉只能跟父母分享一小部分东西，另外一大部分沟通不了，不要让孩子说出类似“妈，这事你不懂，你是‘中国老古董’”这样的话。

另外，中国家长还要做到很重要的一点——从小就建议孩子要和不同的人交朋友，尤其要和优秀的人交朋友。这些朋友来自哪里并不重要，但是必须拥有同样的优点，比如有上进心，有自己的想法，对自己要求严格，等等。和这样的人多互动，对孩子的成长是很有益的。这其实也是美国社会创造的一个很独特的机遇。不同文化、不同种族的人汇聚在美国，这让你有很多的机会跟不同的人去学习和交流。而家长应该帮助和引导孩子去更好地筛选自己的朋友圈，让孩子有机会在不同人身上学到优点。

当然，我们也需要清楚地认识到，美国文化中也存在很多糟粕，一些孩子稍不留神就会误入歧途，丧失正确的价值观。

在这里，我想和大家分享一个我身边朋友的真实经历。他叫凯文，是我在北好莱坞高中天才班的好朋友。那时候，我每天要坐一个小时的校车去上学，凯文家离我家不远，我们经常一起等校车。凯文也是华人，来自广东，也是小时候随父母移民到了洛杉矶。年龄相仿，经历相近，说话又很投机，我便和他成了关系很好的朋友。

但是我逐渐发现，原本很开朗的凯文越来越心事重重。在交谈中我了解到，凯文的父母是典型的中国式家长，在家里常常对他进行各种约束；而在学校里，我们讲的是英语，接受的又是美国文化，被教育的是美国式价值观，行为举止就像个美国人。由于他父母的管教想法与美国文化的价值观多有不同，难免会出现矛盾和冲突。其实说到底，两种文化都有自己的优势和短处，没有根本的对错之分。

美国文化传递给人们的是每个人都有权利做自己的选择；而中国文化所传递出来的是听从父母和师长，背负各种责任和义务。当两种文化发生碰撞时，凯文似乎越来越无所适从，不知所措。终于有一天，他再也没有和我一起等校车。他失踪了。

过了很长时间我才知道，他常常和父母因为各种矛盾而吵架，在某天大吵一架以后，他离家出走了，终日和附近其他无所事事的年轻人混在一起。但和之前偶尔一起玩玩有所区别，以前都由家里提供学费和生活费，离家做了小混混就要自己想办法弄钱，最后发展成去偷窃财物，结果锒铛入狱。

表面看来，这是家庭内部矛盾造成的严重后果，然而很显然，更深层的原因其实是中西方文化的相互冲突。在华人移民家庭中，因文化不同而产生的冲撞可谓比比皆是。中国父母的很多观点和经验来自国内，和孩子在美国教育、美国社会所学习到的有很大不同。像我的父母、凯文的父母每天忙于工作，为生计奔波，能融合主流社会的机会不多。而作为孩子的我们，身边绝大多数的同学和老师都是土生土长的美国人，每天大部分时间都在和他们接触，随着孩子在美国生活的时间越来越长，和父母的观点差异也就越来越大。

最明显的例子就是，中国家长习惯于要求孩子不管如何都得好好学习；而美国家长则是强调在不违法和不妨碍别人的情况下，可以选择好好学习，也可以选择不学习，只要你做出了选择，我就尊重你的决定。换句话说，那就是你为自己的行为负责，父母并不会替你选择，替你承担。很多美国家长会说："我只负责养育我的孩子们十八年，孩子们成年之后的重大决定都由他们自己做主，由此产生的后果和影响也由他们自己承担。作为父母我们能做的，就是让他们具备独立能力，将来可以去做这些决定。"

当然，美国家长也知道孩子肯定会犯错，这些错误会浪费时间，浪费金钱，但只要不涉及生命安全或损害身体，家长一般都不干预。而且很多美国人觉得孩子们有"必要"犯一些错误，然后从错误中去学习和成长。在这点上，很多中国家长是难以接受的。在中国，如果有个孩子说："我不知道将来要做什么工作，要不我先去海边做一两年冲浪教练吧！"那么中国家长是绝对不能理解的，他们会认为：这不是浪费时间吗？为什么不去读书深造？为什么不去找传统一点、稳定一点的工作？但美国家长可能就会觉得：这完全没问题啊，这是孩子自己做出的选择，得尊重孩子。

在这一点上，孩子也要意识到自己和父母应该进行更好的沟通。一方面，孩子要了解父母对自己的期望，例如要有好的学习成绩，不要惹是生非，要按部就班地发展。另一方面，孩子也要努力让父母明白，美国的这些自由和权利能带给自己很多资源和机会，在成长中可以做出自己的选择，充分把握和利用它们，真正融合美国主流社会。

像凯文那样和一些帮派朋友混在一起，或是将美国文化中的“糟粕”视为自己“个性化选择”的人不在少数。很多留学生在美国读书多年，却依然习惯于在华人圈里厮混，因语言障碍而自我隔阂于美国主流社会之外；或是荒废学业，整天吃喝玩乐高消费。尽管消费文化也是美国文化很重要的一部分，但并非其精华之所在。如果不进行很好的分辨和筛选，如果没有清醒的认识和强大的自控力，走向歧路是很有可能的。

就像一个硬币有着正反两面一样，多元化是美国文化的优势和主流，但它也包括了极端和分化。比如在洛杉矶，开十几分钟的车就能从一个非常富裕的、像天堂一样的街区，开到康普顿这样危险落后的街区。康普顿是黑人聚集区，治安很糟糕。在美国你常常可以在电视上看到这些社区治安混乱的报道，比如有一个小男孩走在街上被人开枪打死了，打死他的人只是为了抢他脚上的新球鞋而已。一般情况下，如果你不是黑人，不住在那个区，大多数人都会告诫你千万别去那里。乍听到这些话的外国人还以为是在开玩笑，但这就是美国的现实。很多美国人很少从一个区跨入另一个区，就是因为不同区的社会文化环境有很大的差别，这在美国人看来是最平常不过的了。

在面对美国自由而开放的多元社会价值观时，作为家长，我们要教会孩子分辨美国社会文化中的精华与糟粕，并加以筛选和吸收。

华人首先要对自己的文化更加自信。可能因为中国曾有过一段落后于西方列强的历史时期，很多华人就觉得说中文会产生自卑，但这种观念是错误的。很多中国家长传统地认为，既然来了美国，就要融入美国社会，就要让孩子多说英文，但没有很注重甚至主动放弃了中国文化的培养。华人一定要很好地传承自己的文化和语言，教育孩子不要对中国语言和文化抱有任何的自卑感。

在加拿大的魁北克地区，有很多法国裔的加拿大人，他们从来不会觉得讲法文是一件自卑的事情，相反还感到非常自豪和骄傲，并不断向别人灌输这一观念。在美国，一个美国人如果会讲法文是一件值得炫耀的事情。同样中文也应该如此，我们也要让整个世界觉得会讲中文是一件值得骄傲的事情。尤其在现代社会，中国越来越强大，孩子能讲中文和懂中国文化，同时也能跟其他同学分享，是一件非常好的事情。

家长应该在这方面给孩子正面的教育，最典型也是最正确的情况就是骆家辉说的："我为我是一个华人而自豪，中国人在家庭和教育方面做得非常好，同时我也非常自豪我是一个美国人。"我觉得这就是一个非常好的结合，也是许多家长应该学习的，从小就应该灌输到孩子的脑海里。

顶级企业里的华人众生相

顶级企业里的华人比例并不低，尤其是在加州硅谷，但高比例并不代表华人有着很高的地位。相反，顶级企业里的华人因为一方面只注重个体优秀，缺乏组织性和互助精神，另一方面又不习惯为自己的利益站出来发声和抗争，导致华人的整体表现远远落后于其他少数族裔。

我于 2000 年从斯坦福毕业后，就进入了英特尔公司工作。在英特尔，我加入了一个叫英特尔亚裔群组（Intel Asian Integration）的组织，这是公司专为亚裔同事成立的一个员工组织。很快我就发现，这个组织在一定意义上其实就是一个“大食汇”，每次都是大家聚在一起，品尝亚洲各个国家的美食，然后就听到他们开始抱怨，抱怨自己没有获得提拔，抱怨老板没有看到自己的努力，抱怨其他同事没有很大付出却得到晋升等，总而言之就是各式各样的埋怨。

有一次吃饭的时候，大家又进入了“抱怨环节”。我忍不住就去问其中一位华人同事：“如果你觉得自己真干得不错，为什么不找上司去争取呢？”他很奇怪地看了我一眼，说：“哦，不！我觉得这不是我应该去争取的，而是上级应该看到的，他没有看到我的努力，这就是他的问题。”

对于这一点，我很不赞同。虽然那时刚进英特尔没多久，但是我已经很清楚地看到，英特尔鲜明的企业文化之一就是以 CEO 格鲁夫建立和倡导的“建设性对抗”。在这种对抗的环境里，如果你不能积极站出来表达你的观点，就不可能得到别人的重视。美国人的主流思想是崇尚“个人主观能动性”，一切先靠自己，而不是靠别人，如果你指望靠默默工作等待别人主动来发现并提拔你，在美国这几乎是不可能发生的事情。

另外，当我问那些总是抱怨的华人员工：“你主动帮助过别人吗？比如作为一个稍微年长的资深员工，去帮助一个华人新员工？”得到的答案几乎都是“没有”，这让我感觉非常失望。个体不吭声，团体也不互相助力，这就让问题变得相当严重了。

经历过这些事情后，我开始仔细观察和研究在英特尔工作的华人员工。

我逐渐了解到，很多进入英特尔的华人员工个人能力都很强，大多都是依靠个人自身的实力而获得上司的青睐和提拔。但华人员工群体内部缺乏凝聚力，不够团结，很少互帮互助，以至于他们始终是“一个人在战斗”，一旦发生什么事情或意外事故，个体便会因孤立无援而迅速没落。

前英特尔高层主管虞有澄（Albert Yu）就是一个非常典型的例子。他曾是英特尔职位最高的华人，深受CEO格鲁夫器重，负责管理处理器事业部。要知道处理器可是英特尔最核心的业务，可见他当时在公司里的地位之高，简直可以用“一人之下，万人之上”来形容。

但有一次，英特尔的奔腾芯片出现了严重缺陷，造成了“奔腾处理器浮点除错误”(Pentium FDIV bug)，导致奔腾芯片一度遭到IBM全线弃用。虽然格鲁夫果断召回所有芯片并重新设计，但也为此付出了5亿美元的代价。事后，虞有澄作为相关业务的主要负责人，权力被迅速架空，从处理器事业部的管理位置上调离，转到并不受重视的光纤业务部，直到退休。

虞有澄尚在主管处理器事业部的时候，我还是一个新人，刚刚加入英特尔管理人培训项目。在这样的一个项目中，我们有机会去不同的部门学习和工作，项目还会安排我们跟总部的高层管理者进行交流和沟通。我当时也有机会和虞有澄进行沟通，我曾问过他：“你对华人员工的发展有什么看法？”当时他回答我：“这个啊，你自己好好工作就是了。”听到他那么说，我有些惊讶，显然他并没有打算和一个新人分享他的经验，或给予任何建议。

后来，他因为芯片事件被调去光纤业务部，地位一落千丈。很多原来经常找他的人已没了踪影，而我还是一有机会就和他联系。这个时候，他有了很多空余的时间，开始跟我有了更多的沟通。我从他的分享中很清楚地感觉到，作为英特尔曾经的二把手，他的个人能力是毋庸置疑的，但他在英特尔犹如昙花一现的个人经历，集中反映了华人在美国企业里一些令人遗憾的真实情况。

就像我前面提到的，很多华人员工个人能力很强，依靠这个优势得以升职，进入了管理层，但他们往往会认为这些完全是自己努力的结果，而很少会想到去帮扶一下其他的华人同事。不但如此，有些人甚至还会忌惮那些同样有能力的华人，故意给他们设置升迁障碍。然而每个人总有犯错的时候，如果平时不注重搭建起很好的互助网络，在危难之时有人能施以援手，那么很快就会跌下舞台。

总的来说，华人在美国企业里工作和发展常常会遇到以下几个问题，非常值得我们留意、深思和改变：

第一，内敛的华人，不会为自己争取利益。

“只要自己优秀，加上埋头苦干，老板自然会看到我的努力，会奖励我。”这是中国人一贯的想法，在美国的华裔长期以来也都是这么想的。但其实美国社会的主流价值观并非如此，尤其在美国企业里，闷头做事未必会被欣赏。当然，别人尊重你的勤奋工作，但更看重的是你有没有自己的声音，有没有自己的想法，尤其是你的想法能不能帮到周围的人。仅仅自己做得好是不够的，还需要为自己发声，让别人了解你做的东西和你的想法。

在这点上，华人往往做得非常不够。他们的重点只是做事，没有去公开且有技巧地展现自己能力和想法。这就好比做 PPT，如果全部都是文字内容，会有多少人有兴趣看呢？一份精彩的 PPT 往往穿插了文字、图片、数据和其他吸引人眼球的内容。而华人就如同一份枯燥的 PPT，满满的都是文字，欠缺了其他生动的表达方式，实在不太能引起别人的注意和重视，非常吃亏。

我接触过很多华人，他们对自己的评价是：中华文化的特质就是比较内敛，我们不太会为自己争取利益。而在美国，近些年为自己争取利益这方面做得最好的是黑人和女性，非常值得华人学习。

黑人和女性在高科技从业人员中所占比例很小，近些年围绕这一现象产生了很大的争论。相关组织不停地在媒体或各种公众场合发声，抱怨高科技企业的歧视和不公。客观来说，在理工科方面，黑人或女性并不占据先天优势，然而由于他们长期地、大声地为自己争取权益，近年来，很多企业不得不做出调整，按一定比例招收女性或黑人员工。所以你会看到，美国绝大多数大型企业的董事会上一定会有一名黑人董事，也总会有一名或多名女性董事。这就是他们不断为自己争取权益的结果。

硅谷有句名言：Silicon Valley is built on IC，一般理解为“硅谷是建造在半导体（Integrated Circuits）上的”，但也有另外一层意思即“硅谷是在印度人（Indian）和中国人（Chinese）的背上建立起来的”。在硅谷，华人 IT 工程师所占的比例远远超出华人作为少数种族在美国人口的比例。但问题是，除了当年杨致远作为创始人创办的雅虎外，美国大型高科技企业里没有几名华人 CEO。然而，我们却可以看到，微软的 CEO 是印度人，谷歌的 CEO 是印度人，Adobe 的 CEO 是印度人，等等。这是为什么呢？最大的原因不是华人不够优秀，而是华人很少站出来发声，为自己争取权益。

第二，华人群体的凝聚力有待加强。

在美国公司里的华人员工在社交时，往往会把自己划分成很小的派系，比如台湾人是一派，香港人又是一派；北方人是一派，南方人又是一派；老移民是一派，新移民又是一派。大家可以想象一下，华人在美国本来就是少数派，在这么小的圈子里，还要人为地去分成这么多派系，各个派系之间还没有太多往来，这会是多么不利于群体发展的局面？

这其实也是华人内敛的又一个表现。毫无疑问，每个人都需要培养自己的个人专业能力和业务能力，但单打独斗的理念在哪个企业里都是行不通的。华人崛起最需要的是团结精神和凝聚力，这也是华人群体最应该改善和提升的地方。否则根本就无法成为精英领袖。

相比之下，印度人在这方面就做得很好。他们非常团结，而且喜欢互帮互助，很有凝聚力。如果一个人出了状况，其他人也会站出来帮他说话，很少会出现虞有澄那样的情况。

我记得当年在英特尔做迅驰项目的时候，英特尔公司投资部和财务部的主管都是印度人，于是公司开会时就会发现，印度裔高管抱团互助，配合得非常默契。例如，一个印度人犯错，其他印度人会主动出来打圆场；一个印度人做得好，另外一个会主动出来为他宣传。在这种情况下，肯定的声音被放得很大，批评的声音越来越小，他们就在一定范围内形成了一股不可忽视的势力。

如果一家美国公司有一个印度高管，几乎可以肯定，他下面一定有几个同为印度人的心腹。印度人还非常善于把有价值的信息在自己圈子里流转起来。比如，公司一旦发布好的职位信息，很多印度人便会互相转告，让自己的同胞在第一时间知道；公司内部如果发生了新的变化，可能会对同胞产生些影响，他们也会马上互通信息。当时英特尔内部流传着这样的说法："如果你请了一位印度管理人，他可能会把整个村子都带来。"

我后来也有机会去印度居住和工作，我到了那里这才发现印度的每个邦就像是一个个独立的国家，有着不同的语言、种族或信仰，派别非常多且杂乱，也会经常发生冲突。但神奇的是，这些印度人到了国外之后却变得非常团结，一群人的表现就像一个人一样，这让我非常敬佩。

在为自己争取利益时，印度人通常会说：第一，我们印度以前一直是英国的殖民地，所以我们对西方的理念非常熟悉，能更容易地融入美国；第二，我们会带来一些东方理念，这对公司来说是非常有帮助的；第三，公司里有那么多的印度裔工程师，那就一定会需要印度裔的高层。

员工比例大、勇于发声，争取的时候还有理有据，这也就是为什么现在很多美国大企业里的 CEO 是印度人，华人却没有几个的原因。非但如此，再去看看这些 CEO 下一级的高管，仍然有很多印度人，就等于他们有接班人，而华人就没有。

作为在硅谷高科技从业人员中占比非常大的群体，华人其实可以列举出更多的理由为自己发声。比如，我们华人有那么多 IT 工程师，但在管理层上所占比例却那么少，这非常不公平，管理层里一定需要有华人，去反映我们的想法；比如，中国市场那么大，我们一定需要华人的高管来给出意见，帮助公司更好地开拓中国市场。总之，只要我们有意识，只要我们愿意，肯定能给出很多理由去为自己争取权益，但可惜的是，华人目前没有做到这一点。希望越来越多的华人能意识到这一差距，团结在一起，发出自己的最强音，用最有力的方法，使华人在美国大企业里真正崛起。

华人在美国的政治地位

在美国，少数族裔有很多，例如非裔、拉丁裔、亚裔等，其中有些族裔在政治舞台上始终没什么太大的发展和起色，但也有些族裔表现得相当出色。我一直在研究有关华人在美国政治体系中如何凸显其存在性的问题，当时在白宫工作时也很注意针对这些话题，不断去寻找更深入的答案。

有一次我和一位黑人众议员艾尔·格林（Al Green）交流时，聊到了种族歧视的话题。在美国历史上，黑人一直是长期遭受种族歧视的群体，但是他们经过多年的努力奋斗，在政治上已不仅仅是占有一席之地了。后来出现的第一任的黑人总统奥巴马，更是把黑人在美国所能达到的政治高度推到了顶峰。格林对我说："If you are not at the table，you are on the menu."这句话是一个非常形象的比喻，"如果不能在餐桌上占有一席之地，那你就只能在菜单上了"。

他的话让我很有感触：华人能在美国发挥多大的作用，很大程度上要看华人有多团结，在美国的核心政权里有什么样的地位。就像格林所说的那样，如果在决策方面没有一席之地，那就只有靠边站的份儿。

在这一点上，犹太人和印度人无疑做得更出色。这也是华人在美国想要实现真正崛起所必须参考和借鉴的两个优秀典范。

历史上，犹太人曾长期受到歧视。比如在欧洲，很多国家都规定犹太人只能从事一些特定的行业。为什么现在犹太人在金融界做得很大？这里有历史原因：在中世纪，欧洲人因为宗教的原因不能从事有息借款，但犹太人由于信仰不同，并不受这一限制，慢慢就变成了欧洲最大的债权人群体。

第二次世界大战时期，欧洲很多犹太人逃难到了美国，仍然很受本土白种人的歧视。悲惨的民族命运迫使犹太人深刻汲取教训，决心在政治上获得发言权。那时，很多犹太人团结起来建立了一系列权益组织，比如美国非常著名的犹太人游说团"美国以色列公共事务委员会"（American

Israel Public Affairs Committee，简称 AIPAC），他们势力非常大，甚至在一定程度上有能力影响美国两党的政治主张，导致无论两党持何种立场，都会一致赞同支持以色列。

哈佛大学约翰·F. 肯尼迪政府管理学院教授斯蒂芬·M. 沃尔特（Stephen M.Walt）与芝加哥大学政治学教授约翰·J. 米尔斯海默（John J. Mearsheimer）曾写过一本书叫《以色列游说集团与美国对外政策》（*The Israel Lobby and U.S. Foreign Policy*），书中通过分析表明，美国的利益和立场并不完全和以色列一致。他们认为以色列在中东谋求的不仅仅是站住脚，获得安全的家园环境，其实更是想扩张领土。而美国的立场只是希望当地和平，美国不应倾向于任何一个派系和国家。这一点最明显的体现，就是美国在中东打了这么多场战争，却并不会公开使用盟友以色列的任何资源，因为一旦使用，无疑会激怒更多阿拉伯人，这样的盟友对于美国来说没有绝对益处。

前国务卿科林·鲍威尔曾经提到过，他认为美国根本不应该过多介入中东纠纷，而且很多高层官员私下也谈到，卷入以色列和巴勒斯坦之间的冲突对美国而言几乎没有任何好处。然而在公开场合，很少有官员会旗帜鲜明地主张这一观点。以色列作为发展不错的一个国家，每年美国还要拨款 40 多亿美元进行援助。我当时在白宫听闻此事，感到非常惊讶，就问同事为什么。同事苦笑着说，这笔钱当然应该给更贫穷的国家，但谁敢说取消它呢？没有一个政客敢说这话，因为这会激怒美国以色列公共事务委员会，而激怒它的后果就是自己政治生涯的终结。

这让我意识到，原来所谓的游说团竟然有这么大的影响力。他们不仅能往来沟通，传递重要信息，影响美国的政治导向，甚至可以在自身利益与国家利益相悖时，凭借巨大的影响力，让政府出面维护自己的利益。

同时我也在思考，一个少数族裔到底能在美国扮演怎样的角色？很显然，这和人数多少并没有直接的关系，最关键的一点是要团结内部力量，集中各方资源，去建立一些能代表自身种族利益并能在必要时充分发挥力量的组织，让这些组织成为和美国政治高层沟通的桥梁。就像犹太人所想所做的那样，美国一定要支持以色列，因为以色列是美国最亲密的盟友，如果有政客不同意这一观点，就等同于跟美国的犹太人作对，这样犹太人也会想尽办法让你在选举中落败。这一潜规则在美国政客中人人皆知，已经成为每一个政客都不敢轻易跨越的雷池。

相比犹太人，印度人近年来的表现也不遑多让，他们是很典型的后起之秀。

从历史上看，印度和美国的关系并不好。印度最大的敌人巴基斯坦曾经是美国最好的盟友之一，美国军队在中亚地区所有的武器、物资和装备的运输都要经过巴基斯坦。加上在冷战结束之前，印度和苏联走得比较近，在美国的印度人就很清楚地认识到，他们必须在美国社会宣传更符合美国利益的理念和观点，才能对美印的历史关系有所弥补。

印度人在海外非常团结，他们把资金和资源都聚拢到了一起。在美国，印度人有自己的组织和利益团体，只要你是印度裔，你就可以从组织中得到足够的资金参与竞选。我们看到，美国南方居然出过两个印度裔州长。一个是曾经竞选过总统的路易斯安那州前州长鲍比·金达尔（Bobby Jindal）；另一个是南卡罗来纳州前州长妮基·黑利（Nikki Haley）。在众议院方面，也陆续有很多印度裔美国人参与竞选。2020 年的总统大选也产生了第一位印度裔副总统卡玛拉·哈里斯（Kamala Harris）。

在我本人所在的选区，日本裔的迈克·本田（Mike Honda）竞选连任众议员时，他最大的竞争对手就是印度裔罗·康纳（Ro Khanna），而印度的利益集团为了支持罗·康纳参选众议员，总共募集了1200万美元的竞选资金。当时迈克·本田很艰难地赢得了连任。但到了2016年，他还是在竞选中败给了罗·康纳。要知道，迈克·本田曾是民主党副主席，是一位纵横美国政坛多年的老将，但最终仍然败给了一名印度裔候选人。

此外，印度裔美国人也积极地采用各种方式，试图影响并改变美国对印度的态度。参考犹太人的成功模式，近些年来印度裔政客把印度包装成“亚洲的以色列”。一方面，他们宣称印度是亚洲最大的民主国家；另一方面，还宣称印度可以成为美国在亚洲地区最好的盟友，共同抑制中国的崛起，美国需要有一个靠近中东地区的民主国家做盟友。通过种种手段，印度裔美国人逐渐影响了美国政界高层的一些观点。

我们也能看到，美国和巴基斯坦的关系现在变得非常微妙。美国人在巴基斯坦境内处决本·拉登时，也没有告知巴基斯坦，这就体现出巴基斯坦和美国的关系逐渐从一个战略盟友跌到了互不信任的低谷。与此同时，美国和印度的关系逐渐友好起来，其中很大的原因就在于美国的印度裔扮演了非常重要的桥梁角色。

在白宫工作的一年间，我曾和一些参议员交流了关于游说团的看法。他们认为，游说团能很好地表达其受益人的需求和观点，不论他们的受益人是企业、利益团体，还是国家。我看到过印度裔和犹太裔的游说团，但从来没看到过华人的。缺少这样的能帮助中国和美国寻找利益一致共同点的第三方团体，是非常可惜的。

美国高层在考虑问题和做决策时，除了自身的观点之外，也受到外界因素的影响，尤其在政府内部，各式各样的利益集团都在影响决策层的观点和决定。在美国，还需要更多华人来丰富决策者的观点和想法，从而帮助他们做出更符合实际的决策。

要知道当初以色列建国时，美国总统是持反对意见的，因为一旦以色列建国，就相当于在中东种下一颗定时炸弹，时刻有爆炸的危险，这对美国的长期利益并没有帮助。但由于犹太裔组织的巨大影响，现在每一个美国政客都不得不宣称和以色列站在同一战线上。只要影响力够大，很多看似不可思议的事情都能够发生。

通过研究和学习犹太裔和印度裔在美国的崛起过程，我们可以清楚地认识到：在现今的世界格局下，作为世界上解决重大危机和开创未来的两个重要经济体，中国和美国势必要合作。虽然现阶段中美两国之间存在很多矛盾和争论，但从长远来看这是可以解决的。中国有很多理念都可以通过华人在美国的影响力来实现，华人还可以尝试着改变双方固有的一些观点。想实现这些，就需要在美国的华人群体凝聚自己的力量为中国发声，为自己发声，并且积极描绘出中美关系的新格局。

华人崛起必备的五大要素

据美国《世界日报》报道和加州大学伯克利分校研究表明，奥巴马总统任内的亚太裔官员人数远超前总统小布什时期。亚太裔官员分布在美国政府各个部门，涵盖劳工部、国土安全部、国家文艺基金会及联邦平等就业委员会等，从而出现了“史上最多元政府”。

以需要总统直接任命的 80 多个联邦高层职位为例，亚裔在奥巴马时代占总数的4.6%，在小布什时代仅占1%，在克林顿时期也才2.3%。亚裔联邦法官的人数也在奥巴马任内出现飞跃，从以往的8位增至25位，超过历届总统任命的总和。

在上述情况中最让人振奋的是在奥巴马团队里出现了一位华人大人物，他就是前商务部部长、美国前驻华大使骆家辉。当时商务部有一个不成文的规定，部长会定期抽出时间和下属交流互动。我的白宫学者同事带我去参加了这样的交流会，于是我就有机会和骆家辉做了第一次的沟通交流。记得那时他正忙于和中国的商务谈判，我对他说："我是今年的白宫学者，当时我曾来商务部面试过，很可惜没能见到你。你去中国了。"他笑着对我说："那真是有些可惜啊！但我还是要恭喜你，因为白宫学者是一个很难申请的项目。你现在在哪个部门工作？"

我告诉他，我目前在国际开发署做援助方面的"公私合作"。他沉思了一下，告诉我说："国际开发署很重要，可以帮助很多落后及发展中国家，你现在做的PPP项目尤其关键。"我就请教他说："我刚刚从中国回来，当时代表英特尔公司和中国政府谈一些通信项目的合作。在那个项目里，我一直有一个困惑，这也是我来白宫的主要原因之一，我想知道中美两国之间的合作到底怎样才能达成。"

我接着提到："当时英特尔和中国政府谈判时，美国政府一直没有参与，后来这个合作也没能谈成。我想如果当时美国政府参与的话，应该是交给商务部来跟进吧？"他说："对，我这次去中国就是要和他们谈更深的合作，下次有机会你可以和我的团队一起去，你会了解到更多的！"我非常高兴，感觉到骆家辉是一个很愿意帮助别人的华人。

离开白宫之后，我一直和骆家辉保持着联络。有一次在一位众议员的私人圣诞聚会上，我又见到了骆家辉。当时大家围坐在一起，聊得最多的一个话题就是近年来在全美范围兴起的“排伊斯兰教”事件。“9 · 11 事件”以后，很多美国人对伊斯兰教徒都很敏感，也很抗拒，像特朗普在竞选总统时主张要禁止伊斯兰教徒进入美国时，还得到了不少人的支持。

骆家辉对“排伊斯兰教”这种局势非常担心。他认为美国能有今天的成功，最根本的原因就在于美国接受了一切优秀的外来种族和外来文化。他还说到，美国每一次排斥外来移民的时候，都是它最失败的时候。比如第二次世界大战时期，美国把所有的日本人都关进了集中营，这其实是美国历史上最可耻的一幕。

他认为这种“排伊斯兰教”的风气本质上是跟美国的核心文化背道而驰的。他很担心这种状况，也觉得自己有义务站出来告诉大家，在当前的环境下，人们千万不能忘记美国真正的价值观，美国文化的包容性是真正能让每一个人成功的因素。这也是为什么骆家辉觉得美国对自己而言是一个特别优秀的国家：尊重差异，包容差异，积极融合，崇尚奋斗。

骆家辉说到的包容性无疑是美国的一大特点，当然，包容是有前提基础的，尤其在少数族裔人士在政府担任职务方面，美国政府对可能出现的“双重忠诚“（double loyalty）一直是非常担心和严重关注的。美国是一个移民国家，不同肤色、不同族裔、不同文化的人融入其中，享有共同的义务和权利，所以你会看到黑人奥巴马担任了总统，华人骆家辉担任了华盛顿州州长，印度裔、拉丁裔的参议员也比比皆是。但这些背后都有一个硬性的标准，那就是对美国忠诚。

在中国，我常听到人们评价骆家辉时说他就是一个典型的美国人，只考虑美国人的利益。其实这在美国人看来，就是应该如此的。因为作为一名美国公民，每个人都被要求对国家忠诚，对一名美国政府高官来说更是如此，你首先要证明的就是对国家的忠诚度。

美国政府在“双重忠诚”问题上的顾虑和担心，在对待华人科学家方面体现得尤为突出，比如华人水文学家陈霞芬案和华人物理学家郗小星案。2012年，在美国国家海洋和大气管理局任职的陈霞芬回中国探亲，与老同学聚会，恰巧同学中有人在中国水利部供职。陈霞芬返回美国后，2014年10月20日在办公室内被联邦调查局探员逮捕，怀疑她利用盗取的密码非法获取美国水坝敏感信息，并在与一位中国人士会面问题上撒谎。2015年5月，美国司法部指控身为美国天普大学物理教授、世界知名超导专家的郗小星，称他策划并实施从美国企业骗取超导技术秘密，协助中国进一步发掘和使用这种技术，以牟取经济利益。

这两个案件在当时受到了很多人的关注，大家都在观察政府是否会基于种族、民族等原因来针对他们。虽然这两起案件最终并没有证据证明他们向中国泄露美国国家机密，因而获得撤诉，但这也说明了美国政府对华人还是存在一定的戒心。

在特朗普执政时期，司法部推出“中国行动计划”（China initiative），主要针对跟中国有合作的科学家和专业人士。以现有数据来看，目前已立案数千件，涉案者绝大多数都是华裔科学家。

更有甚之，美国联邦调查局局长克里斯托弗·雷（Christopher Wray）在出席国会参议院情报委员会的听证会时，形容“中国威胁”是对美国整个社会的威胁，指无论是留学生还是访问学者都有嫌疑。

从普通美国人角度，怎么可能快速分辨清楚科学领域的事情呢？这很容易造成他们觉得所有长着东方面孔的人都是可疑的，都会对美国的国土安全形成威胁。

在这样的背景和论调下，华人要想担任美国政府的高级别官员，首先就需要绝对的忠诚。

但是对国家忠诚，不代表不可以为自己的种族发声。在这点上，美国的爱尔兰裔、犹太裔或印度裔都有很好的先例。就像之前提到的，爱尔兰裔美国人会为爱尔兰的存在和利益在世界范围内积极发声，并为独立组织募集资金。而在以色列问题上，犹太裔美国人同样给予了最大限度的支持，他们会向政府游说“美国是一个自由的国家，在中东范围内，只有一个真正自由的国家，那就是以色列。美国和以色列在本性和价值上是连在一起的，美国有义务为以色列提供帮助，这是对美国最有利益的选择”。无论爱尔兰裔也好，犹太裔也好，他们都反复强调，自己是美国人，所做的一切都是基于美国的利益。基于此条件下，他们认为美国可以和自己的祖国有一个很好的合作。

这一点非常重要，因为如果不证明自己是忠诚的美国人，美国的主流社会根本不会接受和相信他们。我觉得骆家辉在这点上做得非常不错。他会为美国的利益而奋斗，也希望能成为中美之间的一座桥梁，增进交流合作，这是中美关系未来最良性的一个走向。

然而我们必须看到，在美国政坛像骆家辉这样高级别的华人官员数量还是很少的，不能轻易对华人在美国政坛的现状表示乐观。而且即使出现一个所谓的华人领袖，按照中国的一句俗话，“独木不成林”，其实也不足以支撑起全局。

因此，华人要在美国崛起，在政坛发挥越来越大的影响力，获得越来越多的权力和尊重，做到以下五点是至关重要的。

第一，在美国政治竞选这个游戏里，华人选民手上的选票是非常重要的政治筹码，要好好运用。

一直以来，美国华人都“重商轻政”，很多人既不愿意从政，也不会主动去投票，就算投票也是非常分散。那么，其他种族是怎么做的呢？爱尔兰裔美国人通常只投票给爱尔兰裔，肯尼迪当年能以微弱的优势战胜尼克松，原因之一就是几乎所有的爱尔兰裔都投票给他。黑人也是如此，奥巴马在 2008 年竞选总统的时候，几乎所有的黑人都将手中的选票投给了他。但华人并不是这样的。

2016 年希拉里的总统竞选团队里的亚太裔推广总监杰森 · 邓科（Jason Tengco）是菲律宾裔，时年 27 岁。在 2016 年 4 月之前，他还是白宫亚太裔倡议副主任。而在 4 月 4 日后，他开始负责为希拉里组织和动员约占美国人口 6% 的亚太裔选民和组织。

我曾经专门访问过邓科，他告诉我说：“克林顿在 1999 年就开启了白宫亚太裔行动计划，希拉里如果当选，将从奥巴马手里接过这个计划，并且推动全面的移民改革、平价的医疗和教育，以及提高相关就业。美国亚太裔群体有将近 2000 万人，其中有 400 万人在上届大选中投票，是成长最快的少数族裔选民群体。在接下来的 3 个月里，我们要为 300 万选民做好选举登记，我们要通过更好的方式去接触、组织和动员他们。”

邓科还表示，内华达、弗吉尼亚和宾夕法尼亚这几个州有 77% 的亚太裔选民在上届选举中投票给民主党候选人奥巴马。在这样的一些摇摆州里，亚太裔选民显得格外重要，2012 年奥巴马在弗吉尼亚州仅以 4% 的优势胜出，而该州的亚太裔选民占比恰恰是 5% 左右，可谓是竞选天平上的制胜砝码。

第二，政治捐款非常重要，有钱不一定能赢，但没钱基本赢不了。

金钱在美国总统竞选中起到了至关重要的作用。竞选众议员往往需要投入数百万美元，竞选参议员需要数千万美元，而总统级别的竞选可能需要十几亿甚至几十亿美元的赞助。

在美国民主党老牌参议员芭芭拉·博克瑟（Barbara Boxer）竞选连任加州联邦参议员的过程中，我曾经参加过她的竞选团队。当时博克瑟的竞选对手是赫赫有名的共和党人、惠普前 CEO 卡莉·菲奥莉娜（Carly Fiorina）。

菲奥莉娜在资金方面有很大的优势，而博克瑟只是一名长期从事公共事业方面的政治人物，募资对她来说显得尤为重要。美国法律规定，个人捐款的最高数额只能是 2700 美元。从传统意义上来看，联系个人捐款是很低效的做法。政治竞选团队通常会着重联络各类组织，希望获得它们的捐款。不同政党背后都有各自不同的利益集团，例如民主党背后包括工会，共和党背后包括商会。竞选团队会先通过跟各类组织达成合作关系后，让这些组织去联络一个个会员捐款，我就负责亚裔组织中的募资活动。

我们和 NBA 洛杉矶湖人队著名球星魔术师约翰逊一起主办了一场募捐活动。当天活动的主办场地就设在约翰逊家中，每个参加者都要支付几千美元的入场费用，来参加活动的几百位来宾几乎都是洛杉矶当地的富人。

到了希拉里参加 2016 年总统竞选的时候，我参加了苹果 CEO 蒂姆·库克（Tim Cook）专门为希拉里举办的一场造势及筹款活动。这次活动由库克和苹果公司环境、政策与社会倡议副总裁、前美国环保局局长丽莎·杰克逊（Lisa Jackson）一同主持，主要目的是为“希拉里胜利基金”进行筹款。这场以蒂姆·库克个人名义组织的活动在短短一个小时内，为希拉里一共募集了超过 300 万美元。

如果一个华人政客本身没有钱，那么在竞选期间花时间最多的事情就是去募资，说得通俗一点就是“要钱”，这个时候他是非常需要华人群体提供金钱援助的。

第三，华人要形成强有力的组织，增强向心力，彼此之间互相帮助。

华人在美国发展已经有不短的历史了。最早到美国的华人主要来自广东、福建沿海一带，他们到了美国之后基本上是修铁路和做苦力。20 世纪六七十年代，来到美国的华人主要是台湾人和香港人，这两群人之间交集很少。80 年代从大陆地区去美国的华人以留学生为主。近年来，美国的华人数量增加得很快，很多是直接到美国来读书的孩子，他们的父母到美国则是在跨国公司工作，或者做生意，或者做投资。这期间还诞生了很多华人后代，他们可能连中文都不会说。

可以清晰地看到，美国华人的组成比较多样化，要团结起来很有难度，但是从根本上说，华人的崛起必须互相扶持。千万不要觉得不好意思，不要怕别人说连群结党，为自己族裔争取利益没有什么不好意思的。

另外，已经有一定地位的华人不能只顾自己，自私自利。我曾见过一名华人女性众议员，她就体现出很强的利己性。如果你对她很有帮助，她会对你非常热情，而如果你对她没有任何帮助，反而需要她来帮助你的话，她马上就走开了。这样的华人在政坛出现得再多也是没有意义的，毕竟他们只图自己个人的发展，没考虑过其他华人是否需要帮助，也没有意识到去培养年轻华人。

在任何国家和政治体系里，你需要结成一个团体才能发挥最大的威力。之前讲到犹太裔，有著名的犹太人游说团——美国以色列公共事务委员会；

印度裔也有他们的游说团，游说团的理事们还在很多大企业里担任重要职位；美国国会有“黑人核心小组”（black caucus），为黑人争取最大的权利出谋划策。现在华人群体组织也存在不少，但还缺乏广泛的、强大的、全国性的、统一的组织，可能在一次次华人受歧视或受侵害的事件发生之后，能够更加激发华人团结在一起，形成真正有威力的组织。从这个角度分析论证，可能显得有点无奈，但很多少数族裔就是在一次次抗争中获得更大权益的。

2016 年 2 月 11 日，美国组约华人警察梁彼得（Peter Liang）因涉及 2014 年 11 月在布鲁克林一栋公寓楼道内误杀非裔男子雅佳·格雷（Akai Gurley）一案，被大陪审团裁定包括二级过失杀人罪等 5 项罪名成立，面临最高可达 15 年的监禁。这件事引发了全美华人群体的强烈反应。大批华人自发组织成立了声援梁彼得的同盟，不到一周就发动了全美多地 12 多万名华人在白宫请愿网站上进行联署签名，呼吁检方撤销起诉。此事件在全美各地持续发酵，超过 45 个城市和地区的华人纷纷策划并实施声援梁彼得的游行。

当时在我居住的加州硅谷一带，有很多华人参与讨论此事，也有不少人响应声援行动。有人非常愤慨，说这是美国社会长期以来歧视华人所造成的恶果；也有人很冷静地分析了案件和庭审中的诸多疑点，认为还有上诉争取的机会。

抛开这个案子本身，这次大规模华人游行就是华人团结意识的一次重要体现。一直以来，很多在美华人都是秉承传统美德，只知道勤劳、诚实，靠自己打拼。在一个多元化的移民社会里，这是远远不够的。客观地说，人是群体动物，种族结成组织来维护自身存在的意义是非常现实的。

第四，华人要学会利用并推动主流媒体为自己发声。

20 世纪 60 年代，黑人饱受歧视，被限制投票，于是他们就到处抗议、静坐。著名黑人民权领袖马丁·路德·金（Martin Luther King）最著名的一次演讲《我有一个梦想》就是在那样的背景下产生的。而华人在美国给人的印象就是“埋头干活的模范少数族裔”，很少站出来为自己的权益发声。

这种情况已经在朝可喜的方向改变。2016 年 10 月 15 日，在宾夕法尼亚州东南部的费城，一场 2000 名华人持枪大游行在当地街头掀起一股浪潮。此次华人游行主要是为了抗议美国黑人说唱歌手 YG 的一首歌曲，这首歌曲里包含了歧视华人的内容。这起事件一时之间被中国媒体争相报道。但非常遗憾的是，美国主流媒体对这件事几乎没有报道。我所居住的城市是美国华人比例最高的旧金山，华人占到总人口的 30%，而且这里还有过第一位华人市长。但在这样的一个城市里，我既没有看到大规模的游行，也没有看到美国主流的几大电视台的报道。这次的游行本身肯定是一件好事，背后有华人商会组织的支持，但这样轰动的新闻事件却没有得到主流媒体的报道，没有让更多的美国人看到，是非常可惜的。

主流媒体的态度能够影响很多人，但很遗憾的是，目前为止美国主流媒体对华人的态度都是不重视，不尊重。福克斯电视台（Fox）曾经有一档节目是在纽约中国城采访华人对希拉里、特朗普以及中美关系的看法，在整个节目过程中没有询问任何关于竞选的问题，而是带着许多偏见来嘲讽美国华人。比如问街边小贩卖的手表是不是偷来的。在采访一位老人时，对方不懂英文，无法回答问题，电视台剪辑人员为了达到搞笑的目的，用某电影中一个女人的大吼作为画外音：“你说话呀！你倒是说呀！”

包括我在内的很多华人当时都很愤怒。如果同样的事情发生在犹太人身上，这个主持人有可能当天就会被开除，福克斯电视台这个“歧视性采访”事情发生之后，这位主持人没有正式道歉，电视台对他也没有任何制裁。

在美国历史上很长的一段时期内，在电视节目中白人经常把脸涂黑，化装成黑人，然后表演滑稽节目，以此来嘲弄黑人。直到20世纪60年代，黑人民权运动开始之后，这一现象才逐渐消失。如果这样的歧视性内容在美国主流媒体上持续出现，那么改变华人软弱可欺的形象从何谈起呢？所以，所谓华人的民权运动还没有真正的开始，如果要开始，一定要把主流媒体作为一个重要阵地对待，同时也要重视社交媒体。

新冠疫情发生之后，某些美国政客不负责任地表达了一些反华反亚裔的观点，很容易带动不知情民众的情绪，导致很多人对华裔产生错误偏见。例如田纳西州参议员玛莎·布莱克本（Marsha Blackburn）就曾公然在推特上发表言论，称中国有5000年的偷窃和欺骗历史（China has 5000 years of cheating and stealing）。这种观点完全不符合事实，但又极具煽动性。然而，目前华裔还没有足够的力量在社交媒体上进行抗衡，让这些谎言获得应有的惩罚。

第五，华人要学会通过法律途径为自己争取利益。

通过诉诸法律的手段对抗社会的不公平，这是所有美国人都可以运用的手段，华人也是一样。很多人并不知道其实是华人动用法律手段，才使得所有生在美国的外国人都获得了如今的公民权利。

1868年，《联邦宪法第十四修正案》获得通过。该修正案的第一款便写道：“任何人，凡在合众国出生或加入合众国并受其管辖的人，均为合众国及所居住之州的公民。”依据这一条款，在美国出生的人自动成为美国公民。

1871 年，来自中国广东台山的一对夫妇在美国旧金山生下了儿子黄金德。1890 年，黄金德的父母回中国广东定居。同年，黄金德回到台山探视父母。在黄金德返美时，移民官同意他入境，理由就来自《联邦宪法第十四修正案》。1894 年，黄金德再度回台山探视父母，可返美入境时却被移民局拒绝且被扣留。移民官给出的理由是：黄金德的父母不是美国人，即使他在美国出生亦不是美国人，要受 1882 年《排华法案》限制。

到底是按照联邦宪法来，还是按照《排华法案》来？黄金德当然认为是前者，于是他不服美国移民局的决定，开始了漫长的法律诉讼。最后在 1898 年，美国最高法院对他的案件做出以下判定：任何在美国出生的人，无论父母是否是外国人，都拥有美国公民权。美国最高法院对《联邦宪法第十四修正案》做出了明确的司法解释。

除了黄金德案，还有一个案子非常著名。19 世纪末，美国华人主要的谋生行当之一是开设洗衣店，华人在商业上的成就威胁到了当地白人的洗衣店，因此旧金山市政府从中阻挠，规定开设洗衣店一定要有执照，而执照并不发给华人，只给了白人。那时华人的商人组织、著名的六宗亲团（the six company）自己捐钱，还发动募捐，请了旧金山最厉害的白人律师霍尔·麦卡利斯特（Hall McAllister）上诉。华人在短短几年间向法院递交了两万个案子，最后有十多个案子被递到了联邦最高法院，加州联邦最高法院对此案最后做出判决：如果一个法案在制定的时候就倾向于一个种族的话，那这个法案也就不符合宪法。

和黄金德案一样，这个洗衣店案件对现在的美国移民和少数种族也有着巨大的影响。麦卡利斯特也因这个著名的案子而更加声名远扬，人们后来还在旧金山市政大厅外为他立了一座铜像，来表示对他的敬意。可惜后来六宗亲团由于内讧而衰弱了，这段历史也就鲜为人知，但事情本身是很有历史意义和让人振奋的。

虽然提起诉讼是一件很不容易的事情，既需要付出高昂的金钱代价，又要付出漫长的等待时间，还对当事人的精神和情绪带来很大的压力，往往还需要更多类似的诉讼才能引起更大的社会重视，但在特别注重法治的美国，一旦通过法律做了判决，或有了最终的司法解释，大家就都会遵守和服从。

谈到采用法律途径维护自身族裔利益的经典案例，就一定要提“布朗诉托皮卡教育委员会案”（*Brown versus Board of Education of Topeka*）。这是一件美国史上非常重要、具有里程碑意义的诉讼案。

美国南北战争之后，奴隶制虽然被废除，可是“隔离但平等”还是一种隐形的歧视，它试图通过为不同种族提供表面平等的设施或待遇，从而使实施空间隔离的做法合理化，并且成为南部各州的普遍现象。1896 年，美国最高法院在普莱西诉弗格森案中裁决这种做法符合美国宪法，于是这种行为正式取得合法地位。

随着美国民权运动的不断发展，“隔离但平等”原则受到了越来越多的挑战。1954 年，美国最高法院在“布朗诉托皮卡教育委员会案”中，以 9∶0 一致裁决：隔离教育会使黑人学童对自己形成一种“自己是次等的”的自我认知，这种认知感觉会伤害黑人学童的心灵，提出诉讼的原告和处境与此相似的其他人，由于受所述种族隔离之害，已被剥夺了美国《联邦宪法第十四修正案》所确认的受法律平等保护的权利。此案的裁决突破了普莱西案对“隔离但平等”原则的认可，终止了美国社会中存在已久的白人和黑人必须分别就读不同公立学校的种族隔离现象。

从该判决之后，“隔离但平等”的法律原则被推翻，本案也开启了之后数年内美国废止一切有关种族隔离措施的大幕，美国的民权运动也因为本案迈进一大步。

综上所述，华人要在美国尤其政坛实现真正崛起，一定要懂得使用好手里的选票，要舍得为自己种族的利益进行金钱上的投入，成立真正有号召力的全国性组织，让自己的声音不断出现在主流媒体和社交媒体上，任何时候都不要忘记利用法律保护自己的权益。

只要这五点能实现，再加上一些政治领袖的出现，相信华人在美国主流社会的地位和状况会有很大的改变。

令人振奋的是，在美国已经有华人这样去做了。在旧金山曾有一位名叫白兰（Rose Pak）的华人女性，她年轻时曾担任《旧金山纪事报》的记者，之后开始参与旧金山中国城的社会工作，逐渐成为旧金山最有政治影响力的华人女性。她对美国社会和美国政治的规则非常了解，很多做法非常美国化，因此效果也特别好。

首先，她在政治上建立自己的影响力，尤其是在捐款方面。比如，她会向市政府申请在中国城建立医院或社区中心。这一点很重要，因为当地政府拨的钱由她来分配给不同的开发商。而她也因此和开发商们建立了很好的关系，以至在后来的竞选中他们都愿意为她或她所支持的政客捐款。当时很多在旧金山的政客都知道，如果你要募集捐款，就去中国城找白兰，她一定不会让你空手而回。

其次，她懂得让群体发声。社区中心往往是低收入者的聚集地，也是最愿意发声的群体。每当有社会问题出现，她会动员一些社区中心尤其是她赞助的社区中心的很多人站出来捍卫自己的权利，不断找各种媒体发出声音，传达自己的意愿和呼吁。

再次，她非常愿意帮助其他的华人政客。前旧金山市市长李孟贤（Ed Lee）的当选，很大一部分也是因为她的大力支持。在美国政治中，党魁扮演着一个很重要的角色，但在美国我很少看到华裔里有这样的角色，从某种程度上来说，白兰就有点像党魁。尽管她没有一个正式的党派职位，外界唯一可查询到的她的职务只是旧金山中华总商会资深顾问，但她在旧金山的影响力依然很大。

华裔如果要在美国政坛有一定的发展，那必须得有一批像白兰这样的人，使用非常地道的美国方法，来实现华裔的崛起，促进中美的合作。这条路虽然遥远漫长，但如果奋发前行，假以时日，肯定能迎来令人欣喜的改变。

第七章

海外投资

跨国发展配置有方

中国创业大有可为

曾经有人表示，想了解未来中国的经济，只需要理解这个逻辑：美国的昨天就是中国的明天。中国在过去 40 多年里走过的路，美国、日本、德国都已经走过，得益于世界范围的技术传播、产业转移和中国人自身的努力，中国在经济上实现了快速追赶。

美国在金融投资和科技创新等方面稳稳占据着全球领先位置，中国的市场规模和经济深度决定了中国完全有潜力实现更大的跨越，如果将两者相结合，迸发出来的机会将是不可想象的。这也是后来鼓舞着我回国创业的最大动力所在。

2008 年的一天，我的一位哈佛校友同时也是华裔朋友找我闲聊。那时，他在柏尚投资（Bessemer Venture Partners，简称 BVP）做投资人。BVP 成立于 1911 年，是美国历史最悠久的投资公司之一，有着令人钦佩的投资业绩，投出了 Skype、Yelp、LinkedIn、Pinterest 等世界知名的公司。

朋友告诉我说："你知道吗？在 BVP 投资的众多企业中，回报率最高的公司是美国格里集团（Gerson Lehrman Group，简称 GLG），它是华尔街一家专门提供商业资源及信息整合的金融服务公司。"

我对这家公司早有耳闻。它的两个创始人之前在华尔街的投行工作过，后来离开投行创立了这家公司，为很多投资机构提供专业的资讯服务。简单来说，GLG 是一家为投资机构提供专业服务的公司，通过整合一个全球化的专家库，让这些专家为投资公司或投资项目提供专业和深入的商业信息服务。通过 GLG 提供的这些服务和产品，投资机构能快速、有效、深入地接触投资目标领域里的资深从业者，然后根据行业里这些专家提供的信息和观点，提炼出客观而全面的分析建议，从而帮助自己做出正确的投资决策。GLG 的这一商业模式极具价值，因而深受美国投资机构和投资人的欢迎，这也使得 GLG 一举成为 BVP 投资回报率最高的公司。

在华尔街，有价值的信息资源永远是最重要的。但是，如何快速高效地获取价值信息却没那么容易。投资者如果想从非合规渠道获取受保护的信息，那会触犯法律的；如果仅凭自身的人脉关系来拓展信息渠道，则既缺乏效率又未必能保证质量。通过“专家库”获取和整合专家意见观点，有效地帮助投资人突破自身资源的局限性，打开广阔且合适的信息渠道，这样的商业模式越来越有市场价值。

这也使我想起在白宫工作时，奥巴马总统和我们谈起的关于抉择的话题。作为一位美国总统，他每天做得最多的事情，就是不停地收集和筛选那些顶尖专家们的意见，总结他们的观点，最后做出自己的决定。其实在一定程度上，奥巴马就像投资人一样，每天都在使用着他的“专家库”。

我和朋友也聊到了中国。作为世界上最大的发展中国家，中国很多行业才刚刚起步，很多市场还未定型，拥有很多投资机会。毫无疑问，中国对于信息资源整合的需求也会越来越大。那么多的资本投到中国的各行各业中去，投资人想要做出正确的投资决策，想要获得好的投资回报，也需要“专家库”这样的好帮手，这其中必然存在着巨大的商机。我们就此谈论了很多，两个人都很兴奋，我第一次萌生了在中国创业的想法，也与他启动了这项计划。

在白宫学者任期结束之前、需要思考和决定下一步发展方向时，我想到了我的一位导师——当初推荐我去白宫工作的英特尔董事、前通信部部长里德·亨特先生。我去请教他：“白宫的工作结束之后，我会有几个选择，可以回大企业工作，也可以选择从政。但目前我还有一个想法——在中国创业，您觉得我怎么选择比较好呢？”

他沉思了一会，问我说：“如果你放弃这次创业的机会，五年、十年或二十年后，你再回看今天，到时候你会不会后悔？”

我想了想说：“我觉得我会后悔。”

他接着问我：“万一创业失败，你再想回到这些美国大企业，还是有机会的吧？”

我又想了想说：“应该是这样的。”

谈到这里，他就笑着对我说：“那你就不要犹豫了。做你以后不会后悔的事情吧！”

听他这么一说，我彻底坚定了决心，踏上了我在中国的创业之路。

当真正开始创业的时候，公司只有四个人。除了我，一个是我读斯坦福大学时的同学，还有两个是我在哈佛商学院的同学。在中国，公司总部设在上海，不仅是因为上海作为中国金融中心的重要地位，更是因为我自己一点小小的私心——上海是我的故乡，是我从小长大的地方，我喜欢在这里生活和居住，也希望我的事业从这里起步。

公司起名叫商霖华通（Business Connect China，简称BCC）。从这个名字不难看出，我们希望全球性的金融投资机构能通过我们的产品和服务，洞察到投资前沿信息，更好地在中国进行投资。

一方面我们开始招兵买马，搭建公司团队；另一方面也加快了股权融资的进程，希望用资本的力量带动公司快速发展。

通过介绍，我们约到了前文曾提到的一位著名的美国天使基金投资人迈克·梅普尔斯，是我斯坦福大学和哈佛商学院的校友，也是曾经排名福布斯全球最佳创投人榜单第14位的优秀投资人。他投过Twitter，也投过Uber最大的竞争对手Lyft，可谓战绩彪炳。

我们去拜访他，谈了我们在投资信息搜集和行业专家库方面的创业想法，同时告诉他，我们正尝试在中国落实这个事情。他听了以后非常感兴趣。虽然之前他从来没有在中国做投资，但基于对我们的信任，他向BCC做了第一笔天使投资——50万美元。这对我们而言意义非凡，因为这是BCC创立不到半年时间拿到的第一笔投资，而且来自一位赫赫有名的投资人。

资金问题解决后，接下来面临的问题就是开拓市场，这也是这次创业中最有趣、最具挑战的一点。我从来没有想到，当“美国战略”遇上“中国创业”，居然会产生如此特别的效果。

几年前，当我代表英特尔回到国内进行合作洽谈的时候，我看到了这么一幕：经济飞速发展，中国企业像雨后春笋一样迅猛成长，不少企业家已不仅仅局限于国内市场这块蛋糕了，而是将眼光投向了海外，不但和海外企业开展合作，甚至开始收购一些知名的外国公司。但在越来越国际化的同时，中国企业在自我认知上仍然强调着“中国特色”的概念。我在英特尔做调研向客户讨教问题的时候，很多客户得知我的美国背景后，往往会对我说："你是美国来的，不了解中国，中国有自己的特色！"

在我看来，包括我在哈佛商学院所学到的，世界上很多国家的发展和演化是十分相似的，中国改革开放以后走的路，看起来好像很"中国特色"，但其实很多发达国家都走过。不论是从商品外销逐渐转变为拉动内需，从倚重制造业转变为提高服务业比例，还是从大力发展经济而忽视生态环境转变为重视环保并寻求可持续发展道路，这些变化在很多国家的历史发展进程中都有迹可循。我感觉中国也在走一条相似的路，那到底什么才是"中国特色"？我对这个词语非常好奇，在我创立公司之后，这个"中国特色"问题又跳了出来。

在寻找客户的过程中，我们和国内很多的投资机构进行了洽谈，他们一般都会对我说："你们的投资服务听起来确实很不错，可能在美国很行得通，但是中国并不需要这么做啊！我有自己的人脉，有自己的圈子，遇到问题打几个电话就能解决，为什么一定要咨询你们的专家，为什么一定要购买你们的投资服务呢？"

这样的话听得越多，我就越好奇，难道这就是所谓的"中国特色"？但是，我知道事情并不是这样的。因为在华尔街，十几年前也发生过同样的情况，人们也认为靠自己就能做到同样的事情，但到最后慢慢发现，仅靠个人相对有限的关系网，仅凭几通电话，其实是行不通的，也不能够让自己的投资更上一层楼。

为什么行不通？

第一，打电话是很容易，但请别人办事是要动用人情关系的，欠了人情就得还，先不说还人情的代价有大有小，很显然你总不能一直麻烦别人；

第二，专家要经过一定的培训，才能从专业的角度回答客户的有关问题，如果没有经过良好的培训，沟通不会是最精确的，也不会是客户所期待的；第三，也是最重要的一点，其实自己办这件事的时间成本和人力成本是很高的，一次可能还可以接受，但作为一个专业的投资机构或投资人，要长期把自己那么多的时间和精力用在这方面，是非常不值得的，投资人更需要的是一个可以及时调用、知识储备丰富、专家见识渊博和投资信息对口的专业平台。

在中国做了充分的市场调研之后，我们断定，这一行业在中国的发展趋势必将像美国那样——从最初的不需要到未来的很需要。“中国特色”名词背后的本质问题，实际上是客户长期以来形成的旧观念和旧习惯。只有打破这些旧的东西，我们才能获得新的客户、新的市场和发展。

在这样的情况下，我们只能先尝试去说服客户：“我知道你拥有一定的信息获取能力，但是你的时间是很有限的，完全可以放在更有价值的方面。你们不妨先尝试用一下，看看我们的产品和服务好不好。”其中有一部分客户会答应尝试，好消息是几乎所有试用过的客户都会说：“你们的产品和服务很好，真的没有想到你们能做得这么棒。”

得到这样的反馈后，我们更加坚定了信心，相信中国投资机构在未来发展中会非常需要这项业务。只不过在开始阶段，国内客户从拒绝到接受，还需要一个转变过程，有一部分客户坚持固有的观念和习惯，不愿轻易尝试新事物。

了解到这点后，公司的战略部署也做出了相应的调整。一方面，我们仍然积极开拓国内市场，而另一方面，我们也加快开发有中国业务的海外客户，因为他们本身就更为接受和认可这类服务，而且随着中国市场的机会越来越多，他们也很需要来自中国的精准而专业的投资服务。

我们获得的第一个海外大客户是法拉龙资本（Farallon capital management），一家位于美国旧金山、管理着270多亿美元的基金公司。我的一个哈佛商学院同学在这家公司做基金管理人，当时他正在做一个全球化的船运投资项目，需要了解中国船运行业信息。在此契机下，BCC和法拉龙达成合作，为他们提供相关行业数据，同时还联系到一批国内船运行业的资深专家，帮助他们尽快了解中国市场。

这是公司的第一个大客户，我自己也投入了相当多的精力。我带着我的这位同学拜访了中国海关的一些领导，了解相关的政策法规。我们也去了浙江的大洋山和小洋山一带，深入走访了当地及周边的货运码头、船运公司等。

可如果只拥有国际客户的话，对一家希望高速发展的公司来说显然是不够的。通过之前一段时间的沉淀积累，包括让国内客户体验我们的产品和服务，BCC逐渐打开了国内市场。我们首先在外资企业中取得了成功。

麦肯锡是全球最大的咨询公司，在美国已经很习惯使用专家库这一服务，用来了解行业发展，制作咨询报告。麦肯锡上海公司很快就做出尝试，体验结束后，他们给予了很高的评价，并且开始全面使用我们的服务。

一扇窗口打开之后，整个局面就开阔多了，BCC开始迅速打开国内市场，其中不乏那些赫赫有名的投资基金，例如红杉资本（中国）、凯鹏华盈（中国），然后很多本土的投资大腕也成为我们的客户，例如深圳市创新投资集团、中信产业投资基金等。

经过了短短几年的发展，BCC逐渐从最初的四人团队扩大到了三百多名员工，在全球设立了八个分支机构，分布于中国、美国、韩国、印度、智利等多个国家。团队中每个人都拥有丰富的经历和经验，专家资源遍布世界各地，BCC 的客户也涵盖了亚洲、欧洲、北美洲及拉丁美洲最好的投资机构，先后帮助他们完成了上百亿美元的投资。

回顾那几年，当“美国战略”遇上“中国创业”，开拓市场的过程绝对没有想象的那么简单和顺利。如果有人问我：“在这次创业中，你最大的收获和体会是什么？”我的答案会是“战略上要坚定，战术上要灵活”，一方面要坚持正确和先进的理念，跟传统的认识、观念和习惯做斗争，对市场进行持续渗透；另一方面要因地制宜，不断根据客户反馈和市场变化进行调整，抓住随时出现的机会，做出很多本土化的创新。

经过深思熟虑并制定好战略之后，就不应该轻易动摇，而是要坚定地贯彻下去。当客户表示拒绝或者提出质疑，看似很坚定地说什么“你的产品和服务对我没有任何用处，这看上去是多余的”时，你该怎么办？这时候需要做的就是坚持不懈，勇敢地对客户说：“我不是说你错了，而是请你给我机会让我向你解释，为什么你需要我们的产品和服务。我还是很相信我们的价值的！”所有顶尖创业者都是这样，内心拥有一个不可动摇的信念。当时我们也有一个信念——当中国的投资机构更专业化、更系统化之后，他们必然会更加需要专业深度的投资咨询服务和信息资源整合服务。

在没有真正成功之前，可能没有任何一个人知道什么是成功的方法，这时不能气馁，要坚持下去，要不断尝试。就像美国著名发明家爱迪生，他为了寻找合适的灯丝，曾经对 1600 多种耐热材料和 6000 多种植物纤维进行了实验，终于找到了碳丝，做成可以点燃 40 个小时的白炽电灯。有人问爱迪生：“你失败了 1000 次还要坚持下去吗？”爱迪生回答说：“我没有失败 1000 次，我只是在成功之前找到了 1000 个做不出电灯的原因。”把每次失败看成一次学习，这就是每个创业者在创业过程中要坚持做的事情。

但是战略的坚定不代表让战术变得僵化和守旧，不能片面地认为“美国战略”的“中国落地”就是对美国历史经验的生搬硬套，战术要灵活，甚至如果美国原本没有的某项业务，但只要中国市场需要，就值得大胆创新。

例如在美国，投资咨询这一业务模式已经发展得很成熟了，专家本身就和投资行业接触比较多，很少需要提前培训。但在当时的中国，绝大多数人对投资行业还是一知半解，很多行业领域里的专家对投资者关心的信息还不是很清楚，他们要么认为投资者前来咨询就是为了套取行业内幕消息，要么按照自己的习惯给投资者谈谈宏观理论或专业化很强的信息，但这些都不是投资者真正关心的。

那什么才是投资者最希望了解的事情？他们想要了解的往往是：关于行业未来发展有些什么独到的分析，标的公司现在所处的竞争环境如何，标的公司有什么样的核心竞争力。这些对行业和公司具有深度的战略性分析，往往是需要专业培训才能表达清楚，而很多专家并不具备这样的意识和基础。

所以，我们召集了很多这样的专家，花了很多时间给他们进行培训，这些也恰好是他们所需要的。经过培训，专家们了解到很多投资行业的专业知识以及投资者的真正需求，学会了从投资者的角度去看具体行业和企业。这个过程其实是非常有趣，也非常有价值的。对那些真正想成长的专家而言，咨询费用回报反而是次要的，更重要的是获得了投资行业的理念和思维角度，因为这可以帮助他们将自己的工作做得更好。

做这样的培训让很多专家更加认可了我们的专业度，更加信赖我们，因此我们又获取了更多的专家资源，提高了专家质量，也吸引了更多投资者的关注，形成了良性循环。在之后的发展中，中国很多的阳光私募基金、公募基金都成为我们的客户，这也就充分证明了当初我们制定的战略是正确的，因地制宜后所采用的战术也是对的。

还有一个萌芽于中国市场的服务创新也非常有意思，就是把从专家那里收集到的信息以大数据的方式做系统分析，这个服务当时在美国还没有太多看到，但中国市场有这个需求。为什么会这样呢？因为中国的经济发展太快了，很多投资者在投资的过程中其实不只是投这家公司，更多也是看好这个行业的未来发展趋势。以前他们更多的是靠自己的人脉获得信息，去推测未来，但这些信息不能完全满足他们的需求，他们需要更多更有价值的数据来验证自己的理念和想法。而我们既能提供客观的大数据分析，又有专家们基于多年行业经验做出的主观推测。对投资者来说，是一个非常立体和全面的深度服务。

这些动作既在“提供专业投资服务”这个战略之下，又已经逐渐超出我们当初创业时的设想，完全是我们按照中国本土需求做的创新。所以，战略一定要坚持和贯彻，目标不适宜轻易改变，但达成目标的方法可以灵活调整，团队可以根据市场的需求，及时做出相应的变化和大胆的创新，这对创业者及其公司来说是非常重要的，也是我在国内创业中的最大收获。

向最优秀的华尔街投资人取经

有人说，客户就是你的老师，尤其是那些优秀的客户。当我有机会和最优秀的投资人一起工作，为他们提供产品和服务的时候，也正是我向他们学习的好时机。

在我创立跨国金融服务公司的过程中，我有机会遇见300多位华尔街的精英投资人。我发现，一个优秀的投资人虽然不直接管理公司，但对公司的了解、分析和判断一点都不比这家公司的CEO差。很多时候，他们甚至比CEO具有更独立的观点、更广阔的视野，也能做出更优化的判断。他们常常会抱着中立的态度去考察一家公司，而为了解和认识一家公司所花费的精力也远远超出了我的想象。

华尔街很有名的小老虎基金群（tiger cubs）的创始人朱利安·罗伯逊（Julian Robertson）是一个非常厉害的投资人，他首先创办了老虎基金，退休之后就专门投资给他认为特别优秀的一些基金管理人，这些基金管理人后来都成了“小老虎”。

小老虎基金群由40多家基金公司组合而成，管理基金的总额超过4000亿美元。其中之前最大一个专门面向亚洲市场的基金叫老虎亚洲基金（Tiger Asia），创始人是韩国人比尔·黄（Bill Hwang），他管理着100亿美元的投资基金。还有一个老虎环球基金（Tiger Global）也特别有名，曾经投资过Twitter、Facebook和Uber等公司。近年来很多成功的中国互联网公司的投资中都有老虎环球基金的身影，包括阿里巴巴、京东、滴滴，当时它负责中国业务投资人叫斯科特·施莱弗（Scott Shleifer）。

施莱弗在中国有那么多投资项目，然而他的主要办公室却是在纽约。我曾经问过施莱弗一个问题：“你常年在纽约，也不会说中文，只是时不时去中国考察，为什么你能有这么大的把握，敢在中国投资上亿美元，而且这些投资又精准又成功呢？”

他回答：“第一，你要盯着你关心的这些公司，想出所有你能想到的问题，穷尽一切地去问为什么；第二，获得一些答案之后，你要能够独立思考，有自己看事情的观点和角度；第三，我非常看好中国，而且也知道中国正在发展的互联网热潮是美国曾经经历过的，甚至某些地方（像移动互联网行业）比美国走得更快，而中国很多成功的互联网公司在参照了美国的成功案例后，进行了很好的本土化，从而牢牢赢得中国市场。因此，我要做的就是挑选最好的‘融合者’，看这些公司能否把美国的成功案例和本土化的改良融合到最好。”

我认为这就是老虎环球基金持续成功的重要原因。同时，这也再次印证了我所坚持的理念，中国的很多行业是可以吸取美国的成功经验的，尤其我们所从事的金融服务业和投资行业。而施莱弗的回答也给了我这个正在中国创业的人一个很好的启发，那就是中国的这条道路并不会走得与美国完全一致，在美国的很多经验并不适合直接生搬硬套到中国，而是要按照中国的环境和需求来做调整。我要坚持自己的理念，但是在这个过程中也要不断去修正。

后来，我有机会跟罗伯逊先生见面会谈。他看起来非常苍老，就像一棵百年老树一样坐在那里。在我们说话的时候，他连眼睛都不睁一下，好像在打瞌睡。但是等我说完，他立刻问了我一句：“你知道中国的某某公司吗？”他列举了三个中国很著名的电子商务公司的名字。我说：“我知道，它们在国内很出名。”然后他问我对这三家公司的看法，并就中国的电子商务市场发展和我交流了很多心得。

这使我非常惊讶，这位已经快90岁的、常居纽约的老人，虽然已经退休，竟然对万里之外的中国这么熟悉，对新兴行业的发展有着自己独到的见解，真的很令人钦佩。而他能做到这样，就和之前施莱弗所说的一样——不断地追问，不断地求证，直到发掘出问题背后的真相。

巴菲特与罗伯逊年龄相仿，也同样是一个很懂得追问和求证的投资人。他在哈佛商学院的演讲上特别谈到了“疯子”这个概念。他当时说：“我很有耐心，因为我知道这个市场像一个疯子，它有时候会疯狂地来跑过来对你说，哎呀，这个东西太好了，你要高价地买进来，但过了一段时间，同样的这个东西，一点都没有改变，它却会疯狂地去把它丢掉，说这个东西太差了，不管多低的价钱都要丢给你。针对这个疯子的做法很简单，当它疯狂地要丢掉东西的时候，其实是买进的最好时机，而我所做的，就是花时间去了解和真正地去认识一个行业、一家公司。等这个疯子先生拼命地要卖的时候，我就买那些我已经知道的好公司或者好行业里的股票，我赚钱的方式就是这么简单。”

在2016年巴菲特的公司股东年会上，我再一次接触到了巴菲特。那年的股东大会有两点和往年不同，第一是那一年的大会首次进行了网络现场直播，第二是直播全程配有中文同声传译。粗略估算，那次参加年会的中国人有3000多位，其中很大一部分是中国的基金经理。这让我明显感到，中国投资人正越来越快地向国际市场靠拢。

记得我第一次在中国创业，利用专家网和大数据为投资机构提供价值投资的决策帮助时，很多中国的基金经理告诉我，价值投资在中国是行不通的，中国投资人往往着眼于短期暴利，搜集信息的渠道很多时候是通过所谓的“人脉内幕”，在这里要像在美国那样正儿八经地做投资服务是行不通的。现在，来“朝拜”巴菲特这位“价值投资”鼻祖的很大一部分人就是当年我所认识的那些中国基金经理或企业家们。我很欣喜地发现，中国的投资市场正在慢慢走向成熟，理性的投资最终要回归到对行业、企业、产品和管理者的深度评估这条路上来。

我还和我的哈佛商学院同学本·特拉克（Ben Truck）共事过一段时间。他是一位很优秀的投资人，曾经是众多“小老虎基金”之一的 Millgate Capital 的合伙人。这是一家管理 20 亿美元的基金公司，特拉克一毕业就在里面工作，从一名分析师一步步走到合伙人的位置。

某一天，Millgate Capital 的老板突然决定退休。这对特拉克来说是一个沉重的打击。特拉克最后决定创业，当时老板对他的决定也很支持，承诺会先给他提供一笔资金，然而，这笔资金却迟迟没有到位。特拉克那时有点茫然，因为拿不到这笔启动资金就无法推进他的创业计划。特拉克找了很多投资者，可是他们都说：“你的经验不错，但规模太小了，等你做出了一些成绩再来找我吧。”

特拉克决定无论资金是否到位，自己都要先做起来。他拿出了自己的全部积蓄，加上朋友提供的资金，一共凑了 200 万美元。要知道在华尔街这样的地方，种子基金最少要 1000 万美元以上。一般来说，私募基金管理公司的收费模式是“2-20”，“2”是指公司收取基金规模的 2% 作为管理费，“20”是将收益部分的 20% 作为佣金收入。如果一个基金的规模是 1000 万美元，管理费会在 20 万美元左右，才可以勉强应付日常运作成本。可见，用 200 万美元起家做基金，那简直就是一件荒谬的事情。但是特拉克心意已决，就决定租一间小的办公室，自己不拿薪水，从 200 万美元开始慢慢做。

虽然我和他当时都是创业者，但在一定程度上，他的失败概率比我更大。如果一开始的半年里没有找到很好的投资机会，那他就永远没有翻身的机会了。当时我就问他：“情况这么不乐观，你是怎样保持心态的？”他很平静地回答：“如果我坚信自己的观点和理念，那为什么不坚持做下去？

我本身也是一名投资者，我有我自己的钱，为什么不拿自己的钱来投资？”

一年以后，他有了非常好的投资成绩，一下子从200万美元做到了5000万美元。第二年，他管理的资金达到了2亿美元的规模。

和那么多优秀的投资人深度交流之后，我发现并总结了他们有这么几个优点。

第一，非常具有质疑精神，不轻易相信任何东西。他们会追问很多问题，得到他们想要的答案之后，又会转身向其他不同的人提出同样的问题。一开始这让我很不习惯，感觉好像自己的回答并不被信任。但我逐渐认识到，原来这是他们的一种独特行事方式，他们用这种方式来反复求证，抽丝剥茧，不断地验证自己的想法和假设，才能不断地获得事实的真相。

第二，有独特的投资理念。罗伯逊和巴菲特都说过，当他们决定买入投资产品时往往是大家都很悲观的时候，他们要卖出投资产品时应该是大家很兴奋的时候。还有就像施莱弗所说的那样，他在中国要找的是“最好的融合者”。

第三，有绝对的信心。老虎亚洲基金的比尔·黄就曾经告诉我，如果他买了一支股票，股票还在跌时，他一定会相信自己的判断并且能够坚持下来。其实这是一件非常难做到的事，很多人往往观点是对的，搜集的数据也是对的，但是遇到一些挫折和干扰，就没有办法坚持到底，而如果不能坚持到底，很多事情是不会获得成功的。

这些顶级投资人的成功是因为他们从来不会埋怨外部市场，也从来不会盯着其他基金是怎么运作的，他们对自己获取的信息从来不满足，也从来不觉得自己已经知道了一切，他们总是会坚持自己的信念，不断前行，对自己做的决定有绝对的信心，这就是他们成功的独特之处。

中国资本在美国的挑战和机遇

我觉得中国投资趋势的演变和发展，可以简单划分为三个阶段：第一阶段是改革开放刚开始的时候，中国大量引进国外技术与资本；第二阶段是中国资本在国内市场兴起并快速发展；第三阶段则是中国资本进军国际市场。

如今，国际资本已经放慢了进入中国的节奏，中国资本在国内的发展也将逐渐饱和，毫无疑问，中国资本接下来的发展机会将是在国际舞台上。中国资本走向海外的具体路径将会是逐步地、区域性地展开，美国必定是中国资本配置的重要选择。

为什么这么说？

首先，美国自身拥有强大的实体经济，而且产业结构非常合理，是排名世界第一的农业出口大国，超越中国、印度、埃及等传统农业大国。在农业稳固的基础上，美国的制造业和服务业也非常发达，互联网、新能源、半导体等新兴产业都引领着世界之先。

其次，美国的强盛建立在其成为全球资源自由交流的中枢之上。美国不仅是世界上最为庞大的经济体，也是世界上最为自由的经济体，拥有强大的包容能力。美国是一个全球性的市场，美元也是全球通用货币，借助于经济全球化的进程，使全球的资金、贸易、科技和人才在美国汇聚整合，百川汇海，成就其强大。

再次，美国在商业领域是无可争议的全球王者，现代商业精神在美国得到了最好的发扬光大。美国不仅在商业文化、商业环境与企业治理能力等领域领先全球，还在企业责任、道德伦理、社会公益等方面成为各国的学习楷模。这让美国商业巨头能够突破国家限制，积极拓展国际经营，成就全球竞争力，并且被各国广泛地接受和推崇。

最后，在社会行业金字塔的顶端——金融业和投资业，美国金融和投资市场是世界上最完善和最成熟的。美国对金融和投资市场予以有力监管，对法律法规也进行严格落实，这使得投资者非常有信心和安全感，让他们在市场原则下大胆且自由地选择投资机会，获得理想的投资回报。

中国资本目前在美国的投资组成主要有三块：政府、企业、个人。前两块投资在美国已经发展到了一定规模，相关服务也比较成熟。美国政府开始对这方面投入了更多的重视和关注，可能会对此出台一些限制。但对第三块投资，也就是个人投资者而言，数量非常庞大，也有投资的实力、意识和需求，而且没有受到美国政府诸多限制，但却最缺乏指引、教育和帮助。

回首过去，中国改革开放至今已经四十多年，但和美国商业市场自由化的两百多年历史比起来，还是短了不少，因此大部分中国个人投资者对美国市场的认识还不是很充分，对美国投资的把握也不够准确。

以我在长江商学院的企业家同学举例，他们绝大部分还是所谓的“创一代”，处在当打之年，事业版图也在不断扩大中。在班级里上课的时候，由于我是从美国回来从事金融投资服务的华裔，那些本土的企业家都喜欢找我聊国际上的投资话题。

他们深刻地感觉到中国经济发展的国际化浪潮将越卷越大，国际化的投资、教育和生活将越来越融入中国人的日常。为了顺应时代背景，他们通过各种方式开阔自己的视野，在事业上做很多国际化的尝试，在家庭方面大多数人会把孩子送到很好的国际学校去接受教育。

但可惜的是，就我目前看到的情况而言，中国个人投资者在美国投资的思路和做法都是比较传统的，效果也不尽如人意。最主要的原因是他们用自己惯常的角度去看待美国的投资机会，用他们熟悉的中国方式去做美国市场，用最简单的中介方式去筛选投资项目，但并没有掌握好与当地政策、投资环境、商业运营、操作流程等关键的“游戏规则”，也没有找到真正立足于中国个人投资者利益且能帮助他们在美国本土进行专业化投资的机构，于是中国投资者经常付出沉重的学费，甚至不少人在美国折戟沉沙。

现在的中国个人投资者越来越需要真正专业可靠的金融服务，这也是我后来创立第二家公司“宇沃资本”的初衷——成为“走出去”家庭的投资与成长同伴。三十多年前，我们一家来美国，曾在相关领域的探索上花了很多时间，走了很多弯路，在交了很多学费之后，才真正学习到我现在所知道的知识和信息。如果把这些世界顶尖的投资公司的理念和方法传授给中国的个人投资者，那对我来说，这不仅是事业上的成功，同时也是一种心灵上的收获。另外，我还想要结合那些在美国社会仅占 0.01% 的精英人群管理财富的正确理念和他们家族长远发展的优秀文化，帮助中国人更加重视子女的素质教育，不断传承家族的财富，让下一代青出于蓝而胜于蓝，继续延续家族的富裕和繁荣。

在美国，投资机会非常多，但也存在风险，中国个人投资者需要规避风险和把握机会的第一步就是——认识清楚中美投资上的差异。这里主要有五个方面的差异。

（一）个人控制决策与专业机构管理。

中国投资者更喜欢由自己来决定如何做投资，他们更信任自己的能力、经验和眼光，投资行为往往带有非常浓重的个人偏好和主观色彩。由于投资者本身往往不是专业人士，无论在宏观局面的把控还是具体问题的决策上都有着明显的局限和偏差。例如个人投资者更容易出现“羊群效应”，经常受到周围环境的影响，听信小道消息，头脑一发热就在市场已经高涨的时候进入，一旦泡沫破裂或拐点出现，就容易遭受巨大的损失。

根据美国经济政策研究所 2018 年的报告，美国最富有的 1% 的人的收入占美国全部收入的 13.4%，这些富人包括沃尔顿家族（沃尔玛公司创始人的家族）、摩根家族（摩根大通、摩根士丹利创始人的家族）、洛克菲勒家族、比尔·盖茨、沃伦·巴菲特等，他们无一例外地使用了专业机构，对他们的家族财富提供规划建议和进行具体管理。资产在几亿美元以上的家族一般采用设立家族基金会或家族办公室的形式，由独立的团队为其进行专业管理。

比前者资产相对少一点的富人会寻找与第三方机构合作，其中包括资产管理公司、律师事务所、会计师事务所等，获得金融投资、资产管理和财富传承等服务。很多家庭还会根据不同的产品类型去做资产分配，比如将家庭财富分为若干个领域进行投资，有做风险投资的，有做收购与兼并的，有投资对冲基金的，有投资货币和国债的，也有投资房地产的。尽管上述富人的投资方式多种多样，但有一点是共通的，就是习惯使用专业机构为自己进行财富管理。

专业机构为什么受到美国富人投资者的青睐？首先，它们拥有一个专业的、完整的、稳定的管理团队，对投资领域具有非常深厚的经验和极其专业的运作能力，能够把投资所需要的方方面面都覆盖到；其次，好的机构不单单是给客户提供交易买卖的机会和服务，还向客户提供一份完整的规划方案，内容从储蓄、理财、保险、投资、税务，一直到退休、传承；

最后，这些专业人士每天都会花大量的时间和精力钻研投资市场，对金融历史、投资规则、行业周期了如指掌。

美国在金融方面的“游戏规则”是全球公认最透明的，同时美国有近百年的股市记录，所以在美国投资就更有迹可循，有章可依，也更为公开透明。但另一方面，也存在一种“不公平”，指在信息披露和游戏规则非常透明的环境下，金融专业能力和你所在的圈子就更为重要，一个普通的个人所能达到的投资效果是无法与专业的团队相比拟的。

真正在华尔街赚到钱的很少是单独的个人，而通常是非常厉害的基金。巴菲特就讲得很清楚，如果你是一个普通投资者，想赚点小钱很容易，你就该去买指数基金。它不需要你管理，只要美国经济一直上升，或者说在较长周期里保持上升，你一定会赚钱。但如果你想赚到超出平均值的钱，那就需要去找一些特别好的投资经理来帮你，只是普通人一般接触不到这些特别厉害的投资经理。

（二）短期激进冒险与长期稳健复利。

中国个人投资者以及服务于他们的国内理财机构往往倾向于用短期投资回报的数据，来衡量投资项目和方案的好坏，哪个项目回报高就选哪一个。虽然这是人之常情，但是高回报往往意味着高风险，既要收益率高，又要保障安全，这么两全其美的事情在哪里都很难做到，可是很多中国个人投资者偏偏认为这是应该做到的。

据长期研究发现，在每一次投资当中，控制亏损和下行保护的重要性远胜于争取获利。如果出现下行了，不仅财富总量会受到损失，对之后的财富保护和财富增长都会产生影响。举一个最简单的例子，前一年投资如果发生 50% 的损失，这就意味着投资者需要在第二年有 100% 的回报率，才能恢复元气。但谁都知道，这种翻倍的投资目标将带来更大的风险，这会让投资者心态进入一个负循环，甚至近似于赌徒的状态。相反，如果财富有着长期稳定的增长，哪怕在短期内看似有限，经过一段时期的复利效应，往往能给财富增长带来质的变化。

关于复利增长最有名的例子就是巴菲特。巴菲特曾经这样总结自己的成功秘诀："人生就像滚雪球，重要的是发现很湿的雪和很长的坡。"雪很湿，比喻年收益率不错；坡很长，比喻复利增值的时间很久。他用这个形象的比喻来说明，通过复利的长期作用一定能够实现巨大财富的积累。

在 1964 年，巴菲特就在写给合伙人的信中说过："我们的合伙基金存在的根本原因就是要以高于平均水平的收益率实现复利增长，而且长期资本损失的风险比主要的投资公司更低。"

巴菲特还举了一个关于曼哈顿岛的经典案例，来进一步说明复利有着人们无法想象的投资威力。1626 年，纽约曼哈顿岛的印第安人把这座小岛卖给了荷属美洲新尼德兰省总督彼得·米纽伊特（Peter Minuit），印第安人从这笔交易中拿到的 6 颗玻璃珠约合 24 美元，米纽伊特得到了曼哈顿岛上 57.8 平方公里的土地。巴菲特根据当时的政策及市场情况进行合理推算，得知整个曼哈顿岛的土地总价值在 338 年后已经涨到 125 亿美元。对于那些投资新手来说，这个数据听起来会让人感觉米纽伊特这笔交易赚大了。但巴菲特说，印第安人只需要拿着卖岛所得的 24 美元，去取得每年 6.5% 的投资收益率，就可以轻松地笑到最后。按照 6.5% 的年复利收益率，24 美元经过 338 年会累计增值到约 420 亿美元，而且只要他们努力争取每年多赚上半个百分点，让年收益率达到 7%，338 年后的现在就能增值到 2050 亿美元。

但很显然，如果投资者在某一年或某一次投资中，做了冒险激进的选择并遭受了严重的亏损，那就前功尽弃。所以，那些聪明的、在财富排行榜名列前茅的美国富豪家族们都会选择长期稳健的投资策略。这也是那些帮他们打理财富的专业机构所一直秉承的投资理念，更是很多富豪家族历经多次美国经济危机依然屹立不倒的秘密。

（三）选择单一与全面布局。

投资选择单一化一直是中国投资者面临的问题。国内最常见的投资理财方式是房地产（住宅为主）、股票、固定收益类产品；而美国投资者除了这三种，还有更加多元化的选择，包括股权投资、政府债券、企业债券、商品期货、商业地产投资、保险、金融衍生品投资等。

投资选择单一化还有一个突出表现，就是以本国资产投资为主，境外资产配置比重较低。据统计，中国人目前在境外的投资仅为可投资总额的3%，而韩国人是16%，美国人是20%，日本人则更高。另外，中国人在境外资产配置上仍以房产为主，已经成为美国房地产市场最大的境外客户。

据悉，有超过30%的中国高净值人士已经持有境外投资，在目前没有境外投资的高净值人士中有超过一半表示计划开始境外投资。他们的动力主要来源于三方面：一是随着国际信息交流的增加，对境外投资市场逐步了解，受到境外市场多样化的投资产品和方法的吸引，希望捕捉更多的投资机会；二是由于世界不同区域经济和主要投资市场间存在着此消彼长的关系，通过跨区域的多元化配置能够达到分散风险、对冲风险的效果；三是由于子女出国接受教育和移民生活的需要，他们未来一部分时间会待在国外，因此增加境外资产配置成为必然需求。

另外，“全面布局”不代表“绝对分散”，“海外配置”也不代表“多国撒网”。巴菲特就很注意自己的投资范围，他提出的“能力圈”概念深受投资者广泛关注和认同。他是这么说的：“投资人真正需要具备的是对所选择的投资进行正确评估的能力，请特别注意‘所选择’这个词，你并不需要成为一个通晓每一项投资的专家，你只需要能够评估在你能力圈范围之内的几项就足够了。能力圈范围的大小并不重要，重要的是你要很清楚自己的能力圈范围。”

一个普通的投资者如果这里投一点、那里投一点，在股票账户里买几十支个股、在基金列表里选择几十支基金，看上去是在分散投资和规避风险，但你没有那么多的精力去照顾不同的投资产品，到头来只会顾得了这头，顾不上那头。

为了避免投资选择上的单一、被动和低效，美国投资者往往去咨询和委托美国资产管理公司里的独立财务顾问，来实现投资上的全面布局。资深的独立财务顾问会主动为每一个高净值家庭量身定制方案，在每一年度的计划实施前都会和投资者“促膝长谈”，深入了解投资者在投资回报、风险承受、投资偏好、家庭储蓄、子女成长、养老风险、日常消费等方面的想法，然后结合全球金融投资市场为客户进行合理配置，充分利用多元化手段，帮助客户实现财富的长期稳定增长。

（四）中国人迷信住宅地产与美国精英重视商业地产。

中国的房地产市场通过约二十年的大牛市，让几乎每一个参与其中的中国人都获得了财富的增值。在经济快速发展和城镇化建设的浪潮中，房地产行业得到了充分的支撑，房产对于格外重视家庭安全感的中国人来说，成为又一个必需品。种种因素综合在一起导致了相当长的一段时间内，越来越多的中国人都认同并且坚信一个观点，就是“有钱就拿去买房子，这一定是对的”，更确切地说是“买住房一定是对的”。

中国人在国内掀起的购房狂潮一路席卷至美国，使中国一举超越加拿大成为美国房产的最大单一海外买家，不管是房屋交易数量、交易总金额还是交易单价都是如此，这让人着实惊讶。但与之形成鲜明对比的是，美国人并不热衷于买房，很多美国人宁愿租房也不买房，即使他们拥有非常低的房贷利率和良好的经济实力。这是为什么呢？

首先，在美国，房客租房的安全感比贷款买房高。美国房屋租赁法规齐全、严格，租户可以受到很好的法律保护，合同一签好，这房子就是你的家，没什么让人担心的变数。而许多美国人认为买房子实际上是向银行租房子，贷款还清之前，房子都是银行的，只要几个月不交月供，银行就会把房子收回。

其次，美国人的租房手续和流程很简单方便。美国有很多网站都可以实现搜索、查询和预定的功能，还可以看到第三方对房屋所在小区的硬件和软件的评价分值。看好房子、谈定租约、预交第一个月的房租后，按规定时间即可入住。如果父母想送孩子去比较好的学校读书，租住在所谓的“学区房”里也是被学校认可的，不一定需要专门买入一套“学区房”。

再次，美国房屋持有成本相对比较高，既要每年缴纳房产税、房屋维修费，又要花人力物力去养护房子。美国政府对低收入的租户会提供人性化的福利，例如在租住公寓的人中，年人均收入低于美国政府规定的家庭可以申请享受最高达 70% 的政府租金补贴。两相比较，不少人就只愿意租房，不愿意买房，尤其是美国的穷人们。

最后，美国是一个移民的国家，国民喜欢迁徙。与中国人喜欢长期待在一座城市、一个社区和一所住宅不同，很多美国人都认为一生中如果没在好几个地方居住和生活过，那简直无聊乏味透了。因此，很多美国人即使有经济能力都不一定买房。因为买了房，一旦要搬家，处理房子买卖比较麻烦，租房和退房就方便多了。

真正在美国能够赚钱的地产投资，首选不会是住宅，而是商业地产。尤其前面讲到的那些富豪家族和百年家族，大多数都不怎么投资住宅，主要投资黄金地段的写字楼或其他类别的商业地产。

在哈佛商学院毕业十周年校友聚会时，院里专门邀请了一位校友来为我们致辞。这个校友的祖辈于150年前在曼哈顿用大约100万美元，买下了一栋位于黄金地段的商业写字楼，两年前有人愿意出价4亿美元来收购这栋楼。

这位校友跟我们分享：这百多年来，整个家族每年很大的一块收入就是来自这幢写字楼的租金。这是精英家族最好的投资模式之一。像这种优质的房地产投资项目，由于地段很好，入驻的企业都非常优质，租约一般都是十几年甚至更久，因此每年的租金特别稳定，房东基本不用担心现金流的问题；而且随着时间推移，不管是租金还是房产本身的价值都在不断升高，当初的100万美元投资，到今时今日已经变成了4亿美元，又高又稳定的商业地产投资回报是帮助家族财富传承百年的重要手段之一。

我非常认可这些家族在商业地产上的投资眼光，同时发现当前的美国依然存在类似的投资机会。例如在硅谷，这里经济发展速度很快，远高于美国其他地区，涌现了很多高科技公司，而且纷纷上市，使得这里的房地产价值不断上升。以苹果公司为首的很多高科技公司，它们的资产评分和投资评级甚至比美国国债还要高。很多这样的优秀公司陆续在硅谷租用更多的写字楼作为新的办公场所，而且一旦租下往往就是十年以上，其间一般不会有什么大变化。于是，很多好的投资基金会把这些写字楼买下来，再租给类似苹果公司这样的优质租户。

这类投资就很类似之前我那位哈佛校友、同时也是百年家族后人所说到的优质商业地产投资：第一，项目处在硅谷最好的地段，随着城市的发展和环境的成熟，硅谷这里的地产价值只会越来越高，非常值得长期持有。第二，苹果、谷歌这样的公司又是非常优质的租客，他们的信誉的评分非常高，使得投资安全有保障。第三，商业租金是长期且稳定的收入，而且每年还会有一定幅度的上涨。

这样的项目非常诱人，但也非常抢手，往往一出现在市场上，就会被顶级的投资机构或者美国精英家族的基金所看中并锁定，中国的投资者是很难有机会接触到这些优质项目的。除非通过在美国本土很好的合作关系和人脉资源，能够第一时间发掘到这些项目，并且说服投资圈子里的关键人物，让中国投资者有机会参与，才能在竞逐中分得一杯羹。

（五）中国人信任的“强势政府”与美国人质疑的“弱势政府”。

回顾中国的发展历程，强大的中央政府在推动经济增长中所起到的作用是至关重要的，例如创造了稳定的社会环境，快速推动了基础设施建设，制订了强有力的宏观经济计划，培育了现代市场经济的若干要素。因此，中国投资者对政府主导的、参与的、支持的各种投资项目都趋之若鹜，也的确在投资收益上获得了很好的回报。

所以很多中国人就一厢情愿地认为，“在美国，只要是跟美国政府相关的投资项目都是不错的”。但是情况恰恰相反。美国人民不相信政府，对政府满怀戒心，唯恐政府变得过于强大，这是美国社会很特别的一点，在投资上也不例外。很多中国朋友曾经就一些美国的投资项目向我咨询，其中不乏打着政府旗号进行宣传的投资移民项目。但是，从本质上来说，美国在这方面没有真正的政府项目。以下是一些表象和真相的对比，投资者应该予以了解和重视。

有些项目号称获得政府财政补贴：其实可能只是项目设计符合相关政府法律的规定，如环境保护等，就可以依法从政府财政得到一定的补贴。事实上任何私人公司只要符合条件都可依法获得，项目并无任何政府背景。

有些项目号称获得政府部门的初期投资：其实是有些地方政府为吸引开发商到该地区做开发，会答应为项目提供一些资金，开展某些基础建设，如铺设地下管道等。待项目建成，经济发展起来之后，政府可以在税收方面得到好处。然而，政府部门的初期投资不代表就是政府部门的项目。

有些项目号称获得政府贷款：真实情况可能是由于该地区经济不佳，联邦和其他各级政府都出台了一系列的经济刺激措施，其中也包括一部分的刺激贷款。只要是符合条件的投资项目都可能获得此类贷款，项目本身并没有任何政府背景。

有些项目推介会有政府官员参与：现在许多美国投资项目在中国的推介会都邀请政府官员参与，包括现任的或前任的官员。这些官员参与其中有的是为了促进当地经济、吸引投资，也有的是纯粹为了私人利益。但是不管项目有多少官员参与，都不能说明政府对这个项目进行了背书，会对项目的失败承担任何责任。在美国，一切投资都要按照法律或合同条文的约定，政府和私人企业泾渭分明，大家都要按规定办事。

有些项目号称是政府拥有的区域中心进行运营：按照美国移民法，政府机构也可以申请设立投资移民区域中心，但这些区域中心下属投资项目可能是私人开发经营管理的，或者是区域中心批准书上的政府机构承包给私人的。同样，如果投资项目出现问题，区域中心批准书上的政府机构不会为失败的投资项目承担经济责任。

在中国，可能为了快速发展一些战略性的行业，或者保证一些行业与国家利益一致，政府会选定一些企业或项目作为重点目标进行扶持，不仅给予政策、资金与技术的支持，还会提供一些政府资源。但在美国却不太一样。我在国际开发署推进 PPP 项目时，政府的立场和行为表现也充分说明了这点，就是“政府提倡公平竞争，不愿直接介入市场”。例如，当政府机构去选择一家合作商的时候，我们明明清楚这家企业是最好的，可没有办法马上跟他们开展合作，因为政府必须保持中立性，要通过一些公平的方式进行征集和选择，不能让任何企业感觉美国政府只重视这家企业而轻视其他家，最后导致政府跟哪家企业关系都不太紧密。

除了意愿上的顾虑，美国政府在制度上也受到很多方面的制约。可以说，美国尽管是目前世界上最强大的国家，但美国政府对内却是一个“弱势政府”。从联邦政府到州政府，时常为启动重大项目而捉襟见肘。美国迟迟不能完成跨州的高速铁路系统就是一个很好的例证。无论佛罗里达州还是加利福尼亚州，从很久之前就开始研究高速铁路的可行性，但至今也很难看到高铁赢利的前景，州政府甚至把奥巴马拨付的数十亿美元退还给联邦政府。在美国的分权体制下，地方政府、居民、环保组织都有很大的话语权，对高铁发展起到了很大的约束作用，他们纷纷向政府提出了种种质疑和抗议，例如建设资金来源不合理、财务开支过高、商业计划不周全、周边治安下降、噪声污染及生态破坏等。

新冠疫情期间，联邦政府出台了戴口罩的相关规定，包括去任何联邦政府控制的公共场合或者交通要道，如机场、火车站等地都需要戴口罩。

同时，联邦政府也建议，民众都应主动接种新冠疫苗。然而，到了执行层面，上到各州，下到各市，都出现了很大的差异。例如执行严格的纽约州，民众进入健身房、餐厅甚至某些私人场地都需要戴口罩，同时展示疫苗接种证明，但是在佛罗里达州的情况却截然相反，民众不需要戴口罩，也不需展示疫苗接种证明。

美国的联邦政府看上去固然很强，但中央和地方想要协调一致会有一定的难度，很多时候地方政府还会对联邦出台的政策有所抗拒，选择不执行。

另外，很多投资者担心如果中美关系不好，会不会影响个人在美国的投资。其实对于个人投资者来说，在法律保护层面是最有保障的，因为在保障个体利益方面，美国的法律是最为完善的。绝大多数美国人在这方面的心态和认知是：保护自己的财产就像保护自己的生命一样，这是身为美国人最重要的一项权力。从这个角度来说，反而可以让海外的个人投资者避开政策风险，保障自己的最大的利益。

随着中国经济全球化程度的不断深入，中国民间投资力量全面崛起，将来足以改变世界投资格局。如何引导中国资本去做正确的境外投资尤其是在美国投资，已成为一个十分重要的课题。美国有着巨大的投资机会、良好的投资环境，但中美两国体制和经济环境有别、对投资的理解和做法存在差异、法律制度和监管体制各自不同，这些都造成了投资上很多的信息不对称。中国个人投资者非常缺乏既懂美国投资市场，又能从中国人利益角度出发的投资服务机构。

正如四十多年前我父亲独自一人去美国留学时所抱有的期望一样，疫情之前中国每年有三四百万人去美国旅游，有三四十万人去美国留学，而且这个数字还在不断增长，这是中国人希望生活更加国际化的大趋势。唯一不同的是，当初我父亲去美国的时候，很多方面他只能自己摸索，没有任何人能提供经验给他，在很长一段时间内，他只能依靠自己的努力融入美国社会，而这样的历程其实是很艰难的。

如果中国个人投资者想在美国融入社会主流，就必须了解这些流程，就必须继承、保护和发展自己的财富。而我之后创立的宇沃资本正是希望成为帮助中国个人投资者走向美国主流社会道路上最可靠的投资和成长合作伙伴。这条路每一个家庭都要走，在这条路上，我自己和我的家庭已经走过了四十多个年头。我所期望的是在今后的岁月里，宇沃资本能与这些投资者共同在这条路上走下去，而且是作为一个最值得信赖的品牌走下去。

这一切对我来说，藏有一点自己的私心，也是自己的一个夙愿。三十多年前我跟随父母移民美国时，父母其实放弃了他们在中国的一切，唯一原因就是为了能让我有一个更好的未来，当时我的家庭就真的很需要类似的专业可靠的“投资与成长同伴”。现在看到很多中国家庭去美国，不论是去学习、去移民或是去投资，我都感到自己对他们有一种责任感。因为他们将要经历的和我过去所经历的十分相像，而我自己和我家庭走过的弯路、所吃过的苦，他们完全没必要再来一遍。

我清楚地认识到，我可以在很多地方帮助到他们，让他们真正有机会成为像我一样的世界公民，同时也能培养他们的孩子成为国际化的世界领袖。如果能做到这一点，我觉得这也完成了我自己的个人使命，在中国和美国之间建立桥梁和纽带，并把它逐渐巩固和加强。

成为中美之间的桥梁

从十岁离开到现在，回看这三十多年，我能逐渐感受到中国社会的发展和变化。

当我在上大学期间第一次回国时，我能明显体会到中国社会对美国的关注。人们开始关心如何将美国好的东西带到中国来，不论是资金、技术、商品还是文化。中国社会逐渐开始向美国模仿和学习，借鉴先进的发展模式。

当我 2005 年回国开展英特尔与中国政府的合作时，我发现中国与美国之间不仅是模仿和学习的关系，而且还存在一定的竞争与合作。

到 2010 年，我又感受到一个很大的转变，就是中国人认识到自己不仅可以同美国竞争与合作，还能去美国本土有一番作为，例如中国企业可以在美国进行兼并和收购，中国人已经有能力将美国最好的东西买下来，再引进到中国了。当时我在长江商学院读书，很多中国本土企业家谈论得最多的就是美国都有哪些好的东西，我们可以将它买下来，并引进到中国。

再到 2020 年，我感觉谈论比较多的是彼此如何合作，同时又如何看待竞争。在很多领域，中美之间是需要紧密合作的，比如环境保护、节能减排、防止核武扩散、疫情防控等方面。当然，在涉及竞争的领域，尤其在企业方面，局面也将会更激烈。

中国人从最初拼命想去美国留学，想留在美国，到看到美国有什么好东西都要带回中国，让它在中国发展，后来到立足中国本土广阔的市场同美国展开竞争与合作，再到如今去美国和世界各地投资和长期发展，让自己更加国际化，这让我感觉到中国这些年发展真的很快，而且这条道路也越走越宽，越走越有未来。

中国人在有些领域对自己更加自信了，尤其在生产制造、经济规模和资本实力上；而在有些领域中国人仍然还在摸索，例如在创新思维、金融投资和文化教育方面，中国和美国仍然存在不小的差距，仍然可以从美国获取更多的知识和经验。

在中国的发展过程中，我们可以充分借鉴世界各国的经验，不论是发达国家、发展中国家还是落后国家，这些经验是十分必要的。

在发达国家中，新加坡就是一个很好的例子。

1965 年新加坡刚刚独立时，还只是一个普通的岛国。当时新加坡政府很担心，因为国家几乎没有任何天然资源，而且底子很差，国内非常贫困。李光耀那时制定了一个战略，要把新加坡打造成东南亚地区的工业和贸易基地。

要实现这个战略，国家必须培养出大量的高端人才。于是，新加坡政府每年都会赞助国内最优秀的学生去世界上最好的国家深造。我在斯坦福大学读书时，班里就有四五个新加坡学生，其中还有一位成为我最好的朋友。当时我很惊讶，一个只拥有 200 万人口的岛国，每年居然派出那么多人出国深造，这个国家一定非常清楚培养未来的人才和领袖的重要性。

在发展中国家里，最好的例子是印度。

我在哈佛商学院学习期间，哈佛大学和麻省理工学院的两位教授相互辩论的场景令我印象深刻。他们一位是华裔，一位是印度裔，两人互相争论中国和印度到底哪一个国家会更好地成长。当时我对这个话题非常感兴趣，但我从来没有去过印度，我也知道很多时候光听别人说是不行的，一定要自己亲自过去看一看才知道，所以毕业后我找了一家印度公司，来到印度实习。

在将近四个月的实习过程中，我逐渐找到了当初两名教授辩论问题的答案。我实习的那家印度公司名叫印孚瑟斯（Infosys），是印度最大的IT公司之一，总部设在有“印度硅谷”之称的班加罗尔。

新加坡的成功更多取决于宏观规划，不论是基础设施建设、城市综合规划，还是对人才的培养，都和国家息息相关。然而印度的成功是建立在企业家成功的基础上。

在印孚瑟斯，公司有自己的宿舍、餐厅和健身房，甚至有自己的发电站。因为国家限电的缘故，政府供电每天往往要停四五次，每当政府断电时，公司的发电机就会开始运作。在政策上，印度政府很少会主动给予公司相应的支持，很多时候不帮倒忙已经算万幸了。当时我记得从印孚瑟斯总部到机场只有一条简陋的双车道公路，而且道路年久失修，坑坑洼洼，常常会有四五辆车并排行驶在马路上，既危险又低效，但是政府并不会因此而去把路修好，为公司提供便利。很多时候，印度公司只能靠自己的努力，甚至与印度政府双线运作。

反面例子也有很多，我自己就有亲身体会。

当初我在海地救援时，在岛上待了一段时间，发现当地政府存在很多问题。当时地震发生后，海地政府几乎陷入了瘫痪，根本无法实施必要的救援工作，只能等待国际社会的援助。我发现，这样的情况与海地落后的政治体制和官僚腐败的政府作风是脱不开关系的。

我记得很清楚，地震发生之后，海地在世界各国的帮助下建立了很多难民营。我也去了难民营探访了受灾群众，我在每个人眼中都看到了期盼的眼神。他们失去了家园和亲人，但是对他们来说，未来仍然存在很大的希望，他们希望能因此得到世界的关注和帮助，希望之后能有一个新的开始，希望能早日在地震后的废墟上重新建立新的家园。

后来的结果大家也都知道了，世界援助海地灾区的钱就像进了一个无底洞，政府根本没有用好这笔钱来积极开展灾后重建工作。三个月后我重返海地考察时，在原来的废墟上，难民营依然存在，社会的问题依然存在，政府的问题依然存在。我亲身目睹了当初人们眼中的希望被当地政府的腐败和落后慢慢地抹杀。

这个时候最重要的是有一个强大的政府，做好规划和管理，在这一点上我觉得中国非常有优势。在汶川地震之后，美国《时代》周刊记者就把当地和海地的灾后重建做了比较，凸显出中国政府的巨大优势。记者表示“中国政府确实是一个很强大的中央政府，它有能力保护和支持自己的人民，我认为正是这一点才使中国的震后重建工作如此成功。但是海地的情况截然不同，海地人民需要更多的国际援助和干预。”

中国人非常优秀，不仅有智慧，还很勤劳刻苦，特别能钻研；更重要的是中国文化根基非常深厚，历史上经历过的各种磨难让中国人具备了很坚韧的品质，也让中国人看问题非常全面且懂得变通。未来的机遇，可能也是挑战，怎么样让国家发展得越强大，越能为人民提供坚实的保障，越能为人民提供良好的环境，让他们能充分释放自己的潜力。

现在，每当我走在小时候居住过的上海那条街道上时，那种既陌生又熟悉的感觉是非常特别的。小时候，我家附近一公里之内只有一家杂货店，而现在，同样的街道上，左边是一家非常时尚的设计师工作室，右边是一家放着爵士乐的音乐酒吧，再往前走可以找到卖鲜榨果汁的小店。我小时候要攒上很久，才能凑够一毛钱买杯橘子水，而现在我可以随时喝到鲜榨果汁。我小时候住的老房子对面，曾是一个好朋友的家，现在已经改成了一家三层楼的新式川菜馆，里面不仅有好吃的川菜，还有全世界各地的红酒以及特色啤酒。这些变化既让我感觉新鲜，又充满怀念。

在上海，很多街道的名字没有改变，很多房子的外观也没有改变，但是这里的一切却又的确和我记忆中的已经完全不一样了。每次我走过这里的时候，就感觉自己好像穿梭在两个世界，一个是我现在看得到、摸得着的世界，另一个是我脑海中永远抹不去的回忆世界。

当初在电视节目中抢答问题的小男孩，那个抓知了给中药店换一分钱的小男孩，那个走在马路上低着头东看西看找梧桐叶玩的小男孩，和那个入读斯坦福大学的少年，那个成为英特尔最年轻的董事总经理的高级管理人，那个与中国政府洽谈信息产业合作项目的跨国经理人，那个首位来自中国大陆的白宫学者，那个投身中美创业及推动跨国投资的投资人，都是我，都是黄征宇。

我其实是活在两个世界的人，但不仅是我，今后越来越多的人会活在过去和未来两个世界，活在越来越密切联系的世界村落里。今天，我很庆幸有机会将自己打造成为全球化精英领袖，同时我也觉得自己能够帮助更多新一代的中国人，成为跨越这两个世界的、国际化的精英领袖。

最后，我想告诉那些想要、正要或正在创业的伙伴，也想告诉那些想要、正要或正在为家庭未来幸福而奋斗的中国家庭，尤其是孩子们，我希望你们是坚韧的、开放的、独立思考的、开拓进取的、能够跨越自己和融合别人的。

从弄堂到白宫，从创新到投资，是我自己的故事，这个故事还在继续。

从中国到世界，从学习到领袖，将会是你的故事，这个故事才刚开始。

感　谢

这本书经过了四年策划和一年撰写，在 2017 年 5 月首次面世，现在经过增订后的版本又于 2022 年正式推出。在本书的策划、创作、增订和宣传期间，我有幸得到了来自各方的种种帮助。在此，我要向那些关心、帮助和支持我的人及机构，表达诚挚的谢意！

首先，我要感谢我的妈妈，感谢你给予我的一切。

我特别想要感谢彭嘉荣 Benny。Benny 作为宇沃资本 CEO，平时的工作已经十分忙碌，但他不辞辛苦，参与了这本书从无到有的过程。可以说，他在整个过程中所付出的时间精力是整个团队里最多的。在此，我由衷地感谢 Benny 贯穿始终的热情和全心全意的付出。没有他的认真负责，我很难想象自己将如何面对前后两个版本累计超过五十次的修订、近百场活动的组织举办、上百次的媒体报道宣传，以及与数百万读者的互动分享。再次衷心感谢他的努力与支持。

接下来，我要感谢的是孙莉 Christine。我至今仍能清晰地记得每一次和她在内容策划会上的交流情景。她总是非常细致认真地记录下每一段文字，又不时追问我关于文字背后更多的想法和感受，帮助我挖掘内容，理清脉络，使我能够更充分地表达出我想要表达的含义。非常感谢她的全情投入和耐心帮助。

我也要感谢宇沃资本团队的全体成员，正是因为大家上下一心，我才有机会可以呈现出一本更好的作品，分享给海内外的众多读者。

然后，我特别想感谢好朋友姜海涛。海涛是我在中国出版界认识的第一位朋友，他帮助我打开了认识这个行业的大门。海涛拥有丰富的出版经验，使我在策划和出版书籍的过程中，少走了许多弯路。更重要的是，正因为海涛的热心、专业和细致，让我一开始就找准了方向，这些书籍有今天的成绩和他的鼎力帮助是分不开的。

本书是与中国大百科全书出版社合作推出的。非常感谢中国大百科全书出版社社长刘国辉、总经理刘祚臣、总编室主任胡春玲、百科·万象工作室负责人陈光、本书策划编辑刘嘉等。他们不仅拥有深厚的从业经验，把握住整个出版流程的大局和关键；也在策划定位、内容编辑、发行推广上给了我许多好建议；更重要的是每一个人都拥有细致认真、严谨负责、精益求精的工作态度，这令我印象尤其深刻。

另外，我也要感谢为这本书写推荐语的六位好友：美国联邦通信委员会前主席及英特尔独立董事里德·亨特（Reed Hundt）、哈佛商学院约翰·G. 麦克林教授林恩·夏普·佩恩（Lynn Sharp Paine）、硅谷银行董事长魏高思（Ken Wilcox）、启德教育集团首席执行官金冉、罗斯福中国投资基金总裁谢丞东、樊登读书创始人樊登。

感谢这六位朋友能在百忙之中抽空，第一时间仔细阅读了我的书稿，给予了我很有针对性的反馈。从他们那里，我收获了对这本书不同角度的认知和评价。他们写下的推荐语与其说是对我这本书的肯定，不如说是给予我的鼓励，这将是我继续创作和分享更多优质内容的强大动力。

在这本书问世以后，很多朋友帮助我进行宣传推广工作，没有他们全心全意的帮助，这本书很难收获今天这样的成绩。

在这里，我要感谢清华大学经济管理学院的郑毓煌教授，他是我 2017 年新书首发活动清华大学站的主持人。他出众的主持功力、渊博的学识、丰富的案例给我留下了很深的印象，他的语言幽默风趣又深入浅出，我还有很多地方需要向他学习。与之类似的还有一位好友，也是我很想感谢的人，他就是拙见的创始人兼总策划田延友。延友精通和热爱中国传统文化，沉稳内敛的气质和幽默智慧的话语在他身上实现了完美的融合。每次和他交谈，不管在演讲活动上，还是在朋友聚会中，我既感到愉快，又很有收获。

我特别感谢启德教育集团高级副总裁郭蓓。在她及其团队的帮助之下，我有机会通过这本书，向那些有志赴美留学和发展的学生及家长分享我的观点、想法和故事。除此之外，他们都参与了我巡回演讲中的很多场次，从书中提取出学生和家长最为关心的问题，与我及大家一起探讨。在探讨的过程中，他们还加入了自己的亲身经历和独到见解，使这本书变得更加生动，外延更加丰富，为有志成为下一代国际化精英的年轻人提供了参考和启发。

自 2017 年起，我连续出版了四本书：《征途美国：站在金字塔尖看美国》《终身学习：哈佛毕业后的六堂课》《思维故事：掌控人生剧本》《独立思考：谁在影响谁》，此次又增订推出了第一本书的增订版。在此期间，我既结识了很多新朋友，也和很多老朋友有更深入的互动。大家对我的关心和指点让我非常感动，在此一并致谢：嘉御基金创始人兼董事长卫哲、胡润百富总裁兼集团出版人吕能幸、彭成集团董事长彭伟宏、iTutorGroup集团创始人及首席执行官杨正大、中国下一代教育基金会副理事长沈建国、中国出版传媒股份有限公司总经理李岩、中国人民大学信息资源管理学院教授徐拥军、营创学院首席执行官苏丹、喜马拉雅副总裁李兴仁、喜马拉雅商业财经频道运营总监陆伟飞、上海东方电台著名主持人及首届全国金话筒奖得主方舟、中央电视台栏目主编阴丽萍、中国国际电视台著名主持人田薇、凤凰卫视《一虎一席谈》制片人任永力、凤凰卫视著名主持人胡一虎、上海唯众传媒股份有限公司首席执行官杨晖、东渡企业管理公司执行总裁姜大伟、基强联行董事局主席陈基强、上海倦鸟思林品牌管理有限公司董事长高峰、简书版权中心副总裁刘庆余、钟书阁副总经理贾晓净……要感谢的人还有很多，但是篇幅有限，不能一一列出，请大家见谅。

过去的30年里，我从一个刚到美国时只有10岁的孩子，在美国公立教育体制下成长，进入私立大学学习；在斯坦福大学和哈佛商学院，我与一大批美国最精英的家庭培养出来的同学同窗共读，认识到他们如何成长和发展；在白宫，我和美国最高层领导人共事和互动，了解到整个美国的政治生态系统是如何运作的；在华尔街，我与300多位最优秀的投资精英有过业务合作，倾听他们对投资的意见和看法；在硅谷，我研究过近200位创业成功人士，和他们探讨创业过程中起伏和经验。我把这些所见所得都写进了书中，想告诉大家：那些不同领域的成功者们具备了哪些特质，拥有了哪些和常人不同的思维，以及他们成功的秘诀到底是什么。

得益于几本书籍的出版，在这几年时间里，我走访了国内40多个城市，做了数百场演讲，也有幸接触到了上千万读者，得到了他们大量的反馈。在这个过程中，我真切地感受到：过去像我这样经历的人可能是少数，现在国际化已经是一个大趋势，国际化人才和国际化家庭今后会越来越多。我希望更好地帮助那些有需要的人，让更多人实现“征途美国”“征途世界”。

更重要的是，我的征途还在继续，大家也在自己的征途上。我想告诉每一位看完这本书的读者，当你合上它的时候，这只是我们人生征途的又一个起点。只要人生还在继续，征途就永不停止，成长将随时发生。

我非常希望能够和所有读者建立长期的互动与沟通，在你读完这本书后有任何的感受、评论或笔记，都可以与我联系。我平时有时间就会结合个人经历，针对读者可能感兴趣或应该关心的话题，写一些原创文章并发布出来。

另外，如果你想在赴美旅游、留学、工作前对美国有一个细致了解，亦或是有投资、移民的打算，欢迎收听我已经制作完成的、数量近 100 节的“美国通识课”（知识付费音频类产品）。按下文提示，添加我的小助理微信，或关注我的微信公众号后，留言“美国通识课”，你就将和已经收听过的数百万人一样，足不出户成为美国通。通过学习这门课，你将掌握美国文化的精髓，得心应手地跟美国人打交道；你将更好地理解中美关系和世界形势，进入国际化精英上升通道；你将知晓美国总统大选的奥秘，掌握美国科技、教育、商业、文化及种族等诸多干货，快速积累谈资，随时变身美国通。

找到我的途径有很多：添加微信小助理（ID：Huangzhengyu_EGC）、关注微信公众号“黄征宇”（ID：Huang_Zheng_Yu）、微博（ID：黄征宇 _Z）、抖音号（994760579），把你的问题和需求都发过来吧，欢迎想一起闯荡人生征途、践行终身学习和改善思维故事的朋友加入进来！

我把最后的感谢留给认真读完本书的读者朋友们，希望我们每个人都能在各自人生征途上不断有所收获，期待与你的联系！